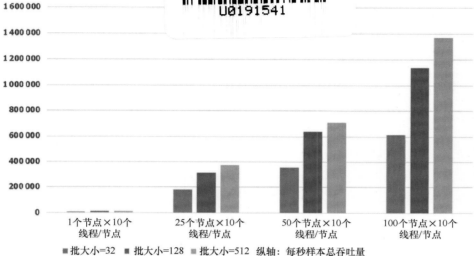

个性化点击率预估任务在不同并发资源下的单位时间吞吐量对比

图1-6

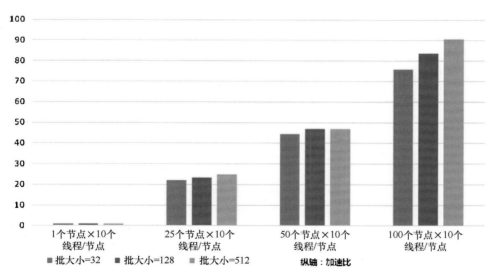

个性化点击率预估任务在不同批大小下的加速比对比

图1-7

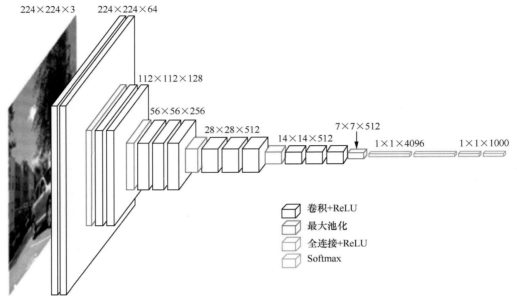

图5-2

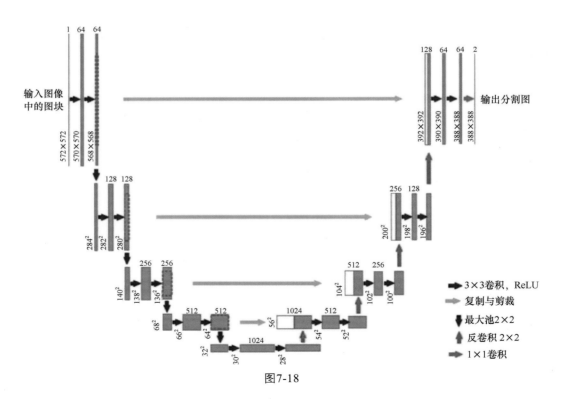

图7-18

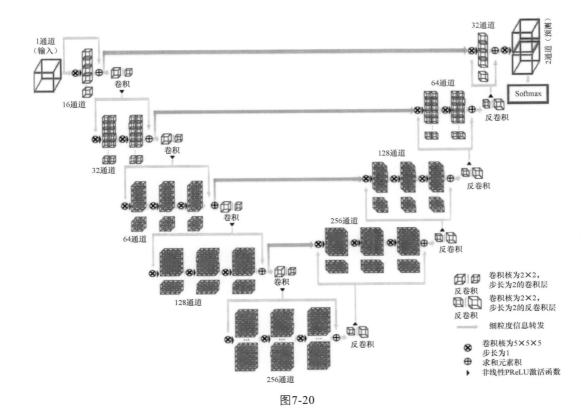

图7-20

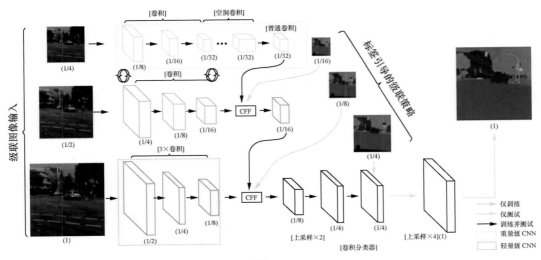

图7-25

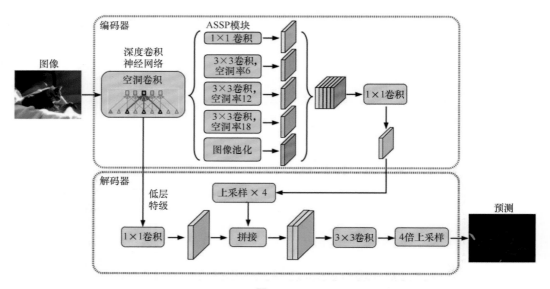

图7-27

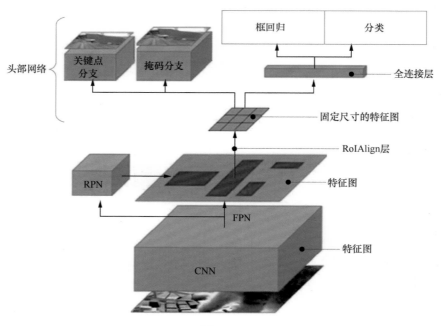

图7-31

深度学习与飞桨
PaddlePaddle Fluid实战

于祥 著

人民邮电出版社

北京

图书在版编目（CIP）数据

深度学习与飞桨PaddlePaddle Fluid实战 / 于祥著
. -- 北京 : 人民邮电出版社, 2019.12 (2022.1重印)
（深度学习系列）
ISBN 978-7-115-51964-1

Ⅰ. ①深… Ⅱ. ①于… Ⅲ. ①学习系统 Ⅳ.
①TP273

中国版本图书馆CIP数据核字(2019)第201589号

内 容 提 要

飞桨 PaddlePaddle Fluid 是百度推出的深度学习框架，不仅支撑了百度公司的很多业务和应用，而且随着其开源过程的推进，在很多行业得到普及、应用和关注。

本书基于最新的飞桨 PaddlePaddle Fluid 版本，以真实的应用案例介绍如何用飞桨 PaddlePaddle 解决主流的深度学习问题。全书共 14 章。本书首先介绍了什么是飞桨 PaddlePaddle，然后介绍了其核心设计思想，进而紧紧结合案例介绍了飞桨 PaddlePaddle 在主流的图像任务领域、NLP 领域的应用，最后还探讨了 Paddle-Mobile 与 Anakin 框架等高级主题。附录 A 和 B 给出了飞桨 PaddlePaddle 与 TensorFlow、Caffe 框架的接口中常用层的对比。

本书非常适合对人工智能感兴趣的学生、从事机器学习相关工作的读者阅读，尤其适合想要通过飞桨 PaddlePaddle 掌握深度学习应用技术的研究者和从业者参考。

◆ 著　　于 祥
  责任编辑　陈冀康
  责任印制　焦志炜

◆ 人民邮电出版社出版发行　北京市丰台区成寿寺路 11 号
  邮编　100164　电子邮件　315@ptpress.com.cn
  网址　https://www.ptpress.com.cn
  北京天宇星印刷厂印刷

◆ 开本：800×1000　1/16
  印张：25.75　　　　　　　彩插：2
  字数：540 千字　　　　　2019 年 12 月第 1 版
  　　　　　　　　　　　　2022 年 1 月北京第 5 次印刷

定价：99.00 元

读者服务热线：(010)81055410　印装质量热线：(010)81055316
反盗版热线：(010)81055315
广告经营许可证：京东市监广登字 20170147 号

前言

为什么要写作本书

PaddlePaddle 是百度公司早在 2013 年就开始搭建的深度学习框架，推出后在公司内部获得了很多业务的支持和应用。为了能让公司外部的用户参与并使用该框架，百度于 2016 年 9 月正式将 PaddlePaddle 对外开源。

PaddlePaddle 已在百度内部具有数年的历史，目前正夜以继日地支持百度的关键业务线。随着深度学习技术的发展，之前的框架设计不再适用于新的使用场景，因此百度重新开发了新一代深度学习框架，版本名称为 Fluid，并于 2017 年正式对外发布。在 2018 年 10 月的百度世界大会上，PaddlePaddle Fluid 1.0 版本正式发布，为用户提供更稳定的支持和更丰富的模型库，此后团队继续完善 PaddlePaddle Fluid 的建设。截至 2019 年 7 月 4 日，我们已经对外发布了 Paddle Fluid 1.5 版本。为了更好地支持国内开发者及企业使用，以及提升本土化服务，PaddlePaddle 现在有了一个正式的中文名字"飞桨"。

自 2018 年 10 月发布以来，PaddlePaddle Fluid 获得广大开发者越来越多的关注，根据调研，国内至少 70%的深度学习开发者都已经知晓飞桨 PaddlePaddle 框架。作者在社区、社群、高校教师、参赛选手等各个用户渠道不断地得到大家的反馈——需要一本关于 PaddlePaddle Fluid 的技术图书来帮助学习，而 PaddlePaddle Fluid 发布以来确实没有一本正式的技术图书供大家参考。所以在 2018 年年末，作者开始规划写一本既干货满满又易于理解和学习的 PaddlePaddle 参考书，就是您手中的这本《深度学习与飞桨 PaddlePaddle Fluid 实战》。

本书在内容上循序渐进，先介绍如何安装和使用 PaddlePaddle，之后较深入地解读 PaddlePaddle 设计的核心思想。读者在大致了解了 PaddlePaddle 的使用方式之后，继续深入一些非常实用且流行的深度学习案例，首先逐行对代码进行解读和分析，然后再逐渐通过阅读注释的方式来理解程序的关键逻辑。编程是一门重实践的技能。对于读者来说，能快速掌握 PaddlePaddle 的使用方法，是阅读和学习本书的首要目标，而通过实际案例来学习编程是非常快速的学习方式。

要使用飞桨 PaddlePaddle 这样一个深度学习框架，深度学习的理论基础是必不可少的。只有具备了理论知识，你才能知道需要用框架来做什么，这就如同要有汽车的设计图才能制造汽车一样。深度学习的算法思路有别于传统算法，它的学习门槛较高。作为深度学习的研究者，作者也接触过许多深度学习的课程与学习资料。其中大多数教程的不足之处是理论与实践的脱节。有的读者明白原理，但是在实现代码时无从下手；有的读者想赶紧实现一个算法，但是搞不清楚理论细节，也导致在编写代码时无从下手；还有些读者花了很长时间学理论，数学细节学了忘、忘了学，最终放弃。这说明深度学习的理论和实践之间具有鸿沟，最终只有一小部分读者跨越了这个鸿沟，而大部分的读者选择了放弃。所以，在规划和设计本书的内容时，作者力求使每一章的理论和实践都深度契合。每章初始以实战项目为目标，先将目标进行任务拆解，让读者从头思考如果自己来完成这个任务，会怎样来做。然后告诉读者目前主流的方法当初在遇到这个问题时是如何应对的，之后又是如何发展完善的，以及最终如何成为业界主流的。

本书的内容结构

飞桨 PaddlePaddle 是源于产业实践的深度学习框架，擅长于应对实际生产中的种种挑战。本书是第一本飞桨 PaddlePaddle Fluid 技术图书，通过真实的应用案例介绍飞桨 PaddlePaddle 如何解决主流的深度学习问题。本书的代码基于最新发布的 PaddlePaddle Fluid 1.5 编写，相信本书出版后，飞桨 PaddlePaddle 还会持续发布版本更新。不过读者不用担心，当框架新版本升级时，算子会向前兼容旧版本的编码形式，因此本书中代码和更新后的版本框架不会出现不匹配问题。

本书共 14 章。每一章都有相应的理论解读与代码实现。

各章的主要内容如下。

第 1 章介绍飞桨 PaddlePaddle 平台的生态状况与优势，并讲述具有免费算力支持的在线 AI 编程平台 AI Studio。

第 2 章从安装入手，帮读者轻松开始使用 PaddlePaddle。

学习完第 3 章后，读者会对 PaddlePaddle 建立初步的感性认知。

第 4 章开始解读 PaddlePaddle 设计思想与核心技术，使读者在体会 PaddlePaddle 设计精妙的同时，在学习后续的实践章节时游刃有余。

第 5~7 章介绍主流的图像处理任务的基本原理与应用，先讲解 6 种经典的图像分类结构的实现方式，包含 VGG16、GoogleNet、Alexnet、Resnet、MobileNet V2 和 ShuffleNet V2，然后讲述 Fast R-CNN、Faster R-CNN、SSD、PyramidBox、ICNet、DeepLab v3+、Mask R-CNN 等的实现方式。

考虑到 NLP 领域的读者较少会涉及深度学习开发，为了让这部分读者能够较快地掌握 NLP 的基础知识，第 8~12 章通过推荐系统、情感分析、语义角色标注、机器翻译等当下流行的案例，循序渐进地介绍 NLP 技术的 PaddlePaddle 实现。

第 13 章和第 14 章首次公开介绍 PaddlePaddle 生态中的其他两个框架 Paddle-Mobile 与 Anakin。在 Paddle-Mobile 的赋能下，手机百度频繁地在 AI 开发者大会上推出新的 AI 技术。在 2019 年百度 AI 开发者大会上，手机百度展示了强大的端侧图像推理能力。

为了方便其他框架的开发者体验飞桨 PaddlePaddle，附录中列出了飞桨 PaddlePaddle Fluid 与 TensorFlow、Caffe 框架的接口中常用层的对照表，以帮助有深度学习开发经验的读者轻松地将其他框架的模型改写为飞桨 PaddlePaddle 代码。

本书的目标读者

本书非常适合以下读者和人群：

- 对人工智能感兴趣的学生；
- 从事机器学习科研与教学工作的高校教师；
- 想要学习深度学习技术的开发者；
- 人工智能领域的研究者和从业者。

在阅读本书之前，读者最好达到以下要求：

- 熟悉 Linux 系统的基本环境与操作；
- 具备基本编程能力并了解 Python 的语法，能编写较简单的 Python 程序；
- 了解基础的深度学习理论。

虽然本书各章是根据循序渐进的顺序来设立的，但除了理论知识之外，各章之间的代码是相互独立的。如果您只对某个具体领域的知识和内容感兴趣，完全可以单独阅读该章，学习和掌握需要的内容。

配套资源

读者可以通过扫描以下二维码，访问本书配套的 AI Studio 项目。

也可以通过 Googol.ai 访问作者的博客，或者访问异步社区（www.epubit.com）的本书页面，下载本书的配套代码。

作者和出版社花费了大量的精力来编写、审阅书稿，即使已经对全书内容及代码再三审校，也难免出现疏漏之处。如果您对本书有任何疑问或者想要继续学习 PaddlePaddle，可以通过 Googol.ai 访问作者的个人博客。关于本书的疑问或者勘误，请发送邮件到 Yimitrii@Gmail.com。

作者简介

于祥，现任百度 PaddlePaddle 技术运营负责人。2015 年开始研究神经网络技术，早期从事基于深度学习的身份认证技术研发，曾负责上海智慧城市项目和华润集团项目的算法支持。在校学习时曾获得 ACM-ICPC 与 CCCC-GPLT 银奖。

致谢

诚挚感谢百度 AI 技术生态部喻友平总经理，喻友平总经理夜以继日地辛勤工作，让飞桨变得世人皆知。他用心将飞桨 PaddlePaddle 用户培养成飞桨社区的中坚力量，推动飞桨建设更符合国人的需求。

感谢周奇老师在我遇到困难的时候会毫无隔阂地根据他的职业阅历给出建议。他对本书提出了一些关键的意见和建议，使本书质量得到保障。

感谢杜哲老师对我的指引，杜哲老师不仅使我在工作认知上得到了提升，还让我了解到我不曾看到的人生规律，使我对人生规划更加精准。他是一位非常专业的领导，更是一位"授人以渔"的老师。

衷心感谢田野老师耐心地帮助我认识到这个世界的真实的面貌以及事情表面背后难以察觉的因果关系。她是一位可遇不可求的职场前辈！

感谢百度深度学习技术平台部总监马艳军博士、于佃海总架构师为百度贡献了智能时代的操作系统，他们的辛勤付出使得飞桨在功能上和性能上都可以比肩业界主流标准，让飞桨这个开源开放的大框架如此强大。

感谢百度首席技术官王海峰老师带领飞桨走向今日的成就。

感谢李永会架构师为本书第 13 章提供的内容和资料。

感谢庄熠、靳伟、程思、高峰、江列霖、刘毅冰、何天健、许瑾、骆涛、殷晓婷、郭晟等百度同事提供的技术资料与指导。

感谢人民邮电出版社信息技术第一分社陈冀康副社长、谢晓芳编辑对本书出版的支持，使本书得以如期面市。

感谢所有关注飞桨的朋友，你们的关注与支持是飞桨前进的动力！

目 录

第1章 飞桨 PaddlePaddle 简介与 AI Studio 的使用 1
1.1 飞桨 PaddlePaddle 简介 1
1.2 飞桨 PaddlePaddle 的工具组件 2
  1.2.1 PaddleHub——简明易用的预训练模型管理框架 2
  1.2.2 PARL——基于飞桨 PaddlePaddle 的深度强化学习框架 3
  1.2.3 AutoDL Design——让深度学习来设计深度学习 4
  1.2.4 VisualDL——深度学习可视化工具库 5
  1.2.5 模型转换工具 X2Paddle 5
1.3 飞桨 PaddlePaddle 在百度内部支持的案例 6
1.4 飞桨 PaddlePaddle 与 TensorFlow 的对比 7
1.5 AI Studio 简介 8
1.6 在 AI Studio 中创建项目 9
  1.6.1 用户界面简介 9
  1.6.2 创建并运行一个项目 10
1.7 AI Studio 单机项目概述 11
  1.7.1 页面概览 11
  1.7.2 复制项目 12
  1.7.3 VisualDL 工具的使用 13
1.8 Notebook 环境使用说明 14
  1.8.1 Notebook 页面概览 14
  1.8.2 操作区 14
  1.8.3 Notebook 内容编辑区 15
  1.8.4 侧边栏 21
  1.8.5 工具栏 23
1.9 AI Studio 集群项目 23
  1.9.1 集群项目说明 23
  1.9.2 创建集群项目 24
  1.9.3 页面概览 25
  1.9.4 代码编辑界面 25
  1.9.5 文件管理和数据集区域 26
  1.9.6 文件预览编辑和提交任务区域 27
  1.9.7 PaddlePaddle 集群训练说明 27
  1.9.8 数据集与输出文件路径说明 28
  1.9.9 提交任务 29
  1.9.10 历史任务 29
  1.9.11 预安装包说明 30
1.10 在线部署及预测 31
  1.10.1 功能说明 31
  1.10.2 通过训练任务生成模型文件 32
  1.10.3 创建一个在线服务 34
  1.10.4 测试沙盒服务 39
  1.10.5 部署在线服务 40
  1.10.6 调用在线服务 41
1.11 NumPy 常规操作及使用 42

第2章 PaddlePaddle Fluid 的环境搭建与安装 50
2.1 在 Linux 系统中安装 PaddlePaddle 50

2.1.1 租用百度 BCC 云服务器 50
2.1.2 安装前的准备工作 56
2.1.3 通过 pip 安装 PaddlePaddle 58
2.1.4 在 Docker 中安装 PaddlePaddle 59
2.2 在 Windows 系统中安装 PaddlePaddle 64
2.2.1 Windows GPU 驱动环境安装 64
2.2.2 下载并安装 CUDA 65
2.2.3 安装 cuDNN 68
2.2.4 安装 PaddlePaddle 69
2.3 在 macOS 系统中安装 PaddlePaddle 69
2.3.1 安装 Python 3 69
2.3.2 安装 PaddlePaddle 71

第 3 章 PaddlePaddle 深度学习入门——在 MNIST 上进行手写数字识别 72

3.1 引言 72
3.2 模型概览 73
3.2.1 Softmax 回归模型 73
3.2.2 多层感知器 74
3.2.3 卷积神经网络 75
3.3 数据介绍 78
3.4 PaddlePaddle 的程序配置过程 79
3.4.1 程序说明 79
3.4.2 配置 inference_program 79
3.4.3 配置 train_program 81
3.4.4 配置 optimizer_program 82
3.4.5 配置数据集 reader 82
3.5 构建训练过程 83
3.5.1 事件处理程序配置 83
3.5.2 开始训练 84
3.6 应用模型 86
3.6.1 生成待预测的输入数据 87
3.6.2 Inference 创建及预测 87
3.6.3 预测结果 87

3.7 小结 88

第 4 章 PaddlePaddle 设计思想与核心技术 89

4.1 编译时与运行时的概念 89
4.2 Fluid 内部执行流程 90
4.3 Program 设计简介 91
4.4 Block 简介 92
4.5 Block 和 Program 的设计细节 93
4.6 框架执行器设计思想 94
4.6.1 代码示例 95
4.6.2 创建框架执行器 95
4.6.3 运行框架执行器 96
4.7 示例 96
4.7.1 定义 Program 96
4.7.2 创建框架执行器 98
4.7.3 运行框架执行器 99
4.8 LoD Tensor 数据结构解读 99
4.8.1 LoD 索引 100
4.8.2 LoD Tensor 在 PaddlePaddle 中的表示方法 101
4.8.3 LoD Tensor 的 API 103
4.8.4 LoD Tensor 的使用示例 105
4.9 动态图机制——DyGraph 107
4.9.1 动态图设置和基本用法 108
4.9.2 基于 DyGraph 构建网络 109
4.9.3 使用 DyGraph 训练模型 110
4.9.4 模型参数的保存 115
4.9.5 模型评估 116
4.9.6 编写兼容的模型 118

第 5 章 独孤九剑——经典图像分类网络实现 119

5.1 图像分类网络现状 119
5.2 VGG16 图像分类任务 123
5.2.1 定义网络结构 124
5.2.2 定义推理程序 127
5.2.3 定义训练程序 127
5.2.4 实例化训练对象 128

| 5.2.5 读取数据 128
| 5.2.6 编写事件处理程序并启动训练 129
| 5.2.7 执行模型预测 130
| 5.3 模块化设计 GoogleNet 135
| 5.4 Alexnet 模型实现 142
| 5.5 Resnet 模型实现 146
| 5.6 MobileNet V2 模型实现 149
| 5.7 ShuffleNet V2 模型实现 154

第6章 "天网"系统基础——目标检测 159

| 6.1 目标检测简介 160
| 6.2 对 R-CNN 系列算法的探索历史 161
| 6.2.1 R-CNN 算法：目标检测开山之作 161
| 6.2.2 SPP 网络 164
| 6.2.3 Fast R-CNN 166
| 6.2.4 Faster R-CNN 167
| 6.3 单步目标检测算法 177
| 6.3.1 统一检测算法 YOLO 178
| 6.3.2 SSD 基本原理 181
| 6.3.3 SSD 在训练时的匹配策略 185
| 6.3.4 使用 PaddlePaddle 实现 SSD 网络 186
| 6.4 PyramidBox 203
| 6.4.1 提出 PyramidBox 方法的背景 204
| 6.4.2 PyramidBox 网络结构 205
| 6.4.3 PyramidBox 的创新点 208
| 6.4.4 PyramidBox 的 PaddlePaddle 官方实现 210

第7章 "天网"系统进阶——像素级物体分割 221

| 7.1 物体分割简介 221
| 7.2 语义分割与实例分割的关系 222
| 7.3 语义分割 222
| 7.3.1 语义分割的任务描述 223

| 7.3.2 全卷积网络 224
| 7.3.3 ParseNet 229
| 7.3.4 u-net 229
| 7.3.5 v-net 231
| 7.3.6 u-net 变体网络 231
| 7.3.7 PSPNet 233
| 7.3.8 ICNet 234
| 7.3.9 DeepLab v3+ 241
| 7.4 实例分割 249
| 7.4.1 实例分割概述 249
| 7.4.2 Mask R-CNN 250

第8章 从零开始了解 NLP 技术——word2vec 263

| 8.1 初识 NLP 263
| 8.2 词向量简介 265
| 8.3 如何得到词向量模型 268
| 8.4 词向量模型概览 269
| 8.4.1 语言模型 269
| 8.4.2 N-Gram 模型 269
| 8.4.3 CBOW 模型 270
| 8.4.4 Skip-Gram 271
| 8.4.5 词 ID 271
| 8.5 通过 PaddlePaddle 训练 CBOW 模型 273
| 8.5.1 CBOW 模型训练过程 273
| 8.5.2 数据预处理 274
| 8.5.3 编程实现 274
| 8.5.4 模型应用 278
| 8.6 小结 280

第9章 feed 流最懂你——个性化推荐 282

| 9.1 引言 282
| 9.2 推荐网络模型设计 283
| 9.2.1 YouTube 的深度神经网络个性化推荐系统 284
| 9.2.2 融合推荐模型 286
| 9.3 电影推荐实验 290

9.3.1 数据介绍与下载 ………… 290
9.3.2 模型配置说明 …………… 292
9.3.3 训练模型 ………………… 295
9.3.4 应用模型 ………………… 298
9.4 小结 ……………………………… 299

第 10 章 让机器读懂你的心——情感分析技术 …… 300

10.1 情感分析及其作用 …………… 300
10.2 模型设计 ……………………… 303
10.3 情感分析实验 ………………… 308

第 11 章 NLP 技术深入理解——语义角色标注 …… 315

11.1 引言 …………………………… 315
11.2 模型概览 ……………………… 317
11.2.1 栈式循环神经网络 ……… 317
11.2.2 双向循环神经单元 ……… 318
11.2.3 条件随机场 ……………… 319
11.2.4 深度双向LSTM SRL模型 … 320
11.3 使用 PaddlePaddle 实现 SRL 任务 …………………………… 322
11.3.1 数据预处理 ……………… 322
11.3.2 进行PaddlePaddle实验 … 324
11.4 小结 …………………………… 331

第 12 章 NLP 技术的应用——机器翻译 …… 332

12.1 引言 …………………………… 332
12.2 效果展示 ……………………… 333
12.3 模型概览 ……………………… 333
12.3.1 时间步展开的双向循环神经网络 ……………… 333
12.3.2 编码器-解码器框架 …… 334
12.3.3 柱搜索算法 ……………… 337
12.4 机器翻译实战 ………………… 337
12.4.1 数据预处理 ……………… 337
12.4.2 模型配置 ………………… 338
12.4.3 训练模型 ………………… 342
12.4.4 应用模型 ………………… 343

第 13 章 PaddlePaddle 移动端及嵌入式框架——Paddle-Mobile …… 345

13.1 Paddle-Mobile 简介 ………… 345
13.2 Paddle-Mobile 优化与适配 … 346
13.2.1 包压缩 …………………… 346
13.2.2 工程结构编码前重新设计 … 347
13.3 移动端主体识别和分类 ……… 350
13.3.1 完全在云端的神经网络技术应用 ………………… 352
13.3.2 移动端业界案例 ………… 353
13.3.3 在移动端应用深度学习技术的难点 ……………… 355
13.3.4 AR 实时翻译问题的解决方案 ………………… 356
13.4 编译与开发 Paddle-Mobile 平台库 ………………………… 359
13.5 开发一个基于移动端深度学习框架的 Android APP …… 360
13.6 Paddle-Mobile 设计思想 …… 368

第 14 章 百度开源高速推理引擎——Anakin …… 374

14.1 Anakin 架构与性能 ………… 375
14.2 Anakin 的特性 ……………… 379
14.2.1 支持众多异构平台 ……… 379
14.2.2 高性能 …………………… 379
14.2.3 汇编级的 kernel 优化 … 382
14.2.4 Anakin 值得一提的技术亮点 ………………… 382
14.3 Anakin 的使用方法 ………… 384
14.3.1 Anakin 的工作原理 …… 384
14.3.2 Anakin v2.0 API ……… 385
14.4 示例程序 ……………………… 393

附录 A TensorFlow 与 PaddlePaddle Fluid 接口中常用层对照表 …… 394

附录 B Caffe 与 PaddlePaddle Fluid 接口中常用层对照表 …… 401

第 1 章

飞桨 PaddlePaddle 简介与 AI Studio 的使用

1.1 飞桨 PaddlePaddle 简介

飞桨 PaddlePaddle 是百度自主研发的开源深度学习框架。飞桨 PaddlePaddle 是集深度学习核心框架、工具组件和服务平台于一体的技术领先、功能完备的开源深度学习平台，拥有活跃的开发者社区。

作为领先的核心框架，飞桨 PaddlePaddle 具备简单、易用、高效、安全的特点，能满足模型开发、训练、部署的全流程需求。

飞桨 PaddlePaddle 拥有丰富的工具组件。飞桨 PaddlePaddle 开放了 PaddleHub、PARL、AutoDL Design、VisualDL 等一系列深度学习工具组件。

飞桨 PaddlePaddle 具备专业的服务平台——AI Studio 和 EasyDL，可以满足不同层次的深度学习开发的需求。

图 1-1 展示了飞桨 PaddlePaddle 的生态结构。

PaddlePaddle 源于业界顶尖实践，拥有强大的超大规模并行深度学习处理能力，它具备 4 大工业级特点。

- 提供高性价比的多机 GPU 参数服务器训练方法。
- 全面支持大规模异构计算集群。
- 同时支持稠密参数和稀疏参数场景的超大规模深度学习并行训练。
- 支持千亿规模参数、数百个节点的高效并行训练。

PaddlePaddle 在速度上追求极致的体验，推出了全流程、全类型的高性能部署和集成方案，在计算性能与易用性上具备 3 大特性。

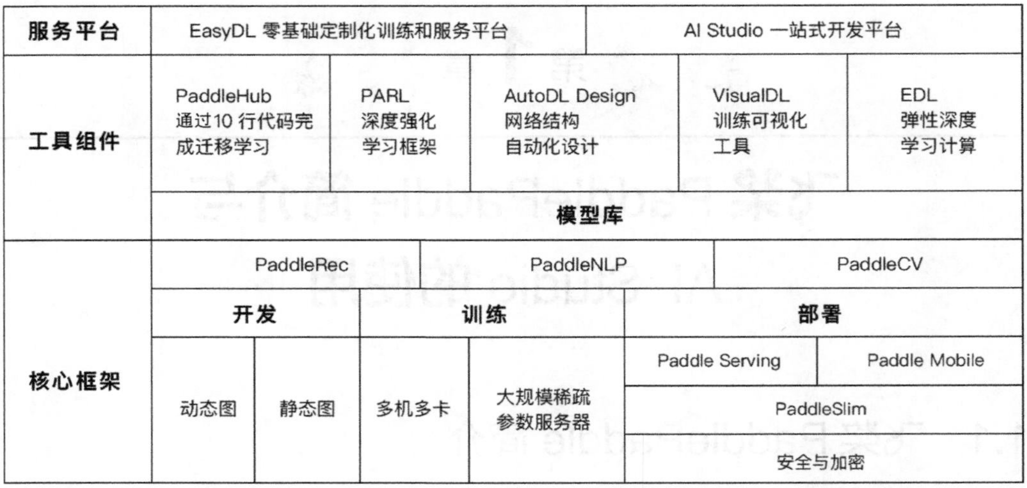

服务平台	EasyDL 零基础定制化训练和服务平台			AI Studio 一站式开发平台	
工具组件	PaddleHub 通过10 行代码完成迁移学习	PARL 深度强化学习框架	AutoDL Design 网络结构自动化设计	VisualDL 训练可视化工具	EDL 弹性深度学习计算
核心框架	模型库				
	PaddleRec		PaddleNLP		PaddleCV
	开发		训练		部署
				Paddle Serving	Paddle Mobile
	动态图	静态图	多机多卡	大规模稀疏参数服务器	PaddleSlim
					安全与加密

图 1-1

- 支持千亿规模参数、数百个节点的高效并行训练。
- 提供性能全面领先的底层加速库和推理引擎——Paddle Mobile 和 Paddle Serving。
- 通过两行 Python 代码就可调用的自动化模型压缩库 PaddleSlim。

1.2 飞桨 PaddlePaddle 的工具组件

1.2.1 PaddleHub——简明易用的预训练模型管理框架

迁移学习（Transfer Learning）是深度学习的一个子研究领域，其目标在于利用数据、任务或模型之间的相似性，将在旧领域学习过的知识迁移和应用到新领域中。迁移学习吸引了很多研究者投身其中，因为它能够很好地解决深度学习中的以下几个问题。

- 一些研究领域只有少量标注数据，且数据标注成本较高，不足以训练一个强鲁棒性的神经网络。
- 大规模神经网络的训练依赖于大量的计算资源，这对于一般用户而言难以实现。
- 适应于普适化需求的模型，在特定应用上表现不尽如人意。

PaddleHub 是基于飞桨 PaddlePaddle 开发的预训练模型管理工具，目前的预训练模型覆盖了图像分类、目标检测、词法分析、Transformer、情感分析五大类别。PaddleHub 通过命令行工具,可以方便快捷地完成模型的搜索、下载、安装、预测等功能。PaddleHub 提供了基于 PaddlePaddle 实现的 Finetune API,重点针对大规模预训练模型的 Finetune 任务做了高阶的抽象,让预训练模型能更好地服务于用户特定场景,如图 1-2 所示。通过大规模预训练模型结合 Finetune API,可以在更短的时间完成模型的收敛,同时具备更好的泛化能力。通过命令行接口,用户可以便捷地获取 PaddlePaddle 生态下的预训练模型。PaddleHub 引入了"模型即软件"的理念,无须编写代码,命令行一键完成预训练模型预测;借助 PaddleHub Finetune API,使用少量代码就可以完成迁移学习。

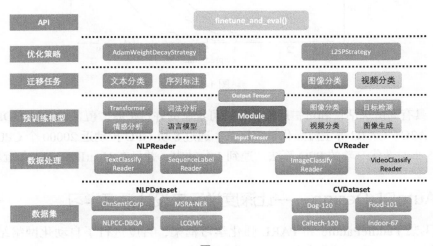

图 1-2

1.2.2 PARL——基于飞桨 PaddlePaddle 的深度强化学习框架

作为 AI 技术发展的重要分支,除了应用于模拟器和游戏领域之外,强化学习在工业领域也取得了长足的进步。强化学习的主要思想是基于智能体(agent)和环境(environment)的交互学习,其中机器人通过动作影响环境,环境返回一个回馈和当前环境下的状态,整个交互过程是一个马尔可夫决策过程。在交互学习的过程中,没有人的示范,而是让机器自主去做一个动作,让机器拥有自我学习和自我思考的能力。强化学习能够解决有监督学习方法无法解决的很多问题。

PARL 是一款基于飞桨 PaddlePaddle 打造的深度强化学习框架,继 1.0 版本开源了 NeurIPS 2018 假肢挑战赛冠军训练代码以及主流强化学习模型后,聚焦于并行的 1.1 版本也发布了。PARL 1.1 通过一个简单的修饰符(@parl.remote_class)即可实现并行化,支持高质量的并行算法，包括 IMPALA、GA3C、A2C，并提供了高性能的并行开发接口。以通过 PARL 实现的 IMPALA 算法的评估结果为例，在雅达利这个经典评测环境中，Pong 游戏最快可在 7 分钟内达到 20 分（见图 1-3），Breakout 游戏可在 25 分钟达到 400 分（1 个 P40 GPU +32 个 CPU）。

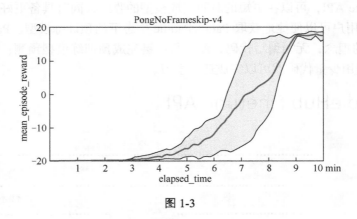

图 1-3

PARL 具有高度灵活性和可扩展性，支持可定制的并行扩展，覆盖 DQN、DDPG、PPO、IMPALA、A2C、GA3C 等主流强化学习算法。通过 8 块 GPU 拉动近 20000 个 CPU 节点的运算，将近 5 小时迭代一轮的 PPO 算法加速到 1 分钟内，并且在 NeurIPS 2018 夺冠。

1.2.3　AutoDL Design——让深度学习来设计深度学习

基于飞桨 PaddlePaddle 和 PARL 强化学习框架，百度进行了自动化网络结构设计的探索和尝试，并且开源了其中关于自动化网络结构设计的源代码和对应的预训练模型，将 AutoDL 这一前沿技术以更低的成本展示给业界和各位开发者，大幅降低了该类技术的门槛。

百度的研究员和工程师使用自动网络结构搜索的方法，目标是找到合适的"局部结构"，即首先搜索得到一些合适的局部结构作为零件，然后类似流行的 Inception 结构那样，按照一定的整体框架堆叠成一个较深的神经网络。整个搜索过程是基于增强学习思想设计出来的，因此很自然地包括了两个部分：第一个部分是生成器，对应增强学习中的智能体，用于采样（sample），生成网络结构；第二个部分是评估器，用于计算奖励（reward），即用新生成的网络结构去训练模型，把模型的准确率（accuracy）或者损失函数（loss function）返回给生成器，如图 1-4 所示。

目前已发布用 AutoDL Design 方法生成的一系列神经网络，以及使用 CIFAR10 数据集在其上训练出来的 6 个模型，包括了网络结构以及对应的权重。开发者可以在这 6 个模型上进行推理（inference）以及模型融合。读者可以下载、安装和运行，尝试生成属于自己的、全新的神经网络结构。

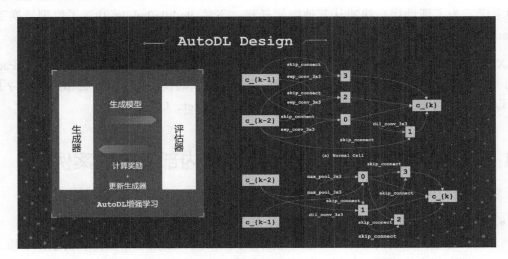

图 1-4

AutoDL 包含网络结构自动化设计、迁移小数据建模、适配边缘计算 3 个部分。使用开源的 AutoDL Design 网络结构自动化设计技术设计的图像分类网络，在 CIFAR10 数据集中进行图像分类的正确率达到了 98%，效果超过人类专家，居于业内领先位置。

1.2.4　VisualDL——深度学习可视化工具库

VisualDL 是一个面向深度学习任务设计的可视化工具。VisualDL 原生支持 Python 的使用，只需要在模型中增加少量的代码，对 VisualDL 接口进行调用，便可以为训练过程提供丰富的可视化支持。除了 Python SDK 之外，VisualDL 底层采用 C++编写，其暴露的 C++ SDK 也可以集成到其他框架中，实现原生的性能和定制效果。用户也可以通过对 C++ SDK 进行封装，提供其他脚本语言的 SDK。VisualDL 目前支持标量、直方图、图像、音频、文本、高维图这 6 种可视化组件。

VisualDL 帮助开发者方便地观测训练整体趋势、数据样本质量、数据中间结果、参数分布和变化趋势、模型的结构，快速地处理深度学习任务，完美地可视化深度学习过程。

1.2.5　模型转换工具 X2Paddle

深度学习的应用主要包括两个部分：一是通过深度学习框架训练出模型，二是利用训练出来的模型进行预测。开发者基于不同的深度学习框架能够得到不同的训练模型，如果想要基于一种框架进行预测，就必须要解决不同框架的模型之间的匹配问题。基于这种考虑，为了帮助用户快速从其他框架迁移，飞桨 PaddlePaddle 开源了模型转换工具 X2Paddle。

X2Paddle 可以将 TensorFlow、Caffe 的模型转换为飞桨 PaddlePaddle 的核心框架 Paddle Fluid 可加载的格式。同时 X2Paddle 还支持 ONNX 格式的模型转换，这也相当于支持了众多可以转换为 ONNX 格式的框架，比如 PyTorch、MXNet、CNTK 等。

1.3 飞桨 PaddlePaddle 在百度内部支持的案例

飞桨 PaddlePaddle 为百亿数据规模推荐业务提供了分布式训练及预测支持。

- 项目背景。千人千面的个性化推荐能力在市场上被广泛应用并在优化用户体验方面发挥着极其重要的作用。而个性化点击率预估模块是实现个性分发的重要手段。对于拥有超大规模用户体量、海量内容库及高达百亿级别用户点击量的推荐系统，如何处理拥有自膨胀特点的海量特征数据以及如何得到高频率迭代的模型，成为推荐系统是否成功的关键。

- 应用方案。飞桨 PaddlePaddle 通过提供一种高性价比的多机 CPU 参数服务器训练方法，可有效地解决超大规模推荐系统、超大规模数据、自膨胀的海量特征及高频率模型迭代的问题，拥有超大吞吐量及高效率，如图 1-5 所示。

- 应用产品。比如，百度搜索、百度糯米、好看视频、百度地图、百度翻译。

- 应用效果。基于真实的推荐场景的数据验证（1.4 亿条总样本数中统计了 1.8 亿个独立特征，平均每条样本有 117 个特征，单条样本平均有 1000 个稀疏特征量），PaddlePaddle 在 100 个节点×10 个线程/节点的情况下，吞吐量可达每秒 60 万～140 万条样本，每小时可处理 20 亿～50 亿条样本数据，且在批大小为 512 的情况下达到 90% 的加速比，如图 1-6 和图 1-7 所示。

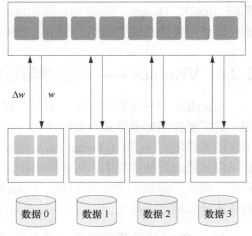

在 CTR 预估、语义匹配等数据吞吐量大的任务中，参数同步方式——异步大规模稀疏参数服务器

图 1-5

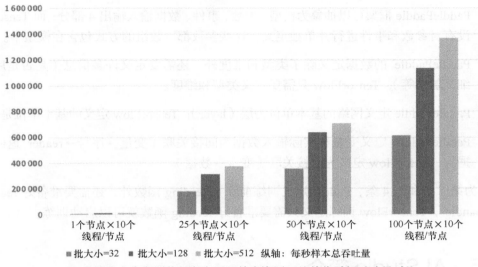

个性化点击率预估任务在不同并发资源下的单位时间吞吐量对比

图 1-6

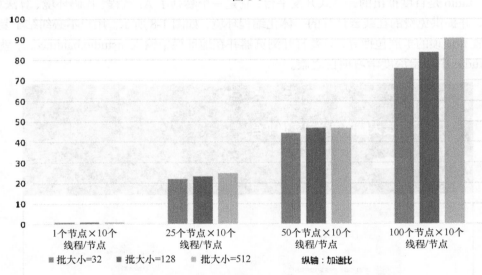

个性化点击率预估任务在不同批大小下的加速比对比

图 1-7

1.4 飞桨 PaddlePaddle 与 TensorFlow 的对比

从用法上来说，PaddlePaddle 相对较规整，TensorFlow 使用相对较灵活。

- PaddlePaddle 框架可以抽象为模型、参数、事件、数据输入输出 4 部分；而 TensorFlow 没有对参数和事件进行并单独定义，这些参数都以数组的方式包含在模型中。
- PaddlePaddle 的数据定义除了类型和维度外，还需要定义许多信息（是否是序列、细节层次等）；TensorFlow 只需要定义类型和维度。
- PaddlePaddle 定义网络的基本单位为层（layer）；TensorFlow 定义的基本单位是向量。
- PaddlePaddle 定义变量和实际输入数据为间接关联（变量→序号→reader 返回的数据）；TensorFlow 定义为直接关联（变量→数据）。

因为第 1 条和第 4 条，Paddle 定义训练前除了 feeding 函数外，还需要准备好 reader 和 event_handler；TensorFlow 训练定义只需要准备好 feeding 函数就可以启动训练。

1.5　AI Studio 简介

AI Studio 是百度推出的一站式开发平台，它是一个囊括了 AI 教程、代码环境、算法算力、数据集，并提供免费的在线云计算的一体化编程环境，如图 1-8 所示。用户不必纠结于复杂的环境配置和烦琐的扩展包搜寻，只要打开浏览器并在地址栏中输入 aistudio.baidu.com，就可以在 AI Studio 中开始深度学习项目之旅。

图 1-8

AI Studio 开发者可以实现自定义的 AI 建模能力而无须考虑硬件成本、运维成本、人力成本。相比于在其他云平台付费购买计算资源和存储空间，AI Studio 提供全套免费服务（计算资源免费、空间资源免费、项目托管免费，连视频教程也免费）。AI Studio 平台集合了 AI 教程、深度学习样例工程、各领域的经典数据集、云端的运算及存储资源，以及比赛平台和社区，从而解决学习者在 AI 学习过程中的一系列难题，例如教程水平不一、教程和样例代码难以衔接、高质量的数据集不易获得，以及本地难以使用大体量数据集进行模型训练等。

百度 AI Studio 平台已经为用户预置了 Python 语言环境，并且内置了 PaddlePaddle 最新版本，无须再进行 PaddlePaddle 安装便可立即在线使用 PaddlePaddle 框架。同时，用户可以在其中自行加载 Scikit-Learn 等机器学习库。

1.6 在 AI Studio 中创建项目

1.6.1 用户界面简介

在 AI Studio 中创建项目的界面如图 1-9 所示。

图 1-9

1.6.2 创建并运行一个项目

1. 创建项目

回到项目大厅页，点击居中的"创建项目"按钮，如图 1-10 所示。

图 1-10

将会出现"创建项目"对话框，如图 1-11 所示。

图 1-11

该对话框中各选项的作用如下。

- 项目环境：语言基础环境，包括 Python 2.7（默认）和 Python 3.5。
- 预加载项目框架：深度学习开发框架，已支持 PaddlePaddle 最新版，未来也将集成更多的开发框架。

- 配置资源：程序部署运行环境，包括单机、远程集群。单机资源基于 Notebook，交互性更好。远程集群资源提供大规模机器支持，训练速度更快。
- 项目名称/项目描述：用来标识项目，便于日后进行查找和管理，创建后支持修改。

2. 添加数据集

如果项目涉及数据集，可以考虑直接使用系统预置的数据集，点击"添加数据集"按钮，然后出现图 1-12 所示的浮窗。

每个项目**最多可以引入两个数据集**，以便于模型比较在不同数据集下的准确率和召回率。若无合适的数据集，用户也可以自行上传创建新数据集，点击"添加"按钮后自动返回图 1-11 所示的"创建项目"对话框。

最后，在"创建项目"对话框中，点击"创建"按钮并在弹出对话框中选择"查看"按钮进入项目详情页，如图 1-13 所示。

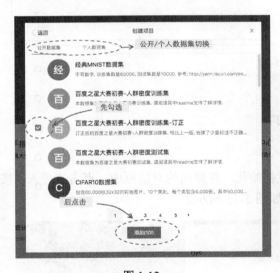

图 1-12

图 1-13

然后在项目详情页对项目进行编辑，可以对数据集进行变更。

1.7　AI Studio 单机项目概述

1.7.1　页面概览

在项目详情页中，用户可以浏览自己刚创建的项目，并且编辑项目名称及数据集等信息，如图 1-14 所示。

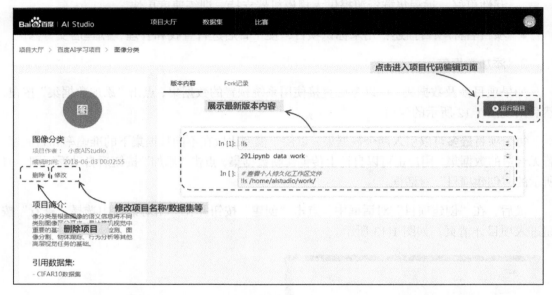

图 1-14

页面上部的两个标签页说明如下。

- 版本内容：展示当前 Notebook 最新内容。
- Fork 记录：项目被其他人复刻的记录。

点击右方"运行项目"按钮进行项目环境初始化。在弹出的对话框中，点击"进入"按钮跳转到项目代码在线编辑 Notebook 环境，如图 1-15 所示。

图 1-15

Notebook 的使用说明详见 1.8 节。

1.7.2 复制项目

如果不熟悉相关操作，则可以直接复制百度 AI 学习项目或者其他开发者共享的项目，加快学习速度，如图 1-16 所示。

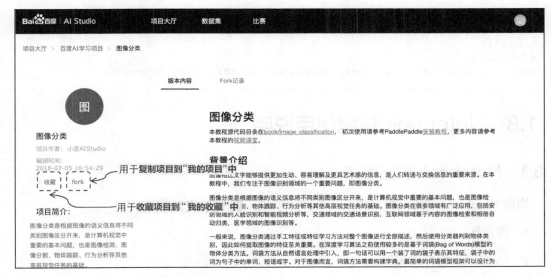

图 1-16

1.7.3　VisualDL 工具的使用

前面提到，VisualDL 是一个面向深度学习任务设计的可视化工具，支持标量数据、参数分布、模型结构、图像可视化等功能。AI Studio 单机项目已经集成 VisualDL 工具，可以在 Notebook 中编写 VisualDL 代码。

第一步，在训练代码中增加 Logger 来记录不同种类的数据。注意这里的 logdir = "./log"，即需要把 log 目录放到/home/aistudio/log。

```
logdir = "./log"
logwriter = LogWriter(logdir, sync_cycle=10)

with logwriter.mode("train") as writer:
    loss_scalar = writer.scalar("loss")
```

第二步，使用 PaddlePaddle API 创建训练模型。

```
def vgg16_bn_drop(input):
    pass
```

第三步，开始训练并且同时用 VisualDL 来采集相关数据。

```
        loss_scalar.add_record(step, loss)
```

第四步，在 Web 浏览器中输入 URL 访问。URL 生成规则是将项目地址中的 notebooks

及之后部分替换为 visualdl。

```
#notebooks 项目的 URL
url_notebook = 'http://aistudio.baidu.com/user/30799/33852/notebooks/33852.ipynb?redirects=1'
#替换后的 URL
url_visualdl = 'http://aistudio.baidu.com/user/30799/33852/visualdl'
```

1.8 Notebook 环境使用说明

1.8.1 Notebook 页面概览

当前 Notebook 编辑界面由如下几个部分组成，如图 1-17 所示。

- 操作区。
- Notebook 内容编辑区。
- 数据集。
- 工具栏，提供了保存、导出、重载 Notebook，以及重启内核等选项。

图 1-17

以下对每个区域的操作分别说明。

1.8.2 操作区

操作区如图 1-18 所示。

图 1-18

1. 新建块

点击 <code></> 代码</code> <code>[A] 文字</code> 可以分别插入代码块和文字块。

- 代码块。代码可以运行，点击"运行"，会在下方输出结果，如图 1-19 所示。

图 1-19

- 文字块。支持 Markdown 格式，点击"预览"则出现渲染后的效果（但下方不会出现运行结果），如图 1-20 所示。

图 1-20

选中某个块，然后点击 切换为代码 ，则可以使其在代码/文字之间进行切换。

2．操作块

点击 运行 中断 重启 中的"运行"，对于代码块，则自动执行该块内容，同时激活下一个块。如果连续点击"运行"，则顺次执行。

块执行时，左侧的 In[ ]会变成 In[*]，以示当前该块正在执行中。

如果发现代码不尽如人意，可以点击"中断"，中断所有代码块的执行，通常需要耗时数十秒才能完全停止。

如果需要重置整个项目环境，清除中间变量，则可以点击"重启"按钮。

1.8.3 Notebook 内容编辑区

1．命令/编辑模式

Notebook 内容编辑区由基本的块（cell）组成。绿色代表块内容为可编辑状态——编辑模式（比如输入代码），蓝色代表块为可操作状态——命令模式（比如删除块，必须回到蓝色），与 Linux 编辑器 Vi/Vim 类似。编辑模式和命令模式之间可以用 Esc 键和 Enter 键来切换。

Notebook 的编辑模式如图 1-21 所示。

图 1-21

Notebook 的命令模式如图 1-22 所示。

图 1-22

2．鼠标操作

鼠标操作方式如图 1-23 所示。

图 1-23

3．快捷键操作

表 1-1 列出了常用快捷键操作。

表 1-1　　　　　　　　　Notebook 两种模式下的常用快捷键操作

模式	内容	快捷键（Windows）	快捷键（Mac）
命令模式（通过 Esc 键切换）	运行块	Shift+Enter	Shift+Enter
命令模式	在下方插入块	B	B
命令模式	在上方插入块	A	A
命令模式	删除块	d+d	d+d
命令模式	切换到编辑模式	Enter	Enter
编辑模式（通过 Enter 键切换）	运行块	Shift+Enter	Shift+Enter

1.8 Notebook 环境使用说明

续表

模式	内容	快捷键（Windows）	快捷键（Mac）
编辑模式	缩进	Clrl+]	Command+]
编辑模式	取消缩进	Ctrl+ [	Command+ [
编辑模式	注释	Ctrl+/	Command+/
编辑模式	函数内省	Tab	Tab

4．代码块 In 提示符

In 提示符参见表 1-2。

表 1-2　　　　　　　　　　　　　　　　　In 提示符

提示符	含义
In[ ]	程序未运行
In[num]	程序运行后
In[*]	程序正在运行

5．Linux 命令

运行 Linux 命令的方式是在 Linux 命令前加一个"!"，这样就可以在块里运行命令了，如图 1-24 所示。

图 1-24

通过 Tab 键查看提示信息或者补全命令，如图 1-25 所示。

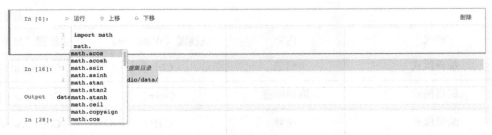

图 1-25

在一个库、方法或变量前加上"？"，就可以获得它的一个快速语法说明，如图 1-26 所示。

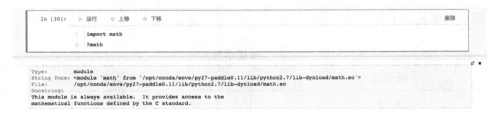

图 1-26

Magic 关键字是可以运行的特殊命令，参见表 1-3。Magic 命令的前面带有一个或两个百分号（%或%%），分别代表行 Magic 命令和块 Magic 命令。行 Magic 命令仅应用于编写 Magic 命令时所在的行，而块 Magic 命令应用于整个块。

表 1-3　　　　　　　　　　　　　　　　　Magic 关键字

Magic 关键字	含义
%timeit	测试单行语句的执行时间
%%timeit	测试整个块中代码的执行时间
%matplotlib inline	显示 Matplotlib 包生成的图形
%run	调用外部 Python 脚本
%pdb	调试程序
%pwd	查看当前工作目录
%ls	查看目录文件列表
%reset	清除全部变量
%who	查看所有全局变量的名称，若给定类型参数，只返回该类型的变量列表
%whos	显示所有的全局变量名称、类型、值/信息
%xmode Plain	设置为当异常发生时只展示简单的异常信息

续表

Magic 关键字	含义
%xmode Verbose	设置为当异常发生时展示详细的异常信息
%debug	bug 调试，输入 quit 退出调试
%bug	调试，输入 quit 退出调试
%env	列出全部环境变量

示例 1：使用%%timeit 测试整个块的运行时间，如图 1-27 所示。

In [41]:　▷ 运行　⇧ 上移　⇩ 下移　删除

```
%%timeit
import random
prize = 0
for i in range(100):
    roll = random.randint(1,6)
    if roll%2 == 0:
        prize += roll
    else:
        prize -= 1
```

Output
```
The slowest run took 4.69 times longer than the fastest. This could mean that an intermediate result is being cached.
10000 loops, best of 3: 139 µs per loop
```

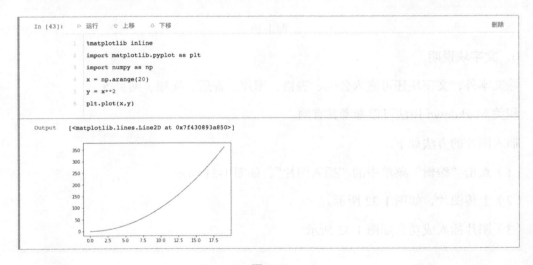

图 1-27

示例 2：块可集成 matplotlib，从而进行绘图，但注意绘图前需要输入%matplotlib inline 并运行，否则即使运行终端可用的绘图代码段，cell 也只会返回一个文件说明，如图 1-28 所示。

In [43]:　▷ 运行　⇧ 上移　⇩ 下移　删除

```
%matplotlib inline
import matplotlib.pyplot as plt
import numpy as np
x = np.arange(20)
y = x**2
plt.plot(x,y)
```

Output
```
[<matplotlib.lines.Line2D at 0x7f430893a850>]
```

图 1-28

示例 3：查看所有支持的 Magic 关键字，如图 1-29 所示。

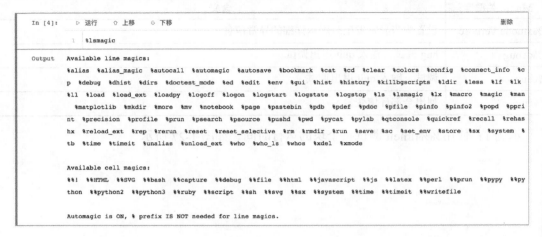

图 1-29

示例 4：查看当前环境中的 Python 版本和 Paddle 版本，如图 1-30 所示。

图 1-30

6．文字块说明

除文本外，文字块还可嵌入公式、表格、图片、音乐、视频、网页等。

相关 Markdown 用法可以参考其官网。

插入图片的方法如下。

（1）点击"编辑"菜单中的"插入图片"，如图 1-31 所示。

（2）上传图片，如图 1-32 所示。

（3）图片插入成功，如图 1-33 所示。

1.8 Notebook 环境使用说明

图 1-31

图 1-32

图 1-33

1.8.4 侧边栏

侧边栏如图 1-34 所示。

1. 文件夹

按照树状结构展示 /home/aistudio 路径下的文件夹和文件，如图 1-35 所示。可以在该目录下进行如下操作。

- 文件夹操作：创建新的文件夹。鼠标指针悬浮在文件夹条目上时，会出现操作按钮，包括删除文件夹、重命名文件夹、路径复制。
- 文件操作：创建上传文件（上传的单个文件最大为 20MB）。鼠标指针悬浮在文件条目上时，会出现操作按钮，包括下载文件、重命名文件、路径复制。
- 更新操作：如果在代码运行过程中磁盘里的文件更新了，可以手动刷新，在侧边栏查看文件更新的状态。

图 1-34

图 1-35

2．数据集

在数据集栏中，可以复制数据集文件的路径，并置于代码中，如图 1-36 所示。

图 1-36

若复制数据集路径成功,则出现提示,如图 1-37 所示。

图 1-37

1.8.5 工具栏

顶部工具栏有大量的功能,由于名称的含义一目了然,因此不一一介绍,具体参见图 1-38。

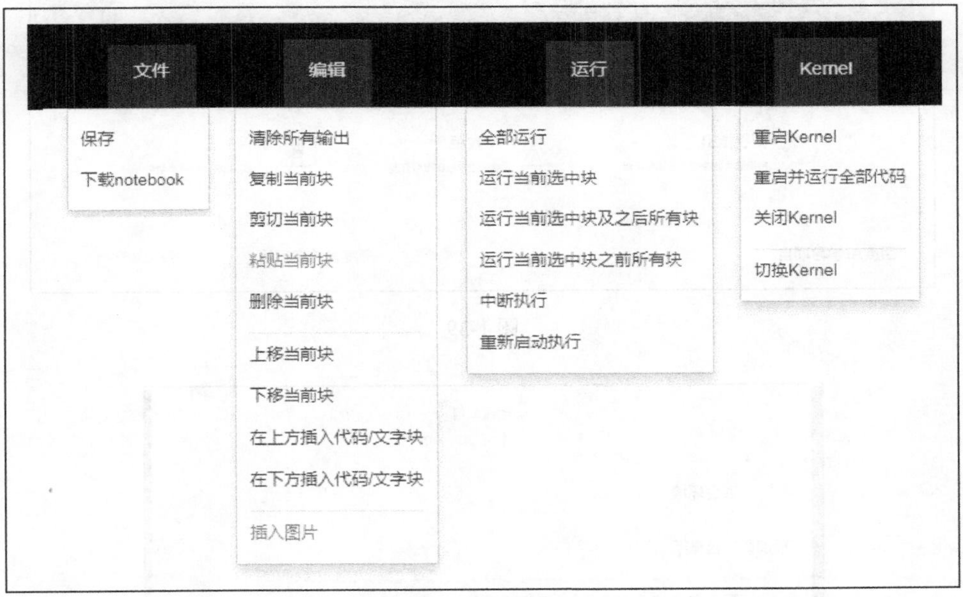

图 1-38

1.9 AI Studio 集群项目

1.9.1 集群项目说明

集群项目的任务执行由 **GPU 集群**支撑,具有实时高速的并行计算和浮点计算能力,有效减轻了深度学习训练中的计算压力,提高了处理效率。

用户可以先在**单机项目**中,利用在线的 Notebook 功能,完成代码的编写与调试,之后在**集群项目**中运行,从而提高模型训练速度。

1.9.2 创建集群项目

点击主页上的"创建项目"按钮，进入"创建项目"对话框，如图 1-39 和图 1-40 所示。

图 1-39

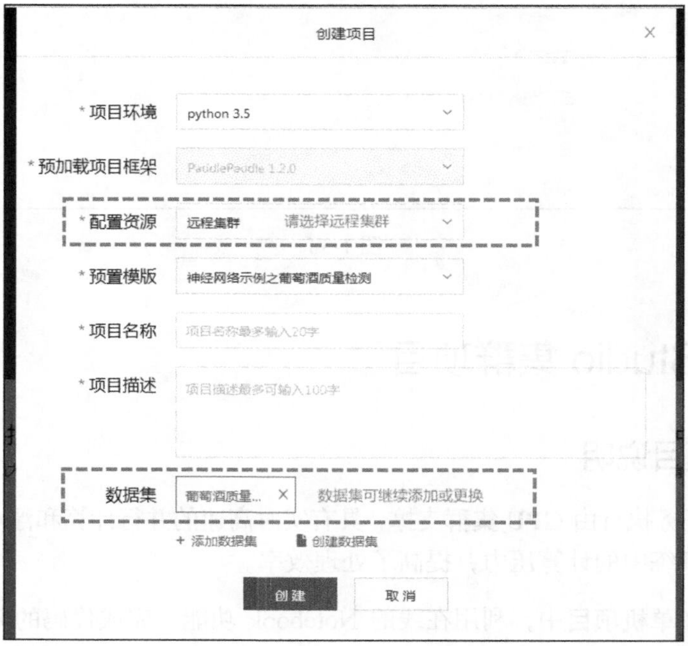

图 1-40

对于"配置资源"选择"远程集群",等待几秒后进入集群项目详情页。

1.9.3 页面概览

在集群项目详情页中,用户可以浏览自己创建的项目内容,编辑项目名称及数据集等信息,查看集群历史任务信息等,如图 1-41 所示。

图 1-41

- 版本内容:默认展示当前 Notebook 最新内容。初始化状态为集群项目示例代码。用户可以手动选择提交任务时对应的历史版本。

- 数据集:项目所引用的数据集信息。

- 历史任务:每一次执行任务的记录。

1.9.4 代码编辑界面

代码编辑界面主要分为左侧(文件管理及数据集区域)和右侧(文件预览编辑和提交任务区域)两个部分,如图 1-42 所示。

图 1-42

1.9.5 文件管理和数据集区域

左侧的文件管理和数据集区域如图 1-43 所示。

图 1-43

用户可以手动创建文件/文件夹，对文件/文件夹进行重命名或删除。用户可以选择指定文件，并设置为主文件，以用作整个项目的入口。用户也可以手动上传文件（上限为 20MB，更大文件请通过数据集上传）。用户可以双击文件，在右侧将新建一个标签页。用户可以进一步查看或编辑该文件的内容（目前仅支持.py 文件和.txt 文件，同时预览文件的上限为 1MB）。用户可以查看数据集文件，并复制该文件的相对路径，最后拼合模板内置绝对路径，即可使用文件。

1.9.6 文件预览编辑和提交任务区域

右侧的文件预览编辑和提交任务区域如图 1-44 所示。

图 1-44

当多个文件被打开时，用户可以将它们逐一关闭，最后一个文件不可关闭。选中文件对应的标签页即可对文件内容进行预览和编辑，但当前仅支持.py 和.txt 格式的文件。点击"保存"按钮，会将所有文件的改动信息都保存，若用户不提交任务，直接退出，则自动保存为一个"未提交"版本。提交任务前，建议写一个备注名称，方便未来进行不同版本代码/参数的效果比较。

1.9.7 PaddlePaddle 集群训练说明

PaddlePaddle 基于集群的分布式训练任务与单机训练任务的调用方法不同。基于 pservertrainer 架构的分布式训练任务分为两种角色——parameter server（pserver）和 trainer。

在 Fluid 中，用户只需要进行单机训练所需要的网络配置，DistributeTranspiler 模块会自动地根据当前训练节点的角色将用户配置的单机网络配置改写成 pserver 和 trainer 需要运行的网络配置。

```
t = fluid.DistributeTranspiler()
t.transpile(
    trainer_id = trainer_id,
    pservers = pserver_endpoints,
    trainers = trainers)
if PADDLE_TRAINING_ROLE == "TRAINER":
    #获取 pserver 程序并执行它
    trainer_prog = t.get_trainer_program()
    ...

elif PADDLE_TRAINER_ROLE == "PSERVER":
    #获取 trainer 程序并执行它
    pserver_prog = t.get_pserver_program(current_endpoint)
    ...
```

目前集群项目中提供的默认环境 PADDLE_TRAINERS=1。（PADDLE_TRAINERS 是分布式训练任务中 trainer 节点的数量。）

非 PaddlePaddle 代码请放到 if PADDLE_TRAINING_ROLE == "TRAINER"分支下执行，例如数据集解压任务。

1.9.8 数据集与输出文件路径说明

集群项目中添加的数据集统一放到**绝对路径**./datasets 中。

```
#数据集文件会自动复制到./datasets 目录下
CLUSTER_DATASET_DIR = '/root/paddlejob/workspace/train_data/datasets/'
```

集群项目数据集文件路径的获取方式如下。在页面左侧数据集中点击图 1-45 中虚线框标注的图标，复制数据集文件路径，得到文件的**相对路径**，例如点击后复制到剪切板的路径为 data65/train-labels-idx1-ubyte.gz。

```
#数据集文件相对路径
file_path = 'data65/train-labels-idx1-ubyte.gz'
```

真正使用的时候需要将两者拼合，即 train_datasets = datasets_prefix + file_path。

集群项目输出文件路径为./output。

```
#需要下载的文件可以输出到'/root/paddlejob/workspace/output'目录
CLUSTER_OUTPUT_DIR = '/root/paddlejob/workspace/output'
```

1.9 AI Studio 集群项目　29

图 1-45

1.9.9 提交任务

点击图 1-14 中的"运行项目"按钮后进入任务编辑页面，如图 1-46 所示。

图 1-46

- 提交：点击"提交"按钮会发起本次任务的执行，并将代码自动保存为一个版本。
- 任务备注：任务自定义标识，用于区分项目内每次执行的任务。

1.9.10 历史任务

历史任务页面如图 1-47 所示。

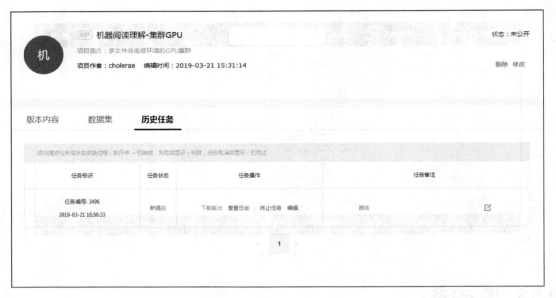

图 1-47

任务操作有如下几种。

- 下载输出。下载任务输出文件，文件格式为×××（任务编号）_output.tar.gz。

- 查看/下载日志。在任务运行过程中，点击"查看日志"，可以查看实时日志，掌握运行进度。运行结束后，"查看日志"变成"下载日志"。下载任务执行日志，日志格式为×××（任务编号）_log.tar.gz。

- 终止任务。在任务执行过程中，可以点击"终止任务"。

- 编辑。编辑任务对应的代码版本内容。

1.9.11 预安装包说明

集群项目空间安装包及版本号参见表 1-4。

表 1-4　　　　　　　　　　集群项目空间安装包及版本号

安装包	版本号
backports.functools-lru-cache	1.5
cycler	0.10.0
graphviz	0.10.1
kiwisolver	1.0.1
matplotlib	2.2.3

续表

安装包	版本号
nltk	3.4
numpy	1.15.4
opencv-python	3.4.4.19
paddlepaddle-gpu	1.3.1
Pillow	5.3.0
pip	18.1
protobuf	3.1.0
pyparsing	2.3.0
rarfile	3.0
recordio	0.1.5
requests	2.9.2
scipy	1.1.0
setuptools	40.6.2
six	1.12.0
subprocess32	3.5.3
wheel	0.32.3

1.10 在线部署及预测

1.10.1 功能说明

在线部署与预测为开发者提供训练模型向应用化 API 转换的功能。开发者在 AI Studio 平台通过单机项目 Notebook 页面完成模型训练后，通过创建一个在线服务，应用模型生成在线 API，使用该 API 可以直接检验模型效果或将模型实际应用到开发者的私有项目中，如图 1-48 所示。目前，该功能暂时仅对单机项目开放。

图 1-48

1.10.2 通过训练任务生成模型文件

在训练任务过程中，通过调用 paddle.fluid.io.save_inference_model 实现模型的保存，保存后的目录需要可以被在线服务使用。我们以房价预测的线性回归任务为例，具体代码如下。

```python
import paddle
import paddle.fluid as fluid
import numpy
import math
import sys
from __future__ import print_function
BATCH_SIZE = 20
train_reader = paddle.batch(
    paddle.reader.shuffle(
        paddle.dataset.uci_housing.train(), buf_size=500),
        batch_size=BATCH_SIZE)
test_reader = paddle.batch(
    paddle.reader.shuffle(
        paddle.dataset.uci_housing.test(), buf_size=500),
        batch_size=BATCH_SIZE)
params_dirname = "model2"
x = fluid.layers.data(name='x', shape=[13], dtype='float32')
y = fluid.layers.data(name='y', shape=[1], dtype='float32')
y_predict = fluid.layers.fc(input=x, size=1, act=None)
main_program = fluid.default_main_program()
startup_program = fluid.default_startup_program()
cost = fluid.layers.square_error_cost(input=y_predict, label=y)
avg_loss = fluid.layers.mean(cost)
sgd_optimizer = fluid.optimizer.SGD(learning_rate=0.001)
sgd_optimizer.minimize(avg_loss)
test_program = main_program.clone(for_test=True)
use_cuda = False
place = fluid.CUDAPlace(0) if use_cuda else fluid.CPUPlace()
exe = fluid.Executor(place)
num_epochs = 100
def train_test(executor, program, reader, feeder, fetch_list):
    accumulated = 1 * [0]
    count = 0
    for data_test in reader():
        outs = executor.run(program=program,
                        feed=feeder.feed(data_test),
                        fetch_list=fetch_list)
        accumulated = [x_c[0] + x_c[1][0] for x_c in zip(accumulated, outs)]
        count += 1
    return [x_d / count for x_d in accumulated]
params_dirname = "fit_a_line.inference.model"
feeder = fluid.DataFeeder(place=place, feed_list=[x, y])
naive_exe = fluid.Executor(place)
naive_exe.run(startup_program)
step = 0
```

```
exe_test = fluid.Executor(place)
for pass_id in range(num_epochs):
    for data_train in train_reader():
        avg_loss_value, = exe.run(main_program,
                            feed=feeder.feed(data_train),
                            fetch_list=[avg_loss])
        if step % 10 == 0:
            print (step, avg_loss_value[0])
        if step % 100 == 0:
            test_metics = train_test(executor=exe_test,
                            program=test_program,
                            reader=test_reader,
                            fetch_list=[avg_loss.name],
                            feeder=feeder)
            print (step, test_metics[0])
            if test_metics[0] < 10.0:
                break
        step += 1
        if math.isnan(float(avg_loss_value[0])):
            sys.exit("got NaN loss, training failed.")
    if params_dirname is not None:
        fluid.io.save_inference_model(params_dirname, ['x'],
                            [y_predict], exe)
```

使用已有模型，可以通过!wget 在 Notebook 中将模型文件传输到环境目录下。以房价预测的线性回归模型为例，通过!wget https://ai.baidu.com/file/4E1D1FCC670E4 A5E8441634201658107-O fit_a_line.inference.model 传输文件，解压后直接被在线服务使用，如图 1-49 所示。

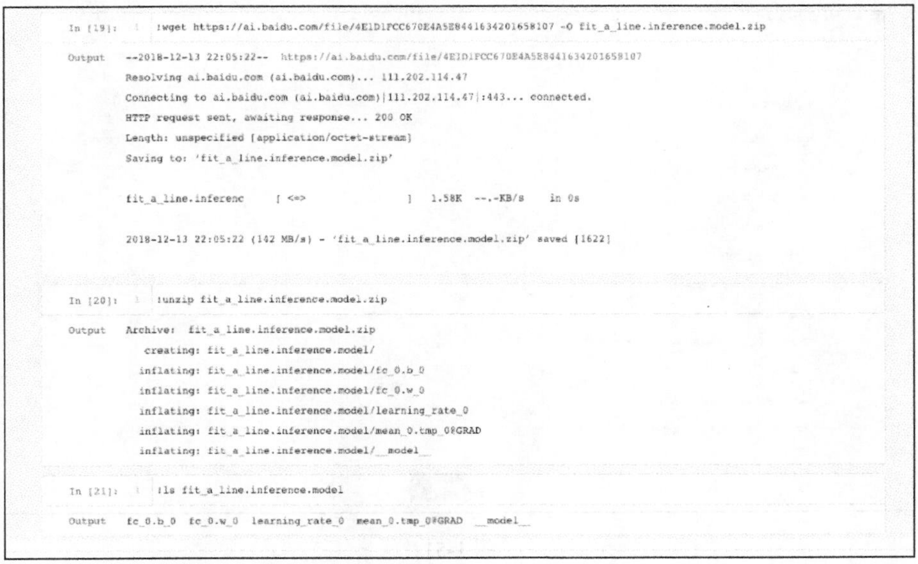

图 1-49

1.10.3 创建一个在线服务

完成模型训练后，在单机项目页面中点击"创建预测服务"按钮，如图 1-50 所示，创建一个在线服务。

图 1-50

1. 选择模型文件

选择模型文件，如图 1-51 所示。

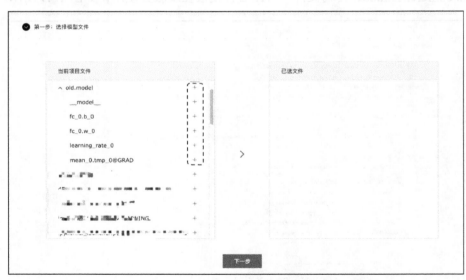

图 1-51

已选中的文件将出现在右边的框中，如图 1-52 所示。

图 1-52

设置主程序，主程序为 paddle.fluid.io.save_inference_model 中参数 main_program 配置的程序。在房价预测的示例中，我们使用默认参数调用 save_inference_model，因此将 __model__ 文件设置为主程序，如图 1-53 所示。

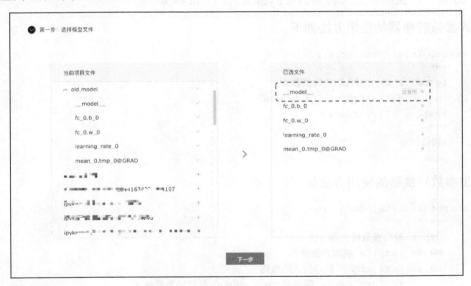

图 1-53

2. 确认输入/输出

填写模型的输入/输出参数。以房价预测的线性回归模型为例，添加的参数如图 1-54 所示。

图 1-54

3. 制作参数转换器

参数转换器帮助用户将参数转换为合法输入并完成数据预处理。

- 方式一：使用自定义转换器（Python 2.7）（推荐）。

输入参数转换器的使用方法如下。

```python
def reader_infer(data_args):
    """
    reader_infer 输入参数转换器方法
    :param data_args: 接口传入的数据
    :return [[]], feeder
    """
    #构造内容
    pass
```

输出参数转换器的使用方法如下。

```python
def output(results, data_args):
    """
    output 输出参数转换器方法
    :param results 模型预测结果
    :param data_args: 接口传入的数据
        :return array 需要被json_encode处理的数据格式
    """
    #构造内容
    pass
```

以房价预测为例，输入参数转换器的代码如下所示。

```python
import os
import sys
sys.path.append("..")
from PIL import Image
import numpy as np
import paddle.fluid as fluid
from home.utility import base64_to_image
def reader_infer(data_args):
    """
    reader_infer 输入参数转换器方法
    :param data_args: 接口传入的数据
    :return [[]], feeder
    """
    def reader():
        """
        reader
        :return:
        """
        x = fluid.layers.data(name='x', shape=[13], dtype='float32')
        # y = fluid.layers.data(name='y', shape=[1], dtype='float32')
        feeder = fluid.DataFeeder(place=fluid.CPUPlace(), feed_list=[x])
        CRIM = float(data_args["CRIM"])
        ZN = float(data_args["ZN"])
        INDUS =  float(data_args["INDUS"])
        CHAS = float(data_args["CHAS"])
        NOX = float(data_args["NOX"])
        RM = float(data_args["RM"])
        AGE = float(data_args["AGE"])
        DIS = float(data_args["DIS"])
        RAD =  float(data_args["RAD"])
        TAX = float(data_args["TAX"])
        PTRATIO = float(data_args["PTRATIO"])
        B =  float(data_args["B"])
        LSTAT = float(data_args["LSTAT"])
        return [[[CRIM, ZN, INDUS, CHAS, NOX, RM, AGE, DIS, RAD, TAX, PTRATIO, B, LSTAT]]], 
            feeder
    return reader
```

输出参数转换器的代码如下所示。

```python
def output(results, data_args):
    """
    output 输出参数转换器方法
    :param results 模型预测结果
    :param data_args: 接口传入的数据
    :return array 需要被json_encode处理的数据格式
    """
    lines = []
    for dt in results:
        y = dt.tolist()
        lines.append({"predict": y})
```

```
return lines
```

- 方式二：默认参数，不设置转换器。

用户的 API 参数直接传递给模型，如图 1-55 所示。

图 1-55

4．沙盒部署

用户最多可以同时部署 5 个沙盒服务，用来对比模型优化结果。

录入名称，点击"生成沙盒"按钮或者点击"暂存"按钮将沙盒保存到草稿箱，如图 1-56 所示。

图 1-56

1.10.4 测试沙盒服务

对沙盒列表中的沙盒服务进行测试，验证是否配置正确。步骤如下。

（1）点击"测试"打开测试页面，如图 1-57 所示。

图 1-57

（2）填写 json 格式请求参数，如图 1-58 所示。

图 1-58

（3）点击"发送请求"按钮检验返回结果，如图 1-59 所示。

图 1-59

1.10.5 部署在线服务

点击"正式部署"部署线上 API，如图 1-60 和图 1-61 所示。

图 1-60

图 1-61

对于一个项目，可以创建 **5** 个沙盒服务，并把其中 **1** 个沙盒服务部署为线上服务。沙盒服务如果连续超过 **24** 小时无调用，将自动调整为暂停状态。线上服务如果连续超过 **14** 天无调用，将自动调整为暂停状态。

1.10.6 调用在线服务

依据 API key、服务地址（见图 1-62）和用户自定义参数，实现对服务的调用。

图 1-62

1. 请求方式

- HTTP 请求 URL：[服务地址] [?] [apiKey=xxx]。
- HTTP 请求方法：POST。
- HTTP Body：用户自定义参数。

2. 调用示例

以房价预测项目为例，CURL 调用示例如下。

```
curl -H "Content-Type: application/json" -X POST -d '{"CRIM":0.01887747, "ZN":-0.11363636,
"INDUS":0.25525005, "CHAS":-0.06916996,   "NOX":0.29898136, "RM": -0.04476612, "AGE":
0.14340987, "DIS":-0.14797285,   "RAD":0.62828665, "TAX":0.49191383, "PTRATIO":0.18558153,
"B":0.05473289, "LSTAT":0.16851371}' "https://aistudio.baidu.com/serving/online/xxx?apiKey=
xxxxxxxxxx"
```

Python 调用示例如图 1-63 所示。

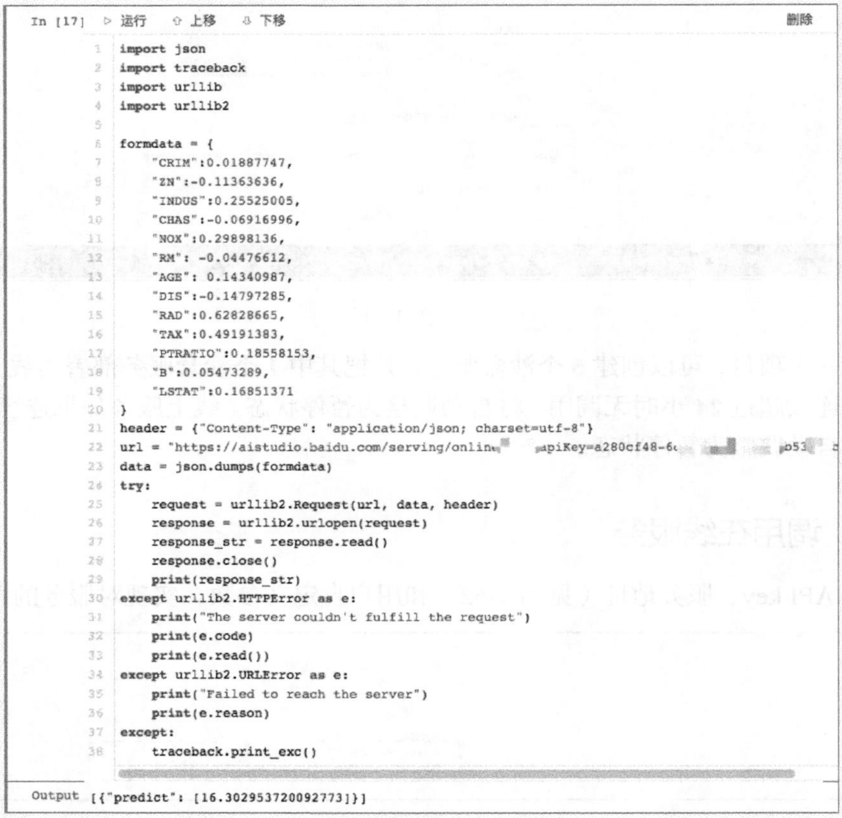

```
import json
import traceback
import urllib
import urllib2

formdata = {
    "CRIM":0.01887747,
    "ZN":-0.11363636,
    "INDUS":0.25525005,
    "CHAS":-0.06916996,
    "NOX":0.29898136,
    "RM": -0.04476612,
    "AGE": 0.14340987,
    "DIS":-0.14797285,
    "RAD":0.62828665,
    "TAX":0.49191383,
    "PTRATIO":0.18558153,
    "B":0.05473289,
    "LSTAT":0.16851371
}
header = {"Content-Type": "application/json; charset=utf-8"}
url = "https://aistudio.baidu.com/serving/online...    apiKey=a280cf48-6...    ...p53..."
data = json.dumps(formdata)
try:
    request = urllib2.Request(url, data, header)
    response = urllib2.urlopen(request)
    response_str = response.read()
    response.close()
    print(response_str)
except urllib2.HTTPError as e:
    print("The server couldn't fulfill the request")
    print(e.code)
    print(e.read())
except urllib2.URLError as e:
    print("Failed to reach the server")
    print(e.reason)
except:
    traceback.print_exc()

Output [{"predict": [16.302953720092773]}]
```

图 1-63

1.11　NumPy 常规操作及使用

NumPy（Numerical Python）是 Python 中的一个线性代数库，它为 Python 提供高性能的向量、矩阵和高维数据结构的科学计算。NumPy 通过 C 和 Fortran 实现，因此在用向量和矩阵建立方程并实现数值计算时有非常好的性能。对于每一个数据科学或机器学习 Python 包而言，NumPy 都是一个非常重要的库，SciPy（Scientific Python）、matplotlib、Scikit-learn

等都在一定程度上依赖 NumPy。PaddlePaddle 在通过 pip 安装时会自动安装对应版本的 NumPy。

在对数组进行数学运算和逻辑运算时，NumPy 是非常有用的。在用 Python 对 n 维数组和矩阵进行运算时，NumPy 提供了大量有用特征。在使用 PaddlePaddle 时，NumPy 不仅是一个库，它还是实现深度学习数据表示的基础之一。因此，了解它的工作原理、关注向量化和广播（broadcasting）是非常必要的。

这一节介绍数据科学初学者需要了解的 NumPy 基础知识，包括如何创建 NumPy 数组、如何使用 NumPy 中的广播机制、如何获取值以及如何操作数组。更重要的是，大家可以通过本节了解到 NumPy 处理 Python 列表数据的优势：更简洁、更快速地读写项，并且更方便、更高效。

1. 安装 NumPy

在安装 PaddlePaddle 时，PaddlePaddle 的安装程序会自动在当下环境集成适合该 PaddlePaddle 版本的 NumPy 包。PaddlePaddle 的安装方法在第 2 章中介绍。如果要单独安装 NumPy，那么可以使用以下命令从终端上安装 NumPy。

```
pip install numpy
```

如果已经安装了 Anaconda，那么可以使用以下命令通过终端或命令提示符安装 NumPy。

```
conda install numpy
```

2. 使用 Python 列表创建 NumPy 数组

NumPy 数组是包含相同类型值的网格。NumPy 数组有两种形式——向量和矩阵。在计算机科学中，向量是一维数组，矩阵是多维数组。在某些情况下，矩阵也可以只有一行或一列。

在使用 NumPy 之前先赋予包别名。

```
import numpy as np
```

先创建一个 Python 列表"first_list"。

```
first_list = [1, 2, 3, 4, 5]
```

通过这个列表，可以简单地创建一个名为 one_dimensional_list_list 的 NumPy 数组，显示结果。

```
one_dimensional_list = np.array(first_list)
one_dimensional_list  #这里将回显刚刚由 first_list 数组生成的结果
```

刚才将一个 Python 列表转换成了一维 NumPy 数组。要得到二维数组，就要创建一个以列表为元素的列表，如下所示。

```
second_list = [[1,2,3], [5,4,1], [3,6,7]]
two_dimensional_list = np.array(second_list)
two_dimensional_list    #这里将回显刚刚由 second_list 数组生成的结果
array ([[1, 2, 3],
        [5, 4, 1],
        [3, 6, 7]])
```

3. 使用内置函数 arange()创建 NumPy 数组

NumPy 可以用 arange()创建一个数组,这与 Python 的内置函数 range()相似。

```
first_list = np.arange(10)
```

或者

```
first_list = np.arange(0,10)
```

这就产生了 0~9 的 10 个数字。

```
first_list
array ([0, 1, 2, 3, 4, 5, 6, 7, 8, 9])
```

要注意的是,np.arange() 函数中有 3 个参数。第一个参数表示起始位置,第二个参数表示终止位置,第三个参数表示步长。例如,要得到 0~10 中的偶数,只需要将步长设置为 2 就可以了,如下所示。

```
first_list = np.arange(0,11,2)
first_list
array ([ 0,  2,  4,  6,  8, 10])
```

还可以创建有 7 个 0 的一维数组。

```
my_zeros = np.zeros(7)
my_zeros
array ([0., 0., 0., 0., 0., 0., 0.])
```

也可以创建有 5 个 1 的一维数组。

```
my_ones = np.ones(5)
my_ones
array ([1., 1., 1., 1., 1.])
```

同样,可以生成内容都为 0 的 7 行 5 列二维数组。

```
two_dimensional_zeros = np.zeros((7,5))
two_dimensional_zeros
array ([[0., 0., 0., 0., 0.],
        [0., 0., 0., 0., 0.],
        [0., 0., 0., 0., 0.],
        [0., 0., 0., 0., 0.],
        [0., 0., 0., 0., 0.],
        [0., 0., 0., 0., 0.],
        [0., 0., 0., 0., 0.],
```

```
       [0., 0., 0., 0., 0.]])
```

函数 empty 可创建一个初始元素为随机数的数组，操作方法和 zeros 如出一辙。具体随机量取决于内存状态。默认状态下，所创建数组的数据类型（dtype）一般是 float64。

4. 使用内置函数 linspace() 创建 NumPy 数组

linspace() 函数返回在指定范围内具有指定间隔的数字。也就是说，如果要得到区间[0,12]中间隔相等的 4 个数，可以使用以下命令。

```
isometry_arr = np.linspace(0, 12, 4)
isometry_arr
```

该命令将结果生成一维向量。

```
array ([ 0., 4., 8., 12.])
```

与 arange() 函数不同，linspace() 的第三个参数是要创建的数据点的数量。

5. 在 NumPy 中创建一个单位矩阵

单位矩阵也叫恒等矩阵、纯量矩阵。在处理线性变换时，单位矩阵是非常有用的，它表示无缩放、旋转或平移的变换。一般对于图像而言，单位矩阵是一个二维方阵，也就是说，在这个矩阵中列数与行数相等。单位矩阵的特点是它的对角线上的元素都是 1，其他的元素都是 0。创建单位矩阵一般只有一个参数。下述命令说明了如何创建 6×6 的单位矩阵。

```
identity_matrix = np.eye(6)
```

6. 用 NumPy 创建一个由随机数组成的数组

一般比较常用的 random 系函数有 rand()、randn() 或 randint()，它们都具备生成随机数的功能。

使用 random.rand()，可以以给定的形状创建一个数组，并在数组中加入在[0,1]内均匀分布的随机样本。

如果要创建由 4 个对象组成的一维数组，并使得这 4 个对象均匀分布在[0,1]中，可以这样做。

```
my_rand = np.random.rand(4)
my_rand
array([0.54530499, 0.4791477 , 0.17816267, 0.980619916])
```

如果要创建一个 3 行 4 列的二维数组，则可以使用以下代码。

```
my_rand = np.random.rand(3, 4)
my_rand
array([[3.64058527e-01, 9.05102725e-01, 3.25318028e-01, 4.86173815e-01],
       [6.85567784e-01, 7.30340885e-02, 1.36020526e-01, 3.13770036e-04],
```

```
            [2.76068271e-02, 5.37804406e-01, 6.09760670e-01, 9.03652017e-01]])
```

使用 randn()，可以创建一个期望为 0、方差为 1 的标准正态分布（高斯分布）的随机样本。例如，从中生成 30 个服从标准正态分布的随机数。

```
my_randn = np.random.randn(30)
my_randn

array([ 0.46344253, -1.1180354 , -0.76683867,  0.60764125,  0.75040916,
        0.52247857,  1.05988275, -0.40201072, -0.21179046, -0.17263014,
        1.3185744 ,  0.59589626,  1.24200835, -0.80713838,  2.07958112,
        1.37557692,  1.35925843, -0.05960489,  1.26046288,  0.88368104,
        0.30442813,  2.57724599, -0.94821606,  0.37336274, -1.1968936 ,
        1.10085423,  0.3339304 ,  0.63401235,  0.6585172 ,  0.72375082])
```

要将其表示为 3 行 5 列的二维数组，使用以下代码即可。

```
np.random.randn(3,5)
```

使用 randint() 函数生成整数数组。randint() 函数最多可以有 3 个参数，分别是最小值（包含，默认为 0）、最大值（不包含，必填）以及数组的大小（默认为 1）。

```
np.random.randint(5, 20, 7)
array([10, 12, 19, 12,  8, 13, 14])
```

7. 将一维数组转换成二维数组

首先，创建一个有 20 个随机整数的一维数组。

```
arr = np.random.rand(20)
```

然后，使用 reshape() 函数将其转换为二维数组。

```
arr = arr.reshape(4,5)
array([[0.85161986, 0.06722657, 0.22270304, 0.60935757, 0.20345998],
       [0.67193271, 0.27533643, 0.30484289, 0.78642633, 0.7400095 ],
       [0.63484647, 0.48679984, 0.93656238, 0.81573558, 0.22958044],
       [0.57825764, 0.79502777, 0.77810231, 0.37802153, 0.6360811 ]])
```

注意，在使 reshape() 进行转换时，要保证行列数相乘后与元素数量相等。

假设存在大量数组，而你需要弄清楚数组的形状，只需要使用 shape 函数即可。

```
arr.shape()
 (4, 5)
```

8. 定位 NumPy 数组中的最大值和最小值

使用 max() 和 min() 函数，分别可以得到数组中的最大值和最小值。

```
arr_2 = np.random.randint(0, 20, 10)  #在 0 到 20 中随机生成 10 个数字
```

```
array([ 8,  9, 13, 13,  1, 14,  8,  0, 17, 18])
arr_2.max()  #返回最大的数字,即 18
arr_2.min()  #返回最小的数字,即 0
```

使用 argmax()和 argmin()函数,分别可以定位数组中最大值和最小值的下标。

```
arr_2.argmax()  #返回最大的数字的下标,即 9
arr_2.argmin()  #返回最小的数字的下标,即 7
```

9. 从 NumPy 数组中索引/选择多个元素(组)

在 NumPy 数组中进行索引与在 Python 中类似,只需要在方括号中指定下标即可。

```
my_array = np.arange(0,13)
my_array[8]
8
```

要获得数组中的一系列值,可以使用切片符":",这和 Python 中的使用方法一样。

```
my_array[2:6]
array([2, 3, 4, 5])
my_array[:5]
array([0, 1, 2, 3, 4])
my_array[5:]
array([ 5,  6,  7,  8,  9, 10, 11, 12])
```

同样也可以通过使用 [ ][ ] 或 [,] 在二维数组中选择元素。

现在使用 [ ][ ] 从下面的二维数组中抓取出值「60」。

```
two_d_arr = np.array([[10,20,30], [40,50,60], [70,80,90]])
two_d_arr[1][2]  #抓取第二行第三列
```

使用 [,] 从上面的二维数组中抓取出值「20」。

```
two_d_arr[0,1]  #抓取第二行第三列
```

也可以用切片符抓取二维数组的子部分。使用下面的操作从数组中抓取一些元素。

```
two_d_arr[:1, :2]  #将返回 [[10, 20]]
two_d_arr[:2, 1:]  #将返回 ([[20, 30], [50, 60]])
two_d_arr[:2, :2]  #将返回 ([[10, 20], [40, 50]])
```

还可以索引一整行或一整列。只需要使用索引数字即可抓取任意一行。

```
two_d_arr[0]    #将返回第一行 ([10, 20, 30])
```

还可以使用 &、|、<、> 和 == 运算符对数组执行条件选择和逻辑选择,从而对比数组中的值和给定值。

```
new_arr = np.arange(5,15)
```

```
new_arr > 10
False, False, False, False, False, False,  True,  True,  True,  True]
```

组合使用条件运算符和逻辑运算符，可以得到值大于 3 且小于 10 的元素。

```
new_arr[(new_arr>3) & (new_arr<10)]
array([5, 6, 7, 8, 9])
```

10．广播机制

广播机制是 NumPy 非常重要的一个特点，它允许 NumPy 扩展矩阵间的运算。例如，它会隐式地把一个数组的异常维度调整到与另一个算子相匹配的维度以实现维度兼容。例如，将一个维度为 [3,2] 的矩阵与另一个维度为 [3,1] 的矩阵相加是合法的，NumPy 会自动将第二个矩阵扩展到等同的维度。

为了定义两个形状是否是可兼容的，NumPy 从最后开始往前逐个比较它们的维度大小。在这个过程中，如果两者的对应维度相同，或者其中一个（或者二者都）等于 1，则继续进行比较，直到最前面的维度。若不满足这两个条件，程序就会报错。

最简单的广播机制是快速改变 NumPy 数组中的值，例如，将索引为 0~5 的元素的初始值改为 20。

```
my_array = np.arange(0,13)
my_array[0:5] = 20
array([20, 20, 20, 20, 20,  5,  6,  7,  8,  9, 10, 11, 12])
```

当两个矩阵维度不匹配时，使用以下代码。

```
a = np.array([1.0,2.0,3.0,4.0, 5.0, 6.0]).reshape(3,2)
b = np.array([3.0])
a * b
array([[ 3.,  6.],
       [ 9., 12.],
       [15., 18.]])
```

11．对 NumPy 数组执行数学运算

对 NumPy 数组执行数学运算的语法就和你想象的一样。

```
arr = np.arange(1,11)
arr * arr
arr - arr
arr + arr
arr / arr
```

还可以通过 NumPy 广播机制批量对数组执行标量运算。

```
arr + 50
```

NumPy 还允许在数组上执行通用函数，如平方根函数、指数函数和三角函数等。

```
np.sqrt(arr)
np.exp(arr)
np.sin(arr)
np.cos(arr)
np.log(arr)
np.sum(arr)
np.std(arr)
```

12. 对 NumPy 数组执行点积（内积）运算

我们一般使用 np.dot() 执行点积运算，如同 NumPy 官网指出的，如果 a 和 b 都是一维数组，它的作用是计算内积（不进行复共轭）。执行点积运算的前提是左边矩阵的列数（每行的元素）必须等于右边矩阵的行数，否则就会报错。对于秩为 1 的数组，对应位置的元素先相乘，然后再相加；对于秩不为 1 的二维数组，执行矩阵乘法运算。下面的例子展示了二维矩阵的点积运算。

```
I = np.eye(3)
I
array([[ 1.,  0.,  0.],
       [ 0.,  1.,  0.],
       [ 0.,  0.,  1.]])
D = np.arange(1,10).reshape(3,3)
D
array([[1, 2, 3],
       [4, 5, 6],
       [7, 8, 9]])
M = np.dot(D,I)
M
array([[ 1.,  2.,  3.],
       [ 4.,  5.,  6.],
       [ 7.,  8.,  9.]])
```

第 2 章

PaddlePaddle Fluid 的环境搭建与安装

2.1 在 Linux 系统中安装 PaddlePaddle

2.1.1 租用百度 BCC 云服务器

俗话说"巧妇难为无米之炊",要使用 PaddlePaddle,首先需要有一个运行 PaddlePaddle 的计算设备。你可以租用云服务器,当然,也可以利用你手上现有的计算机和服务器。为了使初始安装环境简单纯净,这里将申请一个百度云服务器。如果读者使用自己的服务器,可以直接略过本节,因为 2.1.1 节之后的操作都是在 shell 中进行的,所以没有差别。

进入百度云官网,在产品中选择"云服务器 BBC",点击"立即购买"按钮,如图 2-1 所示。

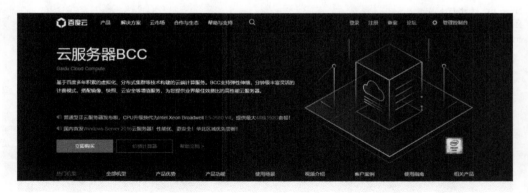

图 2-1

在购买时,云服务器类型选择"GPU 实例",因为其他类型的云服务器都没有配置 GPU。有时候"GPU 实例"处于不可用状态,因为该地区服务器已经被租完了,这就要在左上角选择其他地区的服务器集群,或者更换"可用区",如图 2-2 所示。

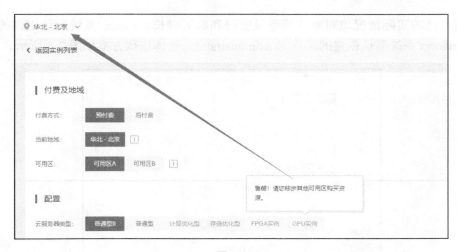

图 2-2

这里换到了苏州的集群。下一步是 GPU 型号的选择,因为 NVIDIA GeForce 系列的 GPU 不允许用在商用领域,只能供个人研究使用或者玩游戏,所以目前只有 4 种可以选,分别是 P40、P4、K40 和 NVIDIA 深度学习开发卡。它们在参数上有两个差别,一个是计算能力,一个是显存大小。例如,P4 的浮点运算能力是 5.5TFLOPS,P40 的浮点运算能力是 12TFLOPS。因为深度学习任务对计算精度要求低,主要使用单精度、半精度计算(其实除了天气预测、流体模拟、量子色动力学等科研项目之外,大多任务用到的是单精度计算),所以这个指标实际影响到训练的速度。第二个差别就是 GPU 显存,若优化合理,16GB 显存足够用,若网络结构设计不合理,即使有 100GB 的显存也不够用。

其他的选项保持默认值就可以。如果想用 SSD,在存储界面"CDS 云磁盘"选项区域中选择"SSD 云磁盘",调整合适的容量就可以了。此后 SSD 会挂载在系统上,如图 2-3 所示。

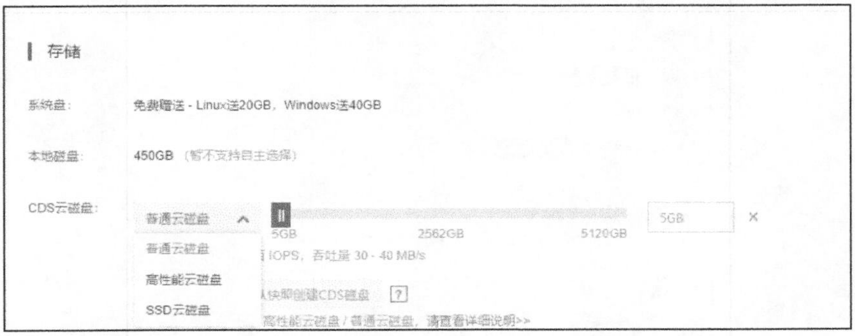

图 2-3

如果你想要从外网访问这个服务器,要选择"购买弹性公网 IP",实际就是给你的服务器分配一个公网 IP 地址,否则,你只能从管理页面在网页上使用 VNC 远程连接。

根据自己的实际情况填写服务器登录密码和购买时长。Linux 系统默认创建的账户为 root，Windows 系统默认创建的账户为 Administrator。整体选购方案如图 2-4 所示。

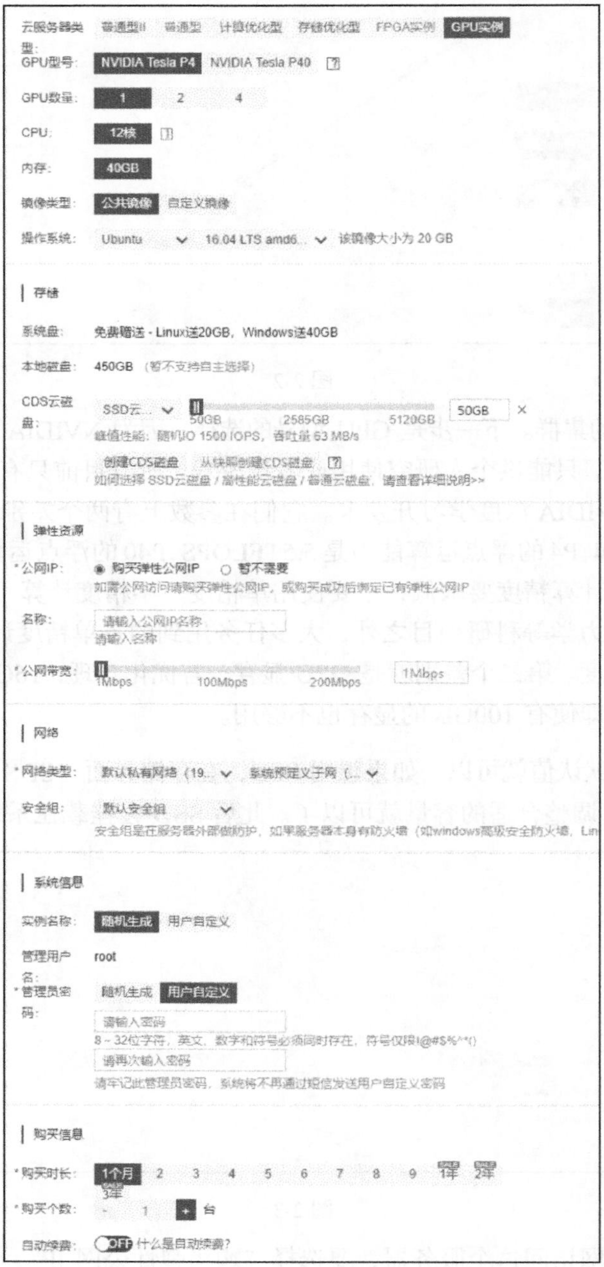

图 2-4

付费方式可以选预付费和后付费，对于计算能力需求不大的用户，使用后付费会便宜很多，因为这种方式是按照使用量计费的。

付费完成后就可以在账户的"云服务器 BCC-实例列表"里看到你的机器了。默认名称是一个内部序号，如果服务器多，为了方便区分，可以点击右边的按钮重新输入名称，如图 2-5 所示。

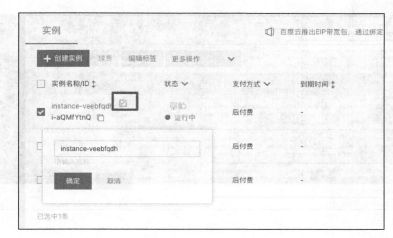

图 2-5

点击每个实例右侧的"VNC 远程"可以从 Web 端连接到服务器的 shell。

当然，我们也可以在"监控"页面中找到服务器的 IP 地址，用 Xshell 或者 Putty 等工具连接到服务器，这里用 Xshell 演示一下。

（1）复制公网 IP 地址，如图 2-6 所示。

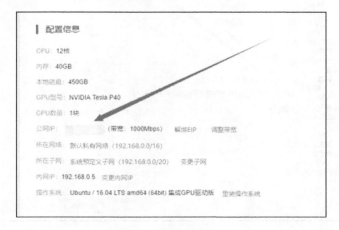

图 2-6

(2)新建 shell 会话,如图 2-7 所示。

图 2-7

(3)在"新建会话属性"对话框中,填入刚刚复制的公网 IP 地址,如图 2-8 所示。

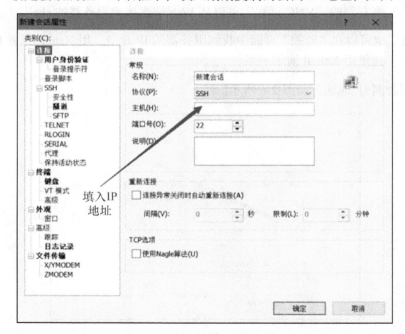

图 2-8

(4)点击"连接"按钮,创建 shell,如图 2-9 所示。

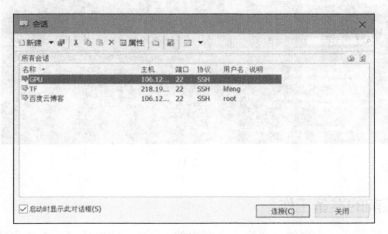

图 2-9

(5)接受并保存主机密钥。Linux 用户名初始为 root,建议使用 root,这样后续操作更方便,有了 root 权限就不需要经常使用 sudo 命令,如图 2-10 所示。

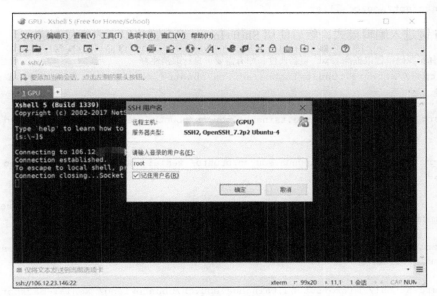

图 2-10

(6)正确输入密码后就连接到服务器的 shell 了,如图 2-11 所示。

这样一台可用的服务器就准备好了。如果使用的是自己的机器,请确保机器环境与以上一致。

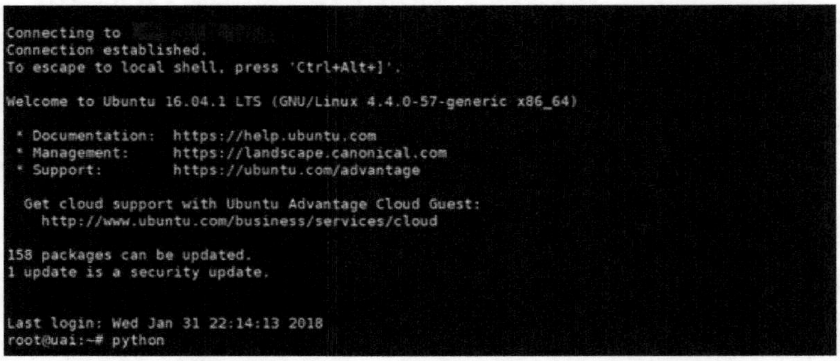

图 2-11

2.1.2 安装前的准备工作

拿到 shell 后,第一步当然是要换一个国内的 apt 源,这里找了一个清华的源。

执行如下操作,备份原文件后,新建一个源文件。

```
# mv /etc/apt/sources.list /etc/apt/sources2.list
# vi /etc/apt/sources.list
```

使用 i 键进入编辑模式,然后使用 Shift+Insert 组合键将以下内容复制进去。

```
#默认注释了源码镜像以提高 apt 更新速度,如有需要可自行取消注释
 deb https://mirrors.tuna.tsinghua.edu.cn/ubuntu/ xenial main restricted universe multiverse

 # deb-src https://mirrors.tuna.tsinghua.edu.cn/ubuntu/ xenial main restricted universe multiverse

 deb https://mirrors.tuna.tsinghua.edu.cn/ubuntu/ xenial-updates main restricted universe multiverse

 # deb-src https://mirrors.tuna.tsinghua.edu.cn/ubuntu/ xenial-updates main restricted universe multiverse

 deb https://mirrors.tuna.tsinghua.edu.cn/ubuntu/ xenial-backports main restricted universe multiverse

 # deb-src https://mirrors.tuna.tsinghua.edu.cn/ubuntuxiang/ xenial-backports main restricted universe multiverse

 deb https://mirrors.tuna.tsinghua.edu.cn/ubuntu/ xenial-security main restricted universe multiverse

 # deb-src https://mirrors.tuna.tsinghua.edu.cn/ubuntu/ xenial-security main restricted universe multiverse
```

输入后按下 Esc 键，然后输入英文半角的冒号":"和 wq，按 Enter 键，就保存了。保存后别忘了输入 apt-get update 更新一下源文件。

因为目前 PaddlePaddle 已经兼容 Python 3 的各个版本，所以我们下载了 Python 3.5。

通常直接用 apt-get install python 命令下载就可以，但 apt 命令默认安装的是 2.7 版本，如图 2-12 所示。

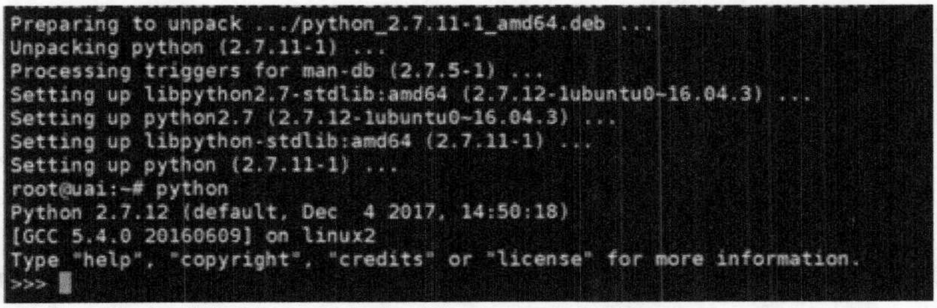

图 2-12

所以我们需要通过指定版本号的方式来安装，安装命令如下。

```
apt-get install python=3.5
```

当然，也可以通过源码方式安装 Python 3.5。

```
wget [https://www.python.org/ftp/python/3.5.6/Python-3.5.6.tgz]
```

下载 Python 3.5 后，解压该包。

```
tar -xvf Python-3.5.6.tgz
```

进入该包。

```
cd Python-3.5.6.tgz
```

配置。

```
./configure
```

编译。

```
make
make install
```

安装完毕。

在这之后，还需要安装 pip。pip 是 Python 的一个包管理工具，可以用它方便地下载安装 Python 包。

输入 apt-get install python3-pip，apt 会默认安装 Python 3 版本对应的 pip 管理器。

安装完成后，输入 pip -V 来查看 pip 的版本，如图 2-13 所示。

图 2-13

安装好 pip 后，还需要安装 numpy 模块，因为它是 PaddlePaddle 的必备环境包。

```
pip install numpy
```

pip 默认用的是国外的源，下载速度非常慢，我们临时用清华的镜像源来安装。

```
pip install -i https://pypi.tuna.tsinghua.edu.cn/simple numpy
```

安装完成后，进入 Python，输入 import numpy as py，若没有报错，则安装成功，如图 2-14 所示。

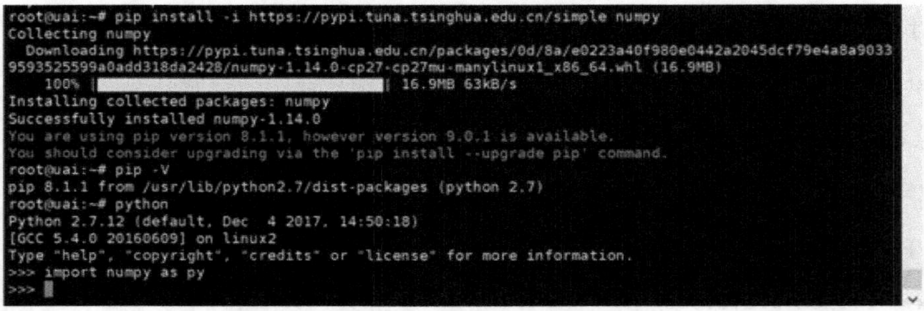

图 2-14

将环境安装配置好后，就可以进行 PaddlePaddle 的安装了。安装 PaddlePaddle 有两种常用方式。

- 最简单的方式当然是用 pip 包管理器安装。
- 在 Docker 中安装。

下面逐一介绍。

2.1.3　通过 pip 安装 PaddlePaddle

用 pip 直接安装可以获取目前最新的 Fluid 1.2 的 CPU 版本。

```
pip install paddlepaddle
```

也可以用 pip 直接安装 PaddlePaddle GPU 版本。安装 GPU 版本的前提是安装了 CUDA 和 cuDNN。CUDA 官方支持的是 CUDA 9、CUDA 8 和 CUDA 7.5。若 cuDDN 加速的话，PaddlePaddle 可以使用 cuDNN v2 之后的任何一个版本来编译和运行，但推荐使用 PaddlePaddle 目前所支持的最高版本，即 cuDNN7。目前官方推荐的环境为 CUDA 9+cuDNN7。

```
pip install  paddlepaddle-gpu
```

执行安装命令后，等待十几分钟，pip 会自动下载安装所需依赖包。安装完成后，会出现类似“Successfully installed paddlepaddle-gpu”的字样，表示安装成功了，如图 2-15 所示。

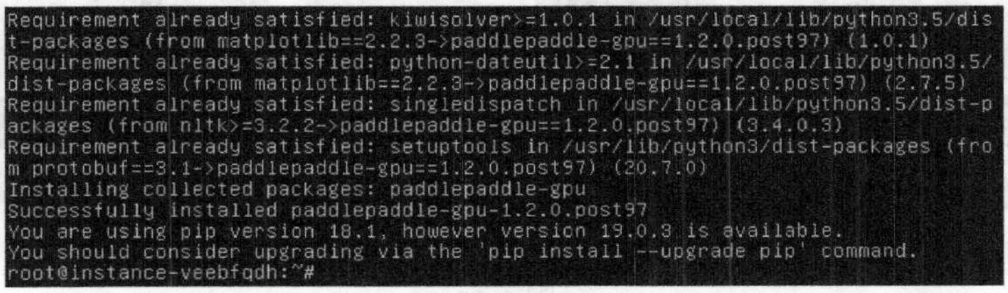

```
Requirement already satisfied: kiwisolver>=1.0.1 in /usr/local/lib/python3.5/dis
t-packages (from matplotlib==2.2.3->paddlepaddle-gpu==1.2.0.post97) (1.0.1)
Requirement already satisfied: python-dateutil>=2.1 in /usr/local/lib/python3.5/
dist-packages (from matplotlib==2.2.3->paddlepaddle-gpu==1.2.0.post97) (2.7.5)
Requirement already satisfied: singledispatch in /usr/local/lib/python3.5/dist-p
ackages (from nltk>=3.2.2->paddlepaddle-gpu==1.2.0.post97) (3.4.0.3)
Requirement already satisfied: setuptools in /usr/lib/python3/dist-packages (fro
m protobuf==3.1->paddlepaddle-gpu==1.2.0.post97) (20.7.0)
Installing collected packages: paddlepaddle-gpu
Successfully installed paddlepaddle-gpu-1.2.0.post97
You are using pip version 18.1, however version 19.0.3 is available.
You should consider upgrading via the 'pip install --upgrade pip' command.
root@instance-veebfqdh:~#
```

图 2-15

进入 Python 后，导入 PaddlePaddle 的两个基包进行测试，如图 2-16 所示。

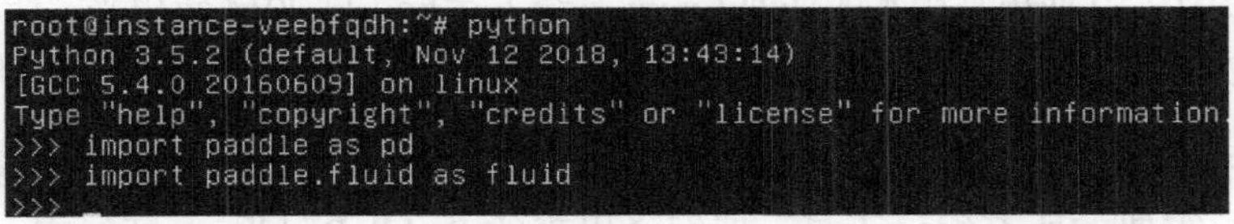

```
root@instance-veebfqdh:~# python
Python 3.5.2 (default, Nov 12 2018, 13:43:14)
[GCC 5.4.0 20160609] on linux
Type "help", "copyright", "credits" or "license" for more information.
>>> import paddle as pd
>>> import paddle.fluid as fluid
>>>
```

图 2-16

若没有报错，说明内部组件配置正常。

2.1.4 在 Docker 中安装 PaddlePaddle

1. Docker 简介

Docker 容器是一种将应用程序与其所有库、数据文件和环境变量捆绑在一起的机制，它使得应用程序在 Linux 系统上以及同一主机上的实例之间的执行环境始终相同。Docker 容器从操作系统层面上是用户模式，因此来自容器的所有内核调用最终都将由主机系统内核处理。

Docker 容器将一个软件包安装在一个完整的文件系统中，该文件系统包含运行软件所需的一切——代码、运行时、系统工具、系统库等可以安装在操作系统上的任何东西。这可以保证无论其硬件环境如何，软件运行环境始终都相同。

区分容器和基于虚拟机管理程序的虚拟机（Virtual Machine, VM）非常重要。VM 允许操作系统的多个副本,甚至多个不同的操作系统共享一台机器。每个 VM 都可以托管和运行多个应用程序。相比之下,容器用于虚拟化单个应用程序,并且部署在主机上的所有容器共享单个 OS 内核,如图 2-17 所示。通常,容器可以更快地启动,并以接近于裸机的性能运行应用程序。容器也更易于服务器端管理,因为不需要额外的开销来进行 OS 内核调用。

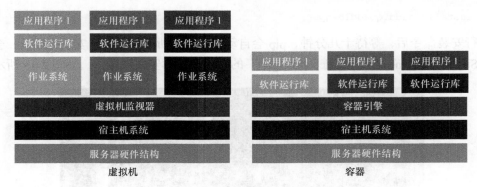

图 2-17

Docker 允许多个容器同时在同一系统上运行,每个容器都有自己的资源集(CPU、内存等)和它们自己的专用依赖集(库版本、环境变量等)。Docker 还提供可移植的 Linux 部署——Docker 容器可以在内核为 3.10 或更高版本的任何 Linux 系统上运行。自 2014 年以来,所有主要的 Linux 发行版都支持 Docker。封装和可移植部署的特性对于开发人员创建与测试应用程序很有价值。

百度研发团队把 PaddlePaddle 的编译环境打包成一个镜像,称为开发镜像,里面包含了 PaddlePaddle 需要的所有编译工具。把编译出来的 PaddlePaddle 也打包成一个镜像,称为生产镜像,里面包含了 PaddlePaddle 运行所需的所有环境。每次 PaddlePaddle 发布新版本的时候,都会发布对应版本的生产镜像以及开发镜像。运行镜像包括纯 CPU 版本和 GPU 版本以及其对应的非 AVX 版本。百度会在 dockerhub 网站提供最新的 Docker 镜像。

要使用 Docker 方式安装,首先要有 Docker 软件。

2. 安装 NVIDIA-Docker

(1)为什么要使用 NVIDIA-Docker

Docker 一般都使用基于 CPU 的应用,而如果要运行基于 GPU 的应用,就需要安装特有的硬件环境,比如需要安装 NVIDIA 的驱动程序。在早期的 Docker 中,当使用需要内核模块和用户级库来操作的专用硬件(如 NVIDIA GPU)时,会出现问题,因为当时 Docker 本身不支持容器内的 NVIDIA GPU。

此问题的解决方法之一是在容器内完全安装 NVIDIA 驱动程序,并在启动时映射与 NVIDIA GPU(例如/dev/nvidia0)对应的字符设备。但此解决方案很脆弱,因为主机驱动程序的版本必须与容器中安装的驱动程序版本完全匹配，这样导致 Docker 镜像无法共享。这个要求大大降低了这些早期容器的可移植性，违背了 Docker 最初的设计理念。

为了使 NVIDIA GPU 在 Docker 镜像中实现可移植，NVIDIA 开发了一个托管在 Github 上的开源项目 NVIDIA-Docker，它提供了基于 GPU 的便携式容器所需的两个关键组件：

- 与驱动无关的 CUDA 环境镜像；
- Docker 命令行启动器，它会在启动时将驱动程序和 GPU（字符设备）的用户模式组件映射到容器中。

NVIDIA-Docker 是一个可以使用 GPU 的 Docker，其本质上是 Docker 命令的包装器，它透明地为容器提供必要的组件以在 GPU 上执行代码。通过 nvidia-docker-plugin，在 Docker 上调用指令，最终实现了在 Docker 的启动命令上携带一些必要的参数。nvidia-docker-plugin 用来帮助用户轻松将容器轻松地部署到 GPU 混合的环境下。它类似一个守护进程，用于发现宿主机驱动文件以及 GPU 设备，并且将这些设备挂载到 Docker 守护进程的请求队列中，以此来支持 Docker GPU 的使用。

使用 Docker 安装和运行 PaddlePaddle 无须考虑依赖环境即可运行，并且可以在 Windows 的 Docker 中运行。如果你不了解 Docker 的安装和基本操作，可以在 readthedocs 网站找到中文版的 Docker 手册，根据使用的操作系统开始学习使用 Docker。

（2）安装 NVIDIA-Docker

由前面可以看出，要安装 NVIDIA-Docker，需要先安装 Docker。Docker 从 17.03 版本之后分为社区版（Community Edition，CE）和企业版（Enterprise Edition，EE）两种版本。Docker EE 由公司支持，可在经过认证的操作系统和云提供商中使用，并可运行来自 Docker Store 的、经过认证的容器和插件。Docker CE 是免费的 Docker 产品的新名称，它包含了完整的 Docker 平台，非常适合开发人员和运维团队构建容器 APP。所以我们只需要安装 Docker CE。

① 更新本机的 apt 源，这个命令会访问源列表里的每个网址，并读取软件列表，然后保存在本地计算机上。

```
sudo apt-get update
```

② 安装允许 apt 使用 HTTPS 协议的必要库。

```
sudo apt-get install \
    apt-transport-https \
    ca-certificates \
    curl \
    gnupg-agent \
    software-properties-common
```

③ 添加 Docker 的官方 GPG 密钥。

```
$ curl -fsSL https://download.docker.com/linux/ubuntu/gpg | sudo apt-key add -
```

当出现"OK"时说明添加成功，如图 2-18 所示。

图 2-18

④ 使用以下命令设置稳定的存储库。

```
sudo add-apt-repository \
  "deb [arch=amd64] https://download.docker.com/linux/ubuntu \
  $(lsb_release -cs) \
  stable"
```

⑤ 重新更新 apt 包索引后，安装最新版本的 Docker CE 和 containerd。

```
sudo apt-get update
sudo apt-get install docker-ce docker-ce-cli containerd.io
```

⑥ 通过运行"hello-world"镜像验证是否正确安装了 Docker CE，出现欢迎信息即表示 Docker CE 安装成功，如图 2-19 所示。

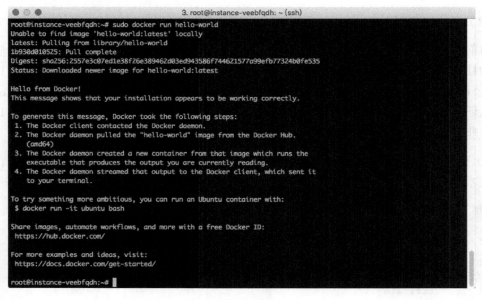

图 2-19

⑦ 为了安装 NVIDIA-Docker，需要先清理一下环境，确保已经删除现有的 GPU 容器。

```
docker volume ls -q -f driver = nvidia-docker | xargs -r -I {} -n1 docker ps -q -a
-f volume = {} | xargs -r docker rm -f
sudo apt-get purge -y nvidia-docker
```

⑧ 将 NVIDIA-Docker 的安装源添加进 apt 系统中。

```
curl -s -L https://nvidia.github.io/nvidia-docker/gpgkey | \
  sudo apt-key add -
distribution=$(. /etc/os-release;echo $ID$VERSION_ID)
curl -s -L https://nvidia.github.io/nvidia-docker/$distribution/nvidia-docker.list | \
sudo tee /etc/apt/sources.list.d/nvidia-docker.list
sudo apt-get update
```

⑨ 安装 nvidia-docker2 并重新加载 Docker 守护程序的配置。

```
sudo apt-get install -y nvidia-docker2
sudo pkill -SIGHUP dockerd
```

⑩ 测试 nvidia-smi 与最新官方 CUDA 镜像。

```
docker run --runtime=nvidia --rm nvidia/cuda nvidia-smi
```

（3）在 NVIDIA-Docker 上安装 PaddlePaddle

① 拉取 PaddlePaddle 镜像。

```
nvidia-docker pull hub.baidubce.com/paddlepaddle/paddle:1.2-gpu-cuda9.0-cudnn7
```

在 ":" 后填写 PaddlePaddle 版本号。在编写本书时，PaddlePaddle 最新版本的版本号为 1.2。

② 构建、进入 Docker 容器。

```
nvidia-docker r run --name paddlepaddle -it -v $PWD:/paddlehub.baidubce.com/paddlepaddle/
paddle /bin/bash
```

当你执行完此命令时，发现主机名称更换了，说明此时的 shell 已经进入 Docker 容器环境中了。在进入的容器的 ID 中前 12 位为 65a3e2cbbd20，如图 2-20 所示。

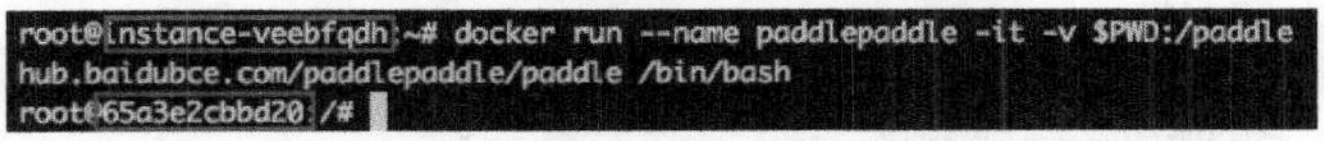

图 2-20

进入 Python 环境中，导入 PaddlePaddle 包，若发现没有报错，则安装成功，如图 2-21 所示。

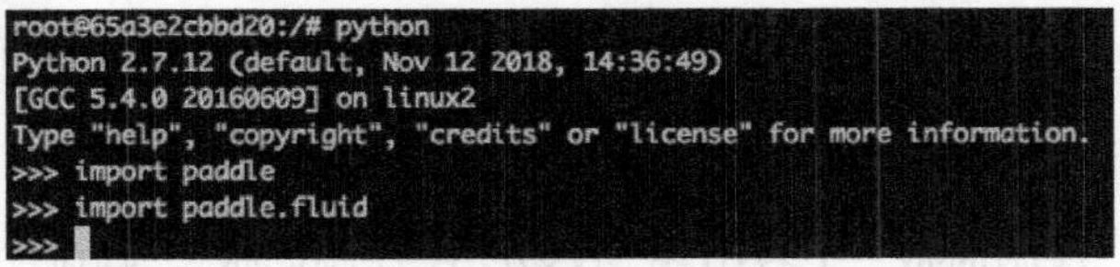

图 2-21

2.2 在 Windows 系统中安装 PaddlePaddle

2.2.1 Windows GPU 驱动环境安装

在 PaddlePaddle 的 Windows 版本中，已经默认支持 GPU，所以只需要安装 GPU 版本即可，而这也并不影响在 PaddlePaddle 代码中只使用 CPU。

PaddlePaddle 要求 Windows 系统中的 Python 版本为 2.7 或者 3.5，CUDA 版本为 8.x，cuDNN 版本为 7.x。官网页面如图 2-22 所示。

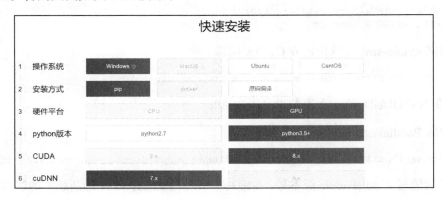

图 2-22

进入 NVIDIA 官网中的"驱动程序下载"页面，进行驱动程序的下载和安装。直接安装并取代之前的显卡版本，如图 2-23 所示。

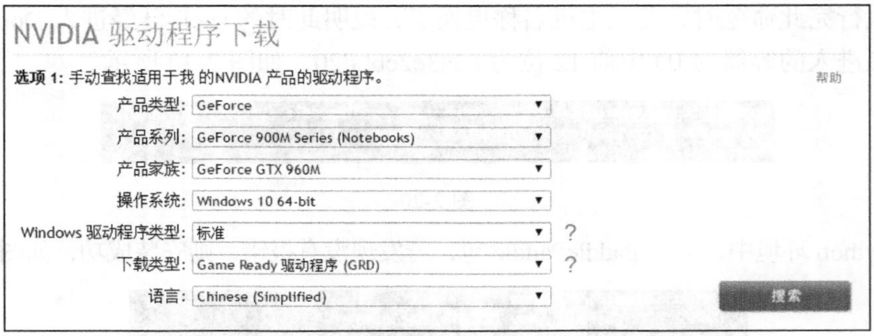

图 2-23

安装完成后，在"控制面板"中若出现"NVIDIA 控制面板"，则说明安装无误，如图 2-24 所示。

图 2-24

2.2.2 下载并安装 CUDA

从 NVIDIA 官网选择一个 CUDA 版本并下载。为了保证与 PaddlePaddle 的兼容性，这里选择 8.0 版本进行下载。

（1）进入 CUDA Toolkit Archive 页面，选择"CUDA Toolkit 8.0 GA2"，如图 2-25 所示。

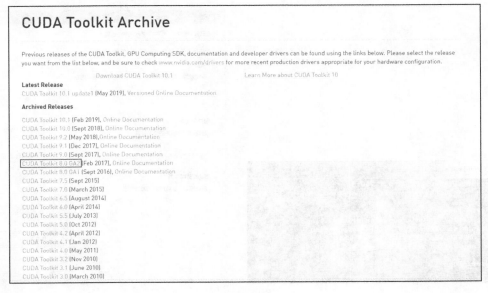

图 2-25

（2）选择相应的系统版本及安装方式即可获取下载链接，如图 2-26 所示。

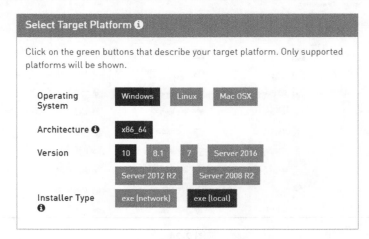

图 2-26

（3）安装及验证。双击 .exe 文件直接按默认设置安装。使用"nvcc -V"命令查看是否安装成功，如图 2-27 所示。

（4）添加环境变量。安装 CUDA 成功后，需要将 CUDA 路径添加到 path 环境变量中。右击"我的电脑"，选择"属性"。在"系统"对话框中，点击左侧"高级系统设置"，打开"系统属性"对话框，点击"环境变量"按钮，如图 2-28 所示。

图 2-27

图 2-28

找到"path"变量进行编辑，如图 2-29 所示。

图 2-29

将本机的 CUDA 安装地址添加到"path"变量中，如图 2-30 所示。

图 2-30

至此，CUDA 的安装就算完成了！

2.2.3 安装 cuDNN

进入 cuDNN 工具套件选择页面，根据自己安装的 CUDA 版本选择相应的 cuDNN 的版本。这里选择的是 v7.1.4 for CUDA 8.0 版本，如图 2-31 所示。

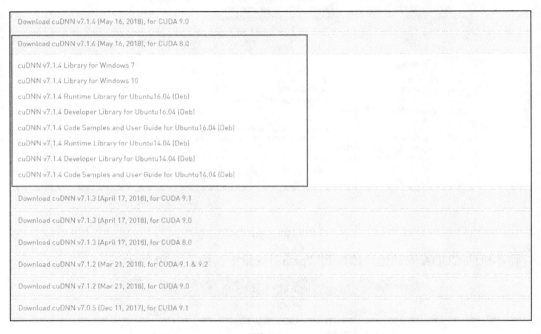

图 2-31

下载完成后根据自己的系统版本选择相应的安装包。作为 CUDA 的补充包，cuDNN 安装起来简单多了，只需要解压下载的压缩文件。cuDNN 解压之后会有 3 个文件夹——bin、include 和 lib。如图 2-32 所示。

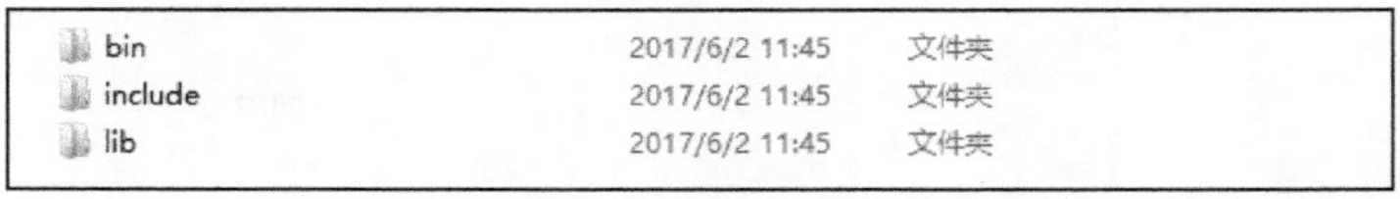

图 2-32

分别将 cuda/include、cuda/lib、cuda/bin 这 3 个目录中的内容复制到 C:\Program Files\NVIDIA GPU Computing Toolkit\CUDA\v8.0（读者需根据自己的情况自行调整此地址）对应的 include、lib、bin 目录下即可。

2.2.4 安装 PaddlePaddle

PaddlePaddle 支持 Windows 之后，安装起来非常简单，只需要一条命令就可以完成安装。打开 Windows PowerShell，输入以下命令。

```
pip3 install paddlepaddle==1.4.1 -i https://pypi.tuna.tsinghua.edu.cn/simple/
```

使用 "=="可以安装指定版本的 PaddlePaddle，如没有指定版本，默认安装 pypi 库中的最新版本。"-i"参数用于指定 pypi 镜像源地址，使用国内镜像源可以大大提高下载速度，这里使用的是清华的源。

请注意，在此安装步骤中，pip 版本要高于 9.0.1。

安装完成后，需要测试安装是否成功。在 Windows PowerShell 中输入命令 python，进入 Python 编程环境。输入

```
import paddle.fluid
```

若未出现错误，则再输入

```
paddle.fluid.install_check.run_check()
```

如果出现 "Your Paddle Fluid is installed succesfully!"，说明 PaddlePaddle 已成功安装。

2.3 在 macOS 系统中安装 PaddlePaddle

2.3.1 安装 Python 3

macOS 系统默认自带 Python，但不建议使用系统自带的 Python。有两个原因。

- macOS 系统自带的 Python 版本为 2.7，如图 2-33 所示。虽然 Python 2.7 是一个上下（Python 2、Python 3）兼容的版本，但相对比较旧，越来越得不到 Python 开发社区的支持，从而使得系统版本的 Python 无法及时更新。PaddlePaddle 的最新版本 Fluid 1.3 也推荐使用 Python 3 版本。

图 2-33

- 使用系统自带 Python 中的 pip 安装的包在升级 macOS 版本的时候可能会消失，需要

重装，并且在包升级时也可能遭遇各种问题。

所以，要从 Python 官网找到最新的 Python 版本并进行安装。对于 macOS X 10.6 或者之前的系统版本，需要下载 macOS 64-bit/32-bit installer。对于 macOS X 10.9 以后的系统版本，需要下载 macOS 64-bit installer，如图 2-34 所示。

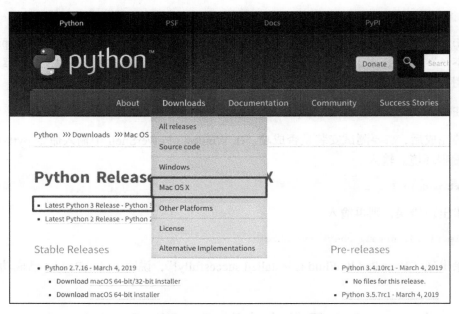

图 2-34

下载完成后双击下载的 pkg 文件，如图 2-35 所示。

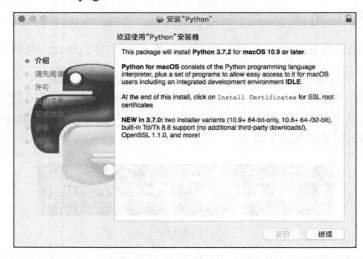

图 2-35

没有其他需求的话，一路按默认设置安装即可，此安装方式不会覆盖已有 Python 中的第三方包文件。安装成功后弹出的界面如图 2-36 所示。

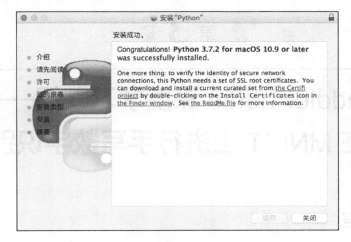

图 2-36

2.3.2　安装 PaddlePaddle

安装完成后，使用 Command+空格键调出聚焦搜索框，输入 Terminal.app，打开终端。在终端中输入 pip3 install paddlepaddle -i https://pypi.douban.com/simple，使用豆瓣 pip 源进行安装。

安装完成时的情况如图 2-37 所示。

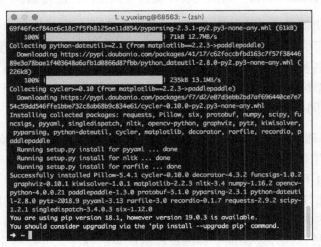

图 2-37

使用 pkg 安装器方式安装 Python，相比使用 homebrew 方式不容易出现目录权限问题。

第 3 章

PaddlePaddle 深度学习入门——在 MNIST 上进行手写数字识别

3.1 引言

当学习编程的时候，编写的第一个程序一般用于输出"Hello World"字符串，以确保语言的组件（编译器、开发和运行环境）安装正确。Hello World 程序最早于 1972 年出现在 B 语言的手册中，由 Kernighan 编写。后来，B 语言逐渐被 C 语言替代。在此过程中，Hello World 程序是用来测试 C 语言的编译器的程序之一，这个程序在 1974 年被 Kernighan 写进了贝尔实验室内部的 C 语言教程里，并最终于 1978 年由 Kernighan 和 Ritchie 在 *The C Programming Language* 这本书里公开发表。而 *The C Programming Language* 影响力巨大，被誉为"C 语言圣经"，所以输出"Hello World"测试安装环境的方式得以广泛传播。

目前绝大部分机器学习（或深度学习）的入门教程中，最初的教学实践案例以 MNIST 入手。它是一个很简单的深度学习案例，能让刚入门的读者快速地对深度学习程序产生感性认知，并且调用了各种图像识别所使用的基本模块（训练器、优化器等），因此它也经常用来测试深度学习框架组件及编程环境是否安装正确的。作为一个简单的计算机视觉数据集，MNIST 数据集就如同初学编程时的 Hello World 程序一样经典。

MNIST 数据集拥有着悠久的历史，它是 20 世纪 90 年代为美国邮政系统研究更高效的邮件分拣方法而产生的。它是由 NIST 的 Special Database 3（SD-3）和 Special Database 1（SD-1）构建的。由于 SD-3 由美国人口调查局的员工进行标注，SD-1 由美国高中生进行标注，因此 SD-3 比 SD-1 更干净也更容易识别。Yann LeCun 等人从 SD-1 和 SD-3 中各取一半作为 MNIST 的训练集（60 000 条数据）和测试集（10 000 条数据），其中训练集来自 250 位不同的标注员，此外还保证了训练集和测试集的标注人员是不完全相同的，使得该数据集有一定的检测泛化能力。MNIST 吸引了大量的科学家基于此数据集训练模型。1998 年，Yann LeCun 分别用单层线性分类器、多层感知器（Multi-Layer Perceptron，MLP）和多层卷积神经网络 LeNet 进行实验，使得测试集上的误差不断下降（从 12%下降到 0.7%）。在研究过程中，Yann LeCun 提出了卷积神经网络（Convolutional Neural Network, CNN），大幅度地提高了手写字符的识别能力，也因此成为深度学习领域的奠基人之一。此后，科学家们又基于 K 近邻（K-Nearest Neighbors）算法、支持向量机（Support Vector Machine, SVM）、神经网络和 Boosting 方法等做了大量实验，并采用多种预处理方法（如去除歪曲、去噪、模糊等）来提高识别的准确率。

MNIST 数据集适用于典型的图像分类问题，它包含一系列手写数字图片和对应标签的 MNIST 图片示例，如图 3-1 所示。图片是 28×28 像素的矩阵，标签则对应着 0~9 的 10 个数字。每张图片都经过了大小归一化和居中处理。

图 3-1

如今的深度学习领域中，卷积神经网络占据了至关重要的地位，从 Yann LeCun 最早提出的简单 LeNet，到如今 ImageNet 大赛上的优胜模型 VGGNet、GoogLeNet、ResNet 等（请参见第 7 章），人们利用卷积神经网络在图像分类领域得到了一系列惊人的结果。

本章从简单的 Softmax 回归模型开始，讨论手写字符识别，并介绍如何改进模型，利用 MLP 和 CNN 优化识别效果。

3.2 模型概览

本章后面会基于 MNIST 数据集训练 3 个分类器展开介绍，在介绍这 3 个基本图像分类器前，我们先给出符号的定义。

- **X** 是输入：例如 MNIST 图片是 28×28 像素的二维图像，为了进行计算，我们将其转化为 784 维向量，即 $X=(x_0,x_1,\cdots,x_{783})$。
- **Y** 是输出：例如分类器的输出是 10 类数字（0~9），即 $Y=(y_0,y_1,\cdots,y_9)$，y_i 代表图片属于第 i 类数字的概率。
- **Label** 是图片的真实标签：**Label**=$(L0,L1,\cdots,L9)$表示 **Label** 是 10 维向量，但只有一维为 1，其他都为 0。例如，某张图片上的数字为 2，则它的标签为（0,0,1,0,…,0）。

3.2.1 Softmax 回归模型

在最简单的 Softmax 回归（Softmax Regression）模型中，先将输入层经过一个全连接层

得到特征，然后直接通过 Softmax 函数计算多个类别的概率并输出

$$y_i = \text{Softmax}\left(\sum_j w_{i,j} x_j + b_i\right)$$

其中，$\text{Softmax}(x_i) = \dfrac{e^{x_i}}{\sum_j e^{x_j}}$。

图 3-2 为 Softmax 回归的网络模型。图中权重用实线表示，偏置用虚线表示，+1 代表偏置系数为 1。

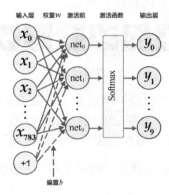

图 3-2

对于有 N 个类别的多分类问题，指定 N 个输出节点，N 维结果向量经过 Softmax 回归模型将归一化为 N 个[0,1]范围内的实数值，分别表示该样本属于这 N 个类别的概率。此处的 y_i 即对应该图片为数字 i 的预测概率。

在分类问题中，我们一般采用交叉熵代价损失（cross entropy loss）函数。交叉熵代价损失函数的公式如下。

$$L_{交叉熵}(\text{Label}, y) = -\sum_i \text{Label}_i \log(y_i)$$

3.2.2 多层感知器

Softmax 回归模型采用了最简单的两层神经网络，即只有输入层和输出层，因此其拟合能力有限。为了达到更好的识别效果，需要在输入层和输出层中间加上若干个隐层。数据从输入到输出经过的处理如下。

（1）经过第一个隐层，可以得到 $H_1 = \phi(W_1 X + b_1)$，其中 ϕ 代表激活函数，常见的有 sigmoid、tanh 或 ReLU 等函数。

(2)经过第二个隐层,可以得到 $H_2 = \phi(W_2 H_1 + b_2)$。

(3)经过输出层,得到 $Y = \text{Softmax}(W_3 H_2 + b_3)$,即最后的分类结果向量。

图 3-3 为 MLP 的网络结构,图中权重用实线表示,偏置用虚线表示,+1 代表偏置项的系数为 1。

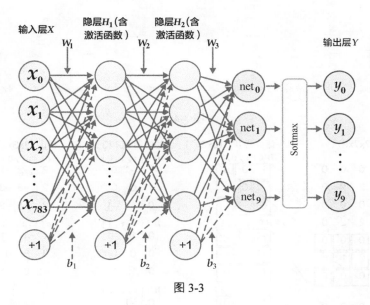

图 3-3

3.2.3 卷积神经网络

在多层感知器模型中,将图像展开成一维向量并输入网络中,忽略了图像的位置和结构信息,而卷积神经网络能够更好地利用图像的结构信息。LeNet-5 出自论文 "Gradient-Based Learning Applied to Document Recognition",是一种用于手写体字符识别的非常高效的卷积神经网络,也是一个较简单的卷积神经网络。LeNet-5 共有 7 层(不包括输入层)——3 个卷积层、2 个池化层、1 个全连接层和 1 个输出层。每层都包含不同数量的可训练参数和多个特征图谱,每个特征图谱通过一种卷积滤波器提取输入的一种特征。图 3-4 显示了其结构:输入的二维图像,先经过两个卷积层到池化层(降采样层),再经过全连接层,最后使用 Softmax 分类作为输出层。

1. 卷积层

卷积层是卷积神经网络的核心。在图像识别里,我们提到的卷积是二维卷积,即离散二维滤波器(也称作卷积核)与二维图像做卷积操作。简单来说,把二维滤波器滑动到二维图像上所有位置,并在每个位置上对该像素点及其邻域像素点求内积。卷积操作广泛应用于图像处理领域,不同卷积核可以提取不同的特征,例如边沿、线性、角等特征。在深层卷积神经网络中,通过卷积操作可以提取出图像简单到复杂的特征。图 3-5 给出一个卷积计算过程的示例，输入图像大小为 $H=5$，$W=5$，$D=3$，即 5×5 大小的 3 通道（RGB，也称作深度）彩色图像。

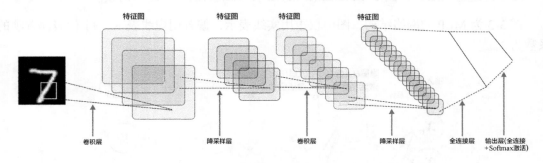

图 3-4

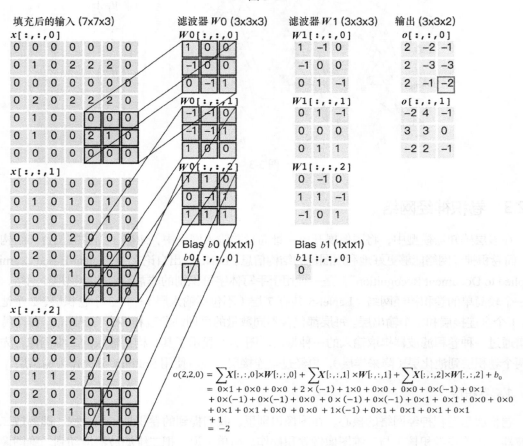

图 3-5

图 3-5 中包含两组卷积核（用 K 表示），即图中滤波器 $W0$ 和滤波器 $W1$。在卷积计算中，

通常对不同的输入通道采用不同的卷积核，图 3-5 中每组卷积核包含 3 个 3×3（用 $F\times F$ 表示）大小的卷积核。另外，这个示例中卷积核在图像的水平方向和垂直方向的滑动步长为 2（用 S 表示）；对输入图像周围各填充 1（用 P 表示）个 0，即图中外围的一圈数字进行了大小为 1 的扩展，用 0 来进行填充。在这一圈里面的数字是输入层原始数据。经过卷积操作得到输出为 3×3×2（用 $H_o\times W_o\times K$ 表示）大小的特征图，即 3×3 大小的 2 通道特征图，其中 H_o 计算公式为 $H_o=(H-F+2\times P)/S+1$，W_o 同理。而输出特征图中的每个像素，是每组滤波器与输入图像每个特征图的内积再求和，再加上偏置 b_o，偏置通常对于每个输出特征图是共享的。输出特征图 $o[:,:,0]$ 中的最后一个 -2 的计算如图 3-5 右下角公式所示。

在卷积操作中卷积核是可学习的参数。这里，每层卷积的参数大小为 $D\times F\times F\times K$。在多层感知器模型中，神经元通常全部连接，参数较多。而卷积层的参数较少，这也是由卷积层的主要特性（即局部连接和共享权重）所决定的。局部连接和共享权重的介绍如下。

- 局部连接。每个神经元仅与输入神经元的一块区域连接，这块局部区域称作感受野（receptive field）。在图像卷积操作中，神经元在空间维度（spatial dimension）上局部连接，但在深度上全部连接。对于二维图像本身而言，也是局部像素关联较强。这种局部连接保证了学习后的过滤器能够对于局部的输入特征有最强的响应。局部连接的思想源于生物学里面的视觉系统结构，视觉皮层的神经元就是局部接受信息的。

- 共享权重。计算同一个深度切片的神经元时采用的滤波器是共享的。例如，图 3-5 中计算 $o[:,:,0]$ 的每个神经元的滤波器均相同，都为 W_0，这样可以大幅度减少参数。共享权重在一定程度上讲是有意义的，例如，图片的底层边缘特征与特征在图片中的具体位置无关。但是在一些场景中是无意义的，比如，输入的图片中人脸、眼睛和头发位于不同的位置，希望在不同的位置学到不同的特征。请注意权重只对于同一深度切片的神经元是共享的，在卷积层，通常采用多组卷积核提取不同特征，即对于不同深度切片的特征，不同深度切片的神经元权重是不共享的。另外，权重对于同一深度切片的所有神经元都是共享的。

通过介绍卷积计算过程及其特性，可以看出卷积是线性操作，并具有平移不变性（shift-invariant），平移不变性即在图像每个位置执行相同的操作。卷积层的局部连接和共享权重使得需要学习的参数大大减少，这样也有利于训练较大卷积神经网络。

2．池化层

池化是非线性下采样的一种形式，主要作用是通过减少网络的参数来减少计算量，并且能够在一定程度上控制过拟合。通常在卷积层的后面会加上一个池化层。池化包括最大池化、平均池化等。其中最大池化是用不重叠的矩形框将输入层分成不同的区域，对于每个矩形框的数取最大值作为输出层，如图 3-6 所示。

3. 常见激活函数介绍

- sigmoid 激活函数：

$$\text{sigmoid}(x) = \frac{1}{1+e^{-x}}$$

- tanh 激活函数：

$$\tanh(x) = \frac{e^x - e^{-x}}{e^x + e^{-x}}$$

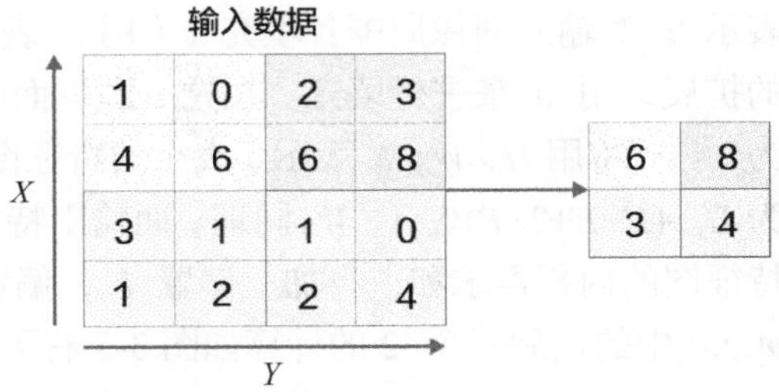

实际上，tanh 函数只是规模变化的 sigmoid 函数，$\tanh(x) = 2\text{sigmoid}(2x) - 1$。

- ReLU 激活函数：

$$\text{ReLU}(x) = \max(0, x)$$

图 3-6

3.3 数据介绍

MNIST 数据集分成了 4 个 gz 格式的压缩文件，这些图片是以字节的形式进行存储的，它们的文件信息如表 3-1 所示。

表 3-1　　　　　　　　　　　　　　MNIST 的文件信息

文件名称	说明
train-images-idx3-ubyte	训练数据图片，60 000 条数据
train-labels-idx1-ubyte	训练数据标签，60 000 条数据
t10k-images-idx3-ubyte	测试数据图片，10 000 条数据
t10k-labels-idx1-ubyte	测试数据标签，10 000 条数据

好消息是 PaddlePaddle 在 API 中提供了自动加载 MNIST 数据的模块 paddle.dataset.mnist，在第一次调用时它可以自动下载 MNIST 数据集，下载后的数据位于/home/username/.cache/paddle/dataset/mnist 下。在需要传入数据 reader 对象的地方直接输入 paddle.dataset.mnist.train() 或 paddle.dataset.mnist.train() 即可一键完成对 MNIST 数据集的读取。

了解了 MNIST 数据集后，我们就开始学习如何使用 PaddlePaddle 完成手写数字分类的任务。

下面是 PaddlePaddle Fluid API 中几个重要的函数。

- inference_program：该函数负责将定义的网络与数据输入对接起来，形成推理模块，需要它返回一个已对接过数据的网络定义函数。
- train_program：该函数需要定义监控的指标（例如，损失值），为给 Fluid 内部的梯度计算做准备。它需要描述如何从 inference_program 和标签值中获取损失值的函数。
- optimizer_program：指定优化器配置的函数，优化器负责减少损失并驱动训练，Paddle 支持多种不同的优化器。

在下面的代码示例中，我们将深入了解它们。

3.4 PaddlePaddle 的程序配置过程

3.4.1 程序说明

在程序头部定义中，需要加载 PaddlePaddle 的 Fluid API 包，导入 paddle 模块，导入图像处理、绘图、矩阵运算等第三方模块。

```python
import os
from PIL import Image
import matplotlib.pyplot as plt
import numpy
import paddle
import paddle.fluid as fluid
```

3.4.2 配置 inference_program

为了网络的启动，首先需要配置 inference_program 函数，由于此案例比较简单，直接将数据层定义在网络定义函数内即可，无须再设立 inference_program 函数。

本案例将用这个函数来演示 3 个不同的分类器，每个分类器都定义为 Python 函数。定义完分类器后还需要将图像数据输入分类器中，这就需要创建一个数据层来读取图像并将其连接到分类网络。PaddlePaddle 为读取数据提供了一个单独的层——layer.data 层。因为期望输出的数字分类是 0~9，所以在网络输出处划分为 10 类。

只通过一个以 Softmax 为激活函数的全连接层，就可以得到 Softmax 回归模型分类的结果。

```python
def softmax_regression():
    """
    定义Softmax分类器：
        一个以Softmax为激活函数的全连接层
    Return：
```

```
        predict_image -- 分类的结果
    """
    #输入的原始图像数据,大小为28*28*1
    img = fluid.layers.data(name='img', shape=[1, 28, 28], dtype='float32')
    #以Softmax为激活函数的全连接层,输出层的大小必须为数字的个数10
    predict = fluid.layers.fc(
        input=img, size=10, act='softmax')
    return predict
```

下面的代码实现了一个含有两个隐层（即全连接层）的多层感知器，全连接层中，上一层的每个神经元都要和下一层的神经元连接，如同数据库系统中的笛卡儿连接。Input 参数表示该层的输入（上一层）是什么，size 表示本全连接层的神经元数量，act 表示使用何种激活函数。本案例中两个隐层的激活函数均采用 ReLU，输出层的激活函数用 Softmax，这样就构建出了两个隐层的感知器模型。

```
def multilayer_perceptron():
    """
    定义多层感知分类器:
        含有两个隐层（全连接层）的多层感知器
        其中前两个隐层的激活函数均采用 ReLU,输出层的激活函数用 Softmax

    Return:
        predict_image -- 分类的结果
    """
    #输入的原始图像数据,大小为28*28*1
    img = fluid.layers.data(name='img', shape=[1, 28, 28], dtype='float32')
    #第一个全连接层,激活函数为ReLU
    hidden = fluid.layers.fc(input=img, size=200, act='relu')
    #第二个全连接层,激活函数为ReLU
    hidden = fluid.layers.fc(input=hidden, size=200, act='relu')
    #以Softmax为激活函数的全连接输出层,输出层的大小必须为数字的个数10
    prediction = fluid.layers.fc(input=hidden, size=10, act='softmax')
    return prediction
```

根据前面对卷积神经网络 LeNet-5 的介绍，如下构建网络。首先定义输入的二维图像，之后经过两个卷积-池化层，再经过全连接层，最后使用以 Softmax 为激活函数的全连接层作为输出层。为了方便构建网络，PaddlePaddle 提供了一个 net 库，它将常用的网络组合形式预先封装为一个函数。这样既简化了编码又提高了可读性，还有利于对网络图编译后执行内存上的静态结构优化。例如，卷积池化层就直接可以使用 fluid.nets.simple_img_conv_pool。下面为 LeNet-5 网络的配置代码。

```
def convolutional_neural_network():
    """
    定义卷积神经网络分类器:
        输入的二维图像,经过两个卷积-池化层,使用以Softmax为激活函数的全连接层作为输出层
```

```
    Return:
        predict -- 分类的结果
    """
    #输入的原始图像数据,大小为28*28*1
    img = fluid.layers.data(name='img', shape=[1, 28, 28], dtype='float32')
    #第一个卷积-池化层
    # 使用20个5*5的滤波器,池大小为2,池化步长为2,激活函数为ReLU
    conv_pool_1 = fluid.nets.simple_img_conv_pool(
        input=img,
        filter_size=5,
        num_filters=20,
        pool_size=2,
        pool_stride=2,
        act="relu")
    conv_pool_1 = fluid.layers.batch_norm(conv_pool_1)
    #第二个卷积-池化层
    #使用20个5*5的滤波器,池大小为2,池化步长为2,激活函数为ReLU
    conv_pool_2 = fluid.nets.simple_img_conv_pool(
        input=conv_pool_1,
        filter_size=5,
        num_filters=50,
        pool_size=2,
        pool_stride=2,
        act="relu")
    #以Softmax为激活函数的全连接输出层,输出层的大小必须为数字的个数10
    prediction = fluid.layers.fc(input=conv_pool_2, size=10, act='softmax')
    return prediction
```

3.4.3 配置 train_program

配置 train_program。它首先从分类器中进行预测。在训练期间,它将从预测中计算 avg_cost。

注意,train_program 应该返回一个数组,第一个返回参数必须是 avg_cost。因为训练器需要使用 avg_cost 来计算梯度。

可以修改给 predict 赋值的函数来选择刚刚定义的 3 种分类器,以测试 Softmax 回归、MLP 和卷积神经网络分类器之间的不同结果。

```
def train_program():
    """
    配置 train_program

    Return:
        predict -- 分类的结果
        avg_cost -- 平均损失
        acc -- 分类的准确率

    """
```

```
#标签层，名称为 label,对应输入图片的类别标签
label = fluid.layers.data(name='label', shape=[1], dtype='int64')

#predict = softmax_regression() #取消注释将使用 Softmax 回归
#predict = multilayer_perceptron() #取消注释将使用多层感知器
predict = convolutional_neural_network() #取消注释将使用 LeNet5 卷积神经网络

#使用类交叉熵函数计算 predict 和 label 之间的损失函数
cost = fluid.layers.cross_entropy(input=predict, label=label)
#计算平均损失
avg_cost = fluid.layers.mean(cost)
#计算分类准确率
acc = fluid.layers.accuracy(input=predict, label=label)
return predict, [avg_cost, acc]
```

3.4.4 配置 optimizer_program

在下面的 Adam 优化器中，设置超参数之一学习率——learning_rate，它表示梯度下降时影响步长大小的超参数，它的大小与网络的收敛速度有关系。

```
def optimizer_program():
    return fluid.optimizer.Adam(learning_rate=0.001)
```

3.4.5 配置数据集 reader

开始训练过程。paddle.dataset.mnist.train()与 paddle.dataset.mnist.test()分别是训练和测试数据集。这两个函数各自返回一个 reader——PaddlePaddle 中的 reader 是一个 Python 函数，每次调用的时候返回一个 Python 迭代器。

shuffle 是一个 reader 的装饰器，它接受 reader A，返回 reader B。reader B 每次读入 buffer_size 条训练数据到一个缓冲区里，然后随机打乱其顺序，并且逐条输出。

batch 是一个特殊的装饰器，它的输入是一个 reader，输出是一个成批的 reader。在 PaddlePaddle 里，一个 reader 每次产生一条训练数据，而一个成批的 reader 每次产生一个小批量样本。

```
#一个小批量样本中有 64 个数据
BATCH_SIZE = 64

#每次读取训练集中的 500 个数据并随机打乱顺序，给一个 reader 传入批量的数据，每次返回 64 个数据
train_reader = paddle.batch(
        paddle.reader.shuffle(
            paddle.dataset.mnist.train(), buf_size=500),
        batch_size=BATCH_SIZE)
#读取测试集的数据，每次返回 64 个数据
test_reader = paddle.batch(
        paddle.dataset.mnist.test(), batch_size=BATCH_SIZE)
```

3.5 构建训练过程

现在需要构建一个训练过程。这里将使用到前面定义的 train_program，执行优化器，以及这个模型中可训练的参数，并用于检查训练期间的测试误差。

3.5.1 事件处理程序配置

在 PaddlePaddle 里可以在训练期间通过调用一个事件处理程序来监控训练进度。这里将演示两个 event_handler。请随意修改 Jupyter Notebook 代码，看看有什么不同。

event_handler 用来在训练过程中输出训练结果。

通过命令行输出。

```
def event_handler(pass_id, batch_id, cost):
    #打印训练的中间结果、训练轮次、批数和损失函数
    print("Pass %d, Batch %d, Cost %f" % (pass_id,batch_id, cost))
```

通过 Ploter 画图。

```
from paddle.utils.plot import Ploter

train_prompt = "Train cost"
test_prompt = "Test cost"
cost_ploter = Ploter(train_prompt, test_prompt)

#将训练过程通过绘图表示
def event_handler_plot(ploter_title, step, cost):
    cost_ploter.append(ploter_title, step, cost)
    cost_ploter.plot()
```

event_handler_plot 可以用来在训练过程中画图，效果如图 3-7 所示。

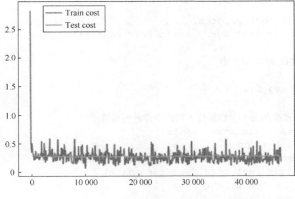

图 3-7

3.5.2 开始训练

加入前面设置的 event_handler 和 data reader,就可以开始训练模型了。还可以设置一些运行需要的参数,配置数据描述 feed_order 用于将数据目录映射到 train_program,创建一个计算反馈训练过程误差的 train_test。

定义网络配置。

```
#该模型运行在单个 CPU 上
use_cuda = False  #若想使用 GPU,请设置为 True
place = fluid.CUDAPlace(0) if use_cuda else fluid.CPUPlace()

#调用 train_program 获取预测值、损失值
prediction, [avg_loss, acc] = train_program()

#输入的原始图像数据,大小为 28*28*1
img = fluid.layers.data(name='img', shape=[1, 28, 28], dtype='float32')
#标签层,名称为 label,对应输入图片的类别标签
label = fluid.layers.data(name='label', shape=[1], dtype='int64')
#告知网络传入的数据分为两部分,第一部分是 img 值,第二部分是 label 值
feeder = fluid.DataFeeder(feed_list=[img, label], place=place)

#选择 Adam 优化器
optimizer = fluid.optimizer.Adam(learning_rate=0.001)
optimizer.minimize(avg_loss)
```

设置训练过程的超参数。

```
PASS_NUM = 5  #训练 5 轮
epochs = [epoch_id for epoch_id in range(PASS_NUM)]

#将模型参数存储在名为 save_dirname 的文件中
save_dirname = "recognize_digits.inference.model"
```

设置模型测试的方法。

```
def train_test(train_test_program,
               train_test_feed, train_test_reader):

    #将分类准确率存储在 acc_set 中
    acc_set = []
    #将平均损失存储在 avg_loss_set 中
    avg_loss_set = []
    #将测试 reader 产生的每一个数据传入网络中并进行训练
    for test_data in train_test_reader():
        acc_np, avg_loss_np = exe.run(
            program=train_test_program,
            feed=train_test_feed.feed(test_data),
            fetch_list=[acc, avg_loss])
        acc_set.append(float(acc_np))
        avg_loss_set.append(float(avg_loss_np))
```

```
#获得测试数据上的准确率和损失值
acc_val_mean = numpy.array(acc_set).mean()
avg_loss_val_mean = numpy.array(avg_loss_set).mean()
#返回平均损失值、平均准确率
return avg_loss_val_mean, acc_val_mean
```

创建执行器。

```
exe = fluid.Executor(place)
exe.run(fluid.default_startup_program())
```

设置 main_program 和 test_program。

```
main_program = fluid.default_main_program()
test_program = fluid.default_main_program().clone(for_test=True)
```

开始训练。

```
lists = []
step = 0
for epoch_id in epochs:
    for step_id, data in enumerate(train_reader()):
        metrics = exe.run(main_program,
                          feed=feeder.feed(data),
                          fetch_list=[avg_loss, acc])
        if step % 100 == 0: #每训练100次，打印一次日志
            print("Pass %d, Batch %d, Cost %f" % (step, epoch_id, metrics[0]))
            event_handler_plot(train_prompt, step, metrics[0])
        step += 1

    #测试每个时期的分类效果
    avg_loss_val, acc_val = train_test(train_test_program=test_program,
                                       train_test_reader=test_reader,
                                       train_test_feed=feeder)

    print("Test with Epoch %d, avg_cost: %s, acc: %s" %(epoch_id, avg_loss_val, acc_val))
    event_handler_plot(test_prompt, step, metrics[0])

    lists.append((epoch_id, avg_loss_val, acc_val))

    #保存训练好的模型参数用于预测
    if save_dirname is not None:
        fluid.io.save_inference_model(save_dirname,
                                      ["img"], [prediction], exe,
                                      model_filename=None,
                                      params_filename=None)

#选择效果最好的一轮
best = sorted(lists, key=lambda list: float(list[1]))[0]
print('Best pass is %s, testing Avgcost is %s' % (best[0], best[1]))
print('The classification accuracy is %.2f%%' % (float(best[2]) * 100))
```

训练过程是完全自动的，event_handler 里打印的日志如下所示。

```
Pass 0, Batch 0, Cost 2.9256507
Pass 100, Batch 0, Cost 0.816138
Pass 200, Batch 0, Cost 0.430368
Pass 300, Batch 0, Cost 0.403391
Pass 400, Batch 0, Cost 0.665856
Pass 500, Batch 0, Cost 0.380331
Pass 600, Batch 0, Cost 0.269977
Pass 700, Batch 0, Cost 0.270959
Pass 800, Batch 0, Cost 0.275560
Pass 900, Batch 0, Cost 0.239809
Test with Epoch 0, avg_cost: 0.053097883707459624, acc: 0.9822850318471338
```

Pass 表示训练轮次，Batch 表示训练全量数据的次数，Cost 表示当前轮次的损失值。

每训练完一个 Epoch 后，计算一次平均损失和分类准确率。

训练过程中会回显一张折线图，这张折线图会随着训练过程动态变化，每经过 100 次训练就会在图上增加一个折线点，如图 3-8 所示。

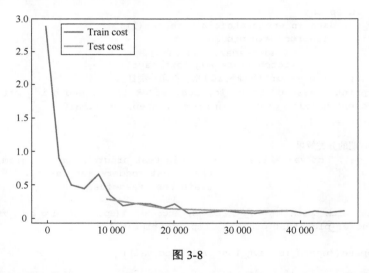

图 3-8

训练之后，检查模型的预测准确度。用 MNIST 数据集训练的时候，一般 Softmax 回归模型的分类准确率为 92.34%，多层感知器的分类准确率为 97.66%，卷积神经网络的分类准确率可以达到 99.20%。

3.6 应用模型

可以使用训练好的模型对手写体数字图片进行分类。下面的程序展示了如何使用训练好的模型进行推断。

3.6.1 生成待预测的输入数据

infer_3.png 是数字 3 的一个示例图像。把该图像变成一个 Numpy 数组以匹配数据读取格式。

```python
def load_image(file):
    im = Image.open(file).convert('L')
    im = im.resize((28, 28), Image.ANTIALIAS)
    im = numpy.array(im).reshape(1, 1, 28, 28).astype(numpy.float32)
    im = im / 255.0 * 2.0 - 1.0
    return im

cur_dir = os.getcwd()
tensor_img = load_image(cur_dir + '/image/infer_3.png')
```

3.6.2 Inference 创建及预测

通过 load_inference_model 来设置网络和经过训练的参数。这里可以简单地插入在此之前定义的分类器中。

```python
inference_scope = fluid.core.Scope()
with fluid.scope_guard(inference_scope):
    #使用 fluid.io.load_inference_model 获取 inference program desc,
    #feed_target_names 用于指定需要传入网络的变量名
    #fetch_targets 指定希望从网络中取出的变量名
    [inference_program, feed_target_names,
     fetch_targets] = fluid.io.load_inference_model(
     save_dirname, exe, None, None)

    #将 feed 构建成字典 {feed_target_name: feed_target_data}
    #结果将包含一个与 fetch_targets 对应的数据列表
    results = exe.run(inference_program,
                      feed={feed_target_names[0]: tensor_img},
                      fetch_list=fetch_targets)
    lab = numpy.argsort(results)

    #打印 infer_3.png 这张图片的预测结果
    img=Image.open('image/infer_3.png')
    plt.imshow(img)
    print("Inference result of image/infer_3.png is %d" % lab[0][0][-1])
```

3.6.3 预测结果

神经网络会直接输出 10 个分类，每一个类别的概率分别如下。

```
[[3.3061624e-05 6.5768196e-04 5.5410113e-04 9.1967219e-01
```

```
3.5410424e-04  2.5243622e-03 1.4379849e-05 7.4311376e-02
5.3072494e-05 1.8256343e-03]]
```

显而易见，第 3 号元素的幂次最低，概率最高。现在需要使用 Numpy 中的 argsort 方法对结果排序，此方法会返回从小到大排序后的每个输入元素的下标。显然，argsort 返回的最后一个值为神经网络输出值中元素最大的下标。

如果顺利，预测结果输出"Inference result of image/infer_3.png is 3"，说明刚刚搭建的网络成功地识别出了这张图片。预测结果如图 3-9 所示。

图 3-9

3.7 小结

本章介绍的 Softmax 回归模型、多层感知器和卷积神经网络是最基础的深度学习模型，后续章节介绍的复杂的神经网络都是从它们衍生出来的，因此这个案例的代码对之后的学习大有裨益。同时，我们也观察到从最简单的 Softmax 回归模型变换到稍复杂的卷积神经网络的时候，MNIST 数据集上的识别准确率有了大幅度的提升，原因是卷积层具有局部连接和共享权重的特性。在之后学习新模型的时候，希望读者也要深入了解新模型相比原模型带来效果提升的关键之处。此外，本章还介绍了 PaddlePaddle 模型搭建的基本流程，从 data_reader 的编写、网络层的构建，到最后的训练和预测。对这个流程熟悉以后，读者就可以用自己的数据，定义自己的网络模型，并完成自己的训练和预测任务了。

第 4 章

PaddlePaddle 设计思想与核心技术

4.1 编译时与运行时的概念

Fluid 程序代码可以分为编译时代码与运行时代码。

编译时的代码可以理解为：用户在编写一段 PaddlePaddle 程序时，描述模型前向计算的代码。它包括以下几个方面的内容。

- 创建变量与描述变量。
- 创建算子与描述算子。
- 创建算子的属性。
- 推断变量的类型和形状，进行静态检查。
- 规划变量的内存复用。
- 定义反向计算。
- 添加与优化相关的算子。
- 添加多机多卡相关的算子，生成在多机多卡上运行的程序。

要定义反向计算，代码如下。

```
x = fluid.layers.data(name='x',shape=[13], dtype='float32')
y_predict = fluid.layers.fc(input=x, size=1, act=None)
y = fluid.layers.data(name='y', shape=[1], dtype='float32')
cost = fluid.layers.square_error_cost(input=y_predict, label=y)
avg_cost = fluid.layers.mean(x=cost)
```

要添加优化算法，代码如下。

```
learning_rate = 0.01
sgd_optimizer = fluid.optimizer.SGD(learning_rate)
```

```
sgd_optimizer.minimize(avg_cost)
```

编译时的代码可以理解为计算并控制运行时计算的代码，它包括以下几个方面的内容：

- 创建框架执行器（executor）。
- 为将要执行的计算过程创建变量操作域。
- 创建块，并依次执行块。

要读入数据，代码如下。

```
train_reader = paddle.batch(
paddle.reader.shuffle(paddle.dataset.uci_housing.train(), buf_size=500),
batch_size=20)
feeder = fluid.DataFeeder(place=place, feed_list=[x, y])
```

要定义执行程序的设备，代码如下。

```
place = fluid.CPUPlace()
feeder = fluid.DataFeeder(place=place,feed_list=[x, y])
```

要创建执行器，并执行 default_startup_program，代码如下。

```
exe = fluid.Executor(place)
exe.run(fluid.default_startup_program())
```

要执行训练程序 default_main_program，代码如下。

```
PASS_NUM = 100
for pass_id in range(PASS_NUM):
fluid.io.save_persistables(exe, "./fit_a_line.model/")
fluid.io.load_persistables(exe, "./fit_a_line.model/")
for data in train_reader():
avg_loss_value, = exe.run(fluid.default_main_program(),
feed=feeder.feed(data),
fetch_list=[avg_cost])
print(avg_loss_value)
```

4.2 Fluid 内部执行流程

Fluid 使用一种编译器式的执行流程，分为编译时和运行时两个部分，具体包括编译器定义 Program、创建框架执行器和运行 Program。

本地训练任务执行流程如图 4-1 所示。

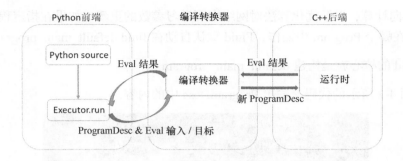

图 4-1

（1）在编译时，用户编写一段 Python 程序，通过调用 Fluid 提供的算子，向一段 Program 中添加变量（在 Fluid 中用户输入的变量通常以张量表示）以及对变量的操作（算子或者层）。用户只需要描述核心的前向计算，不需要关心反向计算以及分布式环境下和异构设备下是如何计算的。

（2）原始的 Program 在平台内部转换为中间描述语言 ProgramDesc。

（3）在编译期间重要的一个功能模块是编译转换器。编译转换器接受一段 ProgramDesc，输出一段变化后的 ProgramDesc，作为后端框架执行器最终需要执行的是 Fluid Program。

（4）后端框架执行器接受编译转换器输出的这段 Program，依次执行其中的算子（可以类比为程序语言中的指令），在执行过程中会为算子创建所需的输入/输出并进行管理。

4.3　Program 设计简介

PaddlePaddle 使用了一个 Program 的概念，那么什么是 Program？

Program 本质是对多个数据（通常以变量表示）和操作逻辑的描述。一个深度学习任务中的训练或者预测都可以被描述为一段 Program。

多个变量和一系列的算子不仅可以组合为 Program，还可以组合成 Block，而多个 Block 可以相互嵌套、并列，最终组合为 Program。

用户完成网络定义后，1 个 Fluid 程序中通常存在两段 Program。

- fluid.default_startup_program：定义了创建模型参数、输入/输出，以及模型中可学习参数的初始化等各种操作。default_startup_program 可以由框架自动生成，使用时无须手动创建。如果调用修改了参数的默认初始化方式，框架会自动将相关的修改加入 default_startup_program。
- fluid.default_main_program：也由框架自动生成，负责存储定义的神经网络模型、前向/反向计算,以及优化算法对网络中可学习参数的更新。如果在指定程序操作时未指定在哪个 Program 中操作,Fluid 默认自动在 fluid.default_main_program 操作。

使用 Fluid 的核心就是构建 default_main_program。

可通过图 4-2 所示的代码,输出 ProgramDesc 中的内容。

```
x = fluid.layers.data(name='x', shape=[13], dtype='float32')
y_predict = fluid.layers.fc(input=x, size=1, act=None)
y = fluid.layers.data(name='y', shape=[1], dtype='float32')
cost = fluid.layers.square_error_cost(input=y_predict, label=y)
avg_cost = fluid.layers.mean(x=cost)
sgd_optimizer = fluid.optimizer.SGD(learning_rate=0.001)
sgd_optimizer.minimize(avg_cost)

exe = fluid.Executor(place)
exe.run(fluid.default_startup_program())
print(fluid.default_startup_program().to_string(True))
print(fluid.default_main_program().to_string(True))
```

图 4-2

上面框出的两行代码的输出内容如图 4-3 所示。

```
blocks {                            ops {
  idx: 0                              inputs {
  parent_idx: -1                        parameter: "X"
  vars {                                arguments: "x"
    name: "fc_0.w_0@GRAD"             }
    type: LOD_TENSOR                  inputs {
    lod_tensor {                        parameter: "Y"
      tensor {                          arguments: "fc_0.w_0"
        data_type: FP32               }
        dims: 13                      outputs {
        dims: 1                         parameter: "Out"
      }                                 arguments: "fc_0.tmp_0"
    }                                 }
  }                                   type: "mul"
  vars {                              attrs {
    name: "fc_0.tmp_1@GRAD"             name: "y_num_col_dims"
    type: LOD_TENSOR                   type: INT
    lod_tensor {                       i: 1
      tensor {                       }
        data_type: FP32              attrs {
        dims: -1                       name: "x_num_col_dims"
        dims: 1                        type: INT
      }                                i: 1
    }                                }
  }                                 }
```

图 4-3

4.4 Block 简介

Block 的概念与通用程序一致,例如,下面这段 C++代码包含 3 个 Block。

```
int main(){ //Block 0
    int i = 0;
    if (i<10){ //Block 1
        for (int j=0;j<10;j++){ //Block 2
        }
    }
    return 0;
}
```

类似地，下列 Fluid 的 Program 包含 3 个 Block。

```
import paddle.fluid as fluid    #Block 0

limit = fluid.layers.fill_constant_batch_size_like(
    input=label, dtype='int64', shape=[1], value=5.0)
cond = fluid.layers.less_than(x=label, y=limit)

ie = fluid.layers.IfElse(cond)
with ie.true_block():  #Block 1
    true_image = ie.input(image)
    hidden = fluid.layers.fc(input=true_image, size=100, act='tanh')
    prob = fluid.layers.fc(input=hidden, size=10, act='softmax')
    ie.output(prob)

with ie.false_block():  #Block 2
    false_image = ie.input(image)
    hidden = fluid.layers.fc(
        input=false_image, size=200, act='tanh')
    prob = fluid.layers.fc(input=hidden, size=10, act='softmax')
    ie.output(prob)

prob = ie()
```

4.5 Block 和 Program 的设计细节

用户描述的 Block 与 Program 信息在 Fluid 中以 Protobuf 格式保存，所有的 Protobuf 信息定义在 framework.proto 中，在 Fluid 中称为 BlockDesc 和 ProgramDesc。ProgramDesc 和 BlockDesc 的概念类似于一个抽象语法树。

BlockDesc 中包含一系列本地变量（在代码中用 vars 表示）的定义和一系列的算子（在代码中用 ops 表示）。

```
message BlockDesc {
  required int32 parent = 1;
  repeated VarDesc vars = 2;
  repeated OpDesc ops = 3;
}
```

parent 表示父级 Block，因此 Block 中的操作符既可以引用本地定义的变量，也可以引用祖先块中定义的变量。

Program 中的每个 Block 都被压平并存储在数组中。Block ID 是这个数组中 Block 的索引。

```
message ProgramDesc {
  repeated BlockDesc blocks = 1;
}
```

在 4.4 节介绍的例子中，IfElse 这个算子包含了两个 Block——true 分支和 false 分支。

下述 OpDesc 的定义过程描述了一个算子可以包含哪些属性。

```
message OpDesc {
  AttrDesc attrs = 1;
  ...
}
```

属性可以是 Block 的类型，实际上就是上面描述的 Block ID。

```
message AttrDesc {
  required string name = 1;

  enum AttrType {
    INT = 1,
    STRING = 2,
    ...
    BLOCK = ...
  }
  required AttrType type = 2;

  optional int32 block = 10; // 当 type == BLOCK 时
  ...
}
```

4.6 框架执行器设计思想

在编译时，用户首先在 Python 前端对网络进行表述，这个表述按照 Program、Block 的层级关系进行定义。转换器在接收到用户的表述后，将 Program 编译成 ProgramDesc 以备运行时使用。在运行时，框架执行器将接受一个 ProgramDesc、一个 block_id 和一个变量操作域。执行以下操作。

（1）框架执行器为每一个 Block 创建一个变量操作域，Block 是可嵌套的，因此变量操作域也是可嵌套的。

（2）创建变量操作域中的所有变量。

（3）按顺序创建并执行所有算子。

编译、执行的具体过程如图 4-4 表示。

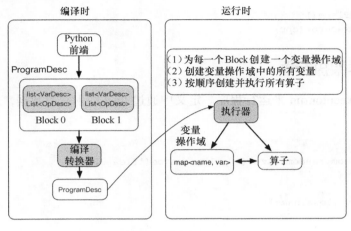

图 4-4

4.6.1 代码示例

框架执行器的 C++ 实现代码如下。

```cpp
class Executor{
    public:
        void Run(const ProgramDesc& pdesc,
            Scope* scope,
            int block_id) {
        auto& block = pdesc.Block(block_id);

        //创建所有变量
        for (auto& var : block.AllVars())
            scope->Var(Var->Name());
        }

        //创建算子并按顺序执行
        for (auto& op_desc : block.AllOps()){
            auto op = CreateOp(*op_desc);
            op->Run(*local_scope, place_);
        }
    }
};
```

4.6.2 创建框架执行器

Fluid 中使用 fluid.Executor(place) 创建框架执行器，place 属性由用户定义，代表程序将在哪里执行。

下例代码表示创建一个框架执行器，它在 CPU 内运行。

```
cpu=fluid.CPUPlace()
exe = fluid.Executor(cpu)
```

4.6.3 运行框架执行器

Fluid 使用 Executor.run 来运行程序。定义中通过 feed 映射获取数据，通过 fetch_list 获取结果。

```
...
x = numpy.random.random(size=(10, 1)).astype('float32')
outs = exe.run(
    feed={'X': x},
    fetch_list=[loss.name])
```

4.7 示例

线性回归是最简单的模型之一，可以把它作为一个优化问题来研究。该问题可通过最小化均方误差求解。

本节通过简单的线性回归例子，介绍上述内容如何在代码中实现。

4.7.1 定义 Program

用户可以随意定义自己的数据和网络结构，定义的结果都将作为一段 Program 被 Fluid 接收，Program 的基本结构是 Block，本节的 Program 仅包含 Block 0。

```
#加载函数库
import paddle.fluid as fluid #Block0
import numpy

#定义数据
train_data=numpy.array([[1.0],[2.0],[3.0],[4.0]]).astype('float32')
y_true = numpy.array([[2.0],[4.0],[6.0],[8.0]]).astype('float32')
#定义网络
x = fluid.layers.data(name="x",shape=[1],dtype='float32')
y = fluid.layers.data(name="y",shape=[1],dtype='float32')
y_predict = fluid.layers.fc(input=x,size=1,act=None)
#定义损失函数
cost = fluid.layers.square_error_cost(input=y_predict,label=y)
avg_cost = fluid.layers.mean(cost)
```

```
#定义优化方法
sgd_optimizer = fluid.optimizer.SGD(learning_rate=0.01)
sgd_optimizer.minimize(avg_cost)
```

完成上述定义,也就是完成了 fluid.default_main_program 的构建过程,fluid.default_main_program 负责神经网络模型、前向/反向计算,以及优化算法对网络中可学习参数的更新。

此时可以输出这段 Program,观察定义好的网络形态。

```
print(fluid.default_main_program().to_string(True))
```

完整的 ProgramDesc 可以在本地查看,这里仅节选前 3 个变量。

```
blocks {
  idx: 0
  parent_idx: -1
  vars {
    name: "mean_1.tmp_0"
    type {
      type: LOD_TENSOR
      lod_tensor {
        tensor {
          data_type: FP32
          dims: 1
        }
      }
    }
    persistable: false
  }
  vars {
    name: "square_error_cost_1.tmp_1"
    type {
      type: LOD_TENSOR
      lod_tensor {
        tensor {
          data_type: FP32
          dims: -1
          dims: 1
        }
        lod_level: 0
      }
    }
    persistable: false
  }
  vars {
    name: "square_error_cost_1.tmp_0"
    type {
      type: LOD_TENSOR
      lod_tensor {
        tensor {
```

```
              data_type: FP32
              dims: -1
              dims: 1
            }
            lod_level: 0
          }
        }
        persistable: false
    ...
```

从输出结果中可以看到，整个定义过程在框架内部转化为了一段 ProgramDesc，以 Block idx 为索引。本次线性回归模型中仅有 1 个 Block，ProgramDesc 中也仅有 Block 0 这一段 BlockDesc。

BlockDesc 中包含定义的变量和一系列的算子，以输入 x 为例，在 Python 代码中定义 x 是一个数据类型为"float 32"的一维数据。

```
x = fluid.layers.data(name="x",shape=[1],dtype='float32')
```

在 BlockDesc 中，变量 x 被描述为：

```
vars {
    name: "x"
    type {
      type: LOD_TENSOR
      lod_tensor {
        tensor {
          data_type: FP32
          dims: -1
          dims: 1
        }
        lod_level: 0
      }
    }
    persistable: false
```

在 Fluid 中所有的数据类型都为 LoD Tensor，对于不存在序列信息的数据（如此处的变量 x），其 lod_level=0。

dims 表示数据的维度，这里表示 x 的维度为[-1,1]，其中-1 是批的维度，在无法确定具体数值时，Fluid 自动用-1 表示。

参数 persistable 表示该变量在整个训练过程中是否为持久化变量。

4.7.2 创建框架执行器

Fluid 使用框架执行器来执行网络训练。作为使用者，实际上不必了解内部机制。

创建框架执行器只需要调用 fluid.Executor(place) 即可，在此之前请依据训练场所定义 place 变量。

```
#在 CPU 内执行训练
cpu = fluid.CPUPlace()
#创建框架执行器
exe = fluid.Executor(cpu)
```

4.7.3 运行框架执行器

Fluid 使用 Executor.run 来运行一段 Program。

在正式进行网络训练前，要先进行参数初始化。其中 default_startup_program 中定义了创建模型参数、输入/输出，以及模型中可学习参数的初始化等操作。

```
#参数初始化
exe.run(fluid.default_startup_program())
```

由于传入的数据与传出的数据存在多列，因此 Fluid 通过 feed 映射定义数据的传输数据，通过 fetch_list 取出期望结果：

```
#开始训练
outs = exe.run(
    feed={'x':train_data,'y':y_true},
    fetch_list=[y_predict.name,avg_cost.name])
```

上述代码段中定义了 train_data 用于传入 x 变量，y_true 用于传入 y 变量，输出 y 的预测值和最后一轮样本中 cost 的均值。

输出结果如下。

```
[array([[1.5248038],
    [3.0496075],
    [4.5744114],
    [6.099215 ]], dtype=float32), array([1.6935859], dtype=float32)]
```

4.8 LoD Tensor 数据结构解读

LoD（Level-of-Detail）Tensor 是 Fluid 中特有的概念，它在张量（tensor）数据结构的基础上附加了序列信息。框架中可传输的数据包括输入、输出、网络中的可学习参数，这些数据统一使用 Tensor 表示，LoD Tensor 可以看作一种特殊的张量结构。

为什么 PaddlePaddle 会创造一个 LoD Tensor 这样一个概念呢？因为 PaddlePaddle 是一个从工业来到工业中去的框架，在工业应用中使用 PaddlePaddle 时发现了一个挑战，即传统的张量结构在处理变长序列或者数据时有很多限制，并不是最优化的方案。尤其是在大规模并行计算中，传统张量结构的方案还有很多可以优化的空间，可以提升计算效率与减少内存开销。

大多数的深度学习框架使用张量结构数据结构表示一个小批量样本中将被送入网络中的数据。

例如，如果一个小批量样本中有 10 张图片，每幅图片大小为 32×32，则这个小批量样本是用一个 10×32×32 的张量表示的。

或者在处理 NLP 任务时，一个小批量样本包含 N 个句子，每个字都用一个 D 维的独热向量表示，假设所有句子都用相同的长度 L，那么这个小批量样本可以表示为 $N×L×D$ 的张量。

上述两个例子中序列元素都具有相同大小，但是在许多真实场景下，训练数据是变长序列。基于这一场景，大部分框架采取的方法是确定一个固定长度，对于小于这一长度的序列数据，以 0 填充。这就会造成一定程度的内存空间和计算资源的浪费，浪费程度取决于最长序列与最短序列的差值大小。

在 Fluid 中，由于 LoD Tensor 的存在，我们不要求每个小批量样本中的序列数据长度一致，因此用户不需要执行填充操作，这样的特性也可以满足 NLP 等具有变长序列数据任务的需求。

所以 Fluid 引入了一个索引数据结构（LoD）来将张量分割成序列。

4.8.1　LoD 索引

为了更好地理解 LoD 的概念，这里提供了几个例子供您参考。

1. 句子组成的小批量样本

假设一个小批量样本中有 3 个句子，每个句子中分别包含 3 个、1 个和两个单词。可以用（3+1+2）×D 维张量以及一些索引信息来表示这个小批量样本。

```
3       1    2
| | |   |    | |
```

上述表示中，每一个|代表一个 D 维的词向量，数字 3、1 和 2 构成了 1 级 LoD。

2. 递归序列

让我们来看另一个 2 级 LoD Tensor 的例子：假设存在一个小批量样本中包含 3 个句子、1 个句子和两个句子的文章，每个句子都由不同数量的单词组成，则这个小批量样本的样式可以看作：

```
3              1 2        【文章】
3    2    4    1 2   3    【句子】
||| || ||||    | || |||   【单词】
```

表示的 LoD 信息为：

```
[[3, 1, 2]/*level=0*/, [3, 2, 4, 1, 2, 3]/*level=1*/]
```

3．视频的小批量样本

在视觉任务中，时常需要处理视频和图像这些元素是高维的对象。假设现存的一个小批量样本包含 3 个视频，分别有 3 帧、1 帧和两帧，每帧都具有相同大小——640×480，则这个小批量样本可以表示为：

```
3       1   2       【视频】
□□□  □  □□     【帧】
```

最底层张量大小为（3+1+2）×640×480，每一个口表示一个 640×480 的图像。

4．图像的小批量样本

在传统的情况下，比如，对于有 N 个固定大小的图像的小批量样本，LoD Tensor 表示为：

```
1 1 1 1       1
□ □ □ □  ... □
```

在这种情况下，我们不会因为索引值都为 1 而忽略信息，仅仅把 LoD Tensor 看作一个普通的张量。

```
□ □ □ □  ... □
```

5．模型参数

模型参数只是一个普通的张量，在 Fluid 中它表示为一个 0 级 LoD Tensor。

4.8.2　LoD Tensor 在 PaddlePaddle 中的表示方法

一个 LoD Tensor 可以被看作一个树状结构，树叶是基本的序列元素，树枝是基本元素的标识。

为了快速访问基本序列，Fluid 提供了一种表示偏移量的方法——保存序列的开始和结束元素，而不是保存长度。

在上述例子中，用户可以计算基本元素的长度。

```
3       2   4       1 2 3
|||    ||  ||||    | || |||
```

将其转换为偏移量表示方式：

```
0   3     5     9     10    12    15
=   =     =     =     =     =
    3   2+3   4+5   1+9   2+10  3+12
```

所以我们知道第一个句子是从单词 0 到单词 3，第二个句子是从单词 3 到单词 5。

类似地，LoD 的顶层长度为：

```
3 1 2
```

可以被转化成偏移量表示方式：

```
0 3   4    6
  =   =    =
  3   3+1  4+2
```

因此，该 LoD Tensor 的偏移量表示方式为：

```
0         3    4     6
   3 5 9  10   12 15
```

由此可见，若 LoD Tensor 开头为 0，则为偏移量表示方式。

在 Fluid 中 LoD Tensor 的序列信息有两种表述形式——原始长度和偏移量。在 Paddle Paddle 内部采用偏移量的形式表示 LoD Tensor，以获得更快的序列访问速度；在 Python API 中采用原始长度的形式表示 LoD Tensor，方便用户理解和计算，并将原始长度称为 recursive_sequence_lengths。

总结一下，以前面提到的一个 2 级 LoD Tensor 为例：

```
3             1 2
3   2   4     1 2 3
||| ||  ||||  | || |||
```

- 以偏移量表示此 LoD Tensor：[[0,3,4,6] , [0,3,5,9,10,12,15]]。
- 以原始长度表示此 LoD Tensor：recursive_sequence_lengths=[[3,1,2] , [3,2,4,1,2,3]]，即 [[3-0 , 4-3 , 6-4] , [3-0 , 5-3 , 9-5 , 10-9 , 12-10 , 15-12]]。

以文字序列为例：[3,1,2] 可以表示小批量样本中有 3 篇文章，每篇文章分别有 3 个、2 个、1 个句子，[3,2,4,1,2,3] 表示每个句子中分别含有 3 个、2 个、4 个、1 个、2 个、3 个字。

recursive_seq_lens 是一个双层嵌套列表，也就是列表的列表，最外层列表的 size 表示嵌套的层数，也就是 LoD 的大小；内部的每个列表表示每个 LoD 下每个元素的大小。

```
#查看 lod-tensor 嵌套层数
print len(recursive_seq_lengths)
#output: 2

#查看基础元素的个数
print sum(recursive_seq_lengths[-1])
#output:15  (3+2+4+1+2+3=15)
```

4.8.3 LoD Tensor 的 API

1．paddle.fluid.create_lod_tensor(*data*, *recursive_seq_lens*, *place***)**

该函数从一个 NumPy 数组、列表或者已经存在的 LoD Tensor 中创建一个 LoD Tensor。

通过以下几步实现。

（1）检查 LoD 或 recursive_sequence_lengths（递归序列长度）的正确性。

（2）将 recursive_sequence_lengths 转化为基于偏移量的 LoD。

（3）把提供的 NumPy 数组、列表或者已经存在的 LoD Tensor 复制到 CPU 或 GPU 中（依据执行场所确定）。

（4）利用基于偏移量的 LoD 来设置 LoD。

例如，假如我们想用 LoD Tensor 来承载一个词序列的数据，其中每个词由一个整数来表示。现在，我们试图创建一个 LoD Tensor 来代表两个句子，其中一个句子有两个词，另外一个句子有 3 个词，那么 data 可以是一个 NumPy 数组，形状为（5,1）。同时，recursive_seq_lens 为 [[2, 3]]，表明各个句子的长度。这个以长度为基准的 recursive_seq_lens 将在函数中会被转化为以偏移量为基准的 LoD [[0, 2, 5]]。

参数如下。

- **data** (numpy.ndarray|list|LoDTensor) —— 容纳待复制数据的一个 NumPy 数组、列表或 LoD Tensor。
- **recursive_seq_lens** (list) —— 包含列表的列表，表明由用户指明的基于长度的细节等级信息。
- **place** (Place) —— CPU 或 GPU，指明返回的新 LoD Tensor 存储地点。

返回值：一个 Fluid LoD Tensor 对象，包含数据和 recursive_seq_lens 信息。

2．paddle.fluid.create_random_int_lodtensor(*recursive_seq_lens*, *base_shape*, *place*, *low*, *high***)**

Fluid 使用 create_random_int_lodtensor 创建一个由随机整数组成的 LoD Tensor。我们根据新的 API —— create_lod_tensor 更改它，然后放在 LoD Tensor 模块里来简化代码。

该函数实现以下功能。

- 根据用户输入的基于长度的递归序列和在 basic_shape 中的基本元素形状计算 LoD

Tensor 的整体形状。

- 由此形状，建立 NumPy 数组。
- 使用 API ——create_lod_tensor 建立 LoD Tensor。

假如我们想用 LoD Tensor 来承载一个词序列，其中每个词由一个整数来表示。现在，我们试图创建一个 LoD Tensor 来代表两个句子，其中一个句子有两个词，另外一个句子有 3 个。既然 base_shape 为[1]，输入的 length-based recursive_seq_lens 是 [[2, 3]]，那么 LoD Tensor 的整体形状应为[5, 1]，并且为两个句子存储 5 个词。

参数如下。

- **recursive_seq_lens** (list) —— 包含列表的列表，表明由用户指明的基于长度的细节等级信息。
- **base_shape** (list) —— LoD Tensor 所容纳的基本元素的形状。
- **place** (Place) —— CPU 或 GPU，指明返回的新 LoD Tensor 存储地点。
- **low** (int) —— 随机数下限。
- **high** (int) —— 随机数上限。

返回值：一个 Fluid LoD Tensor 对象，包含数据和 recursive_seq_lens 信息。

3. paddle.fluid.layers.reorder_lod_tensor_by_rank(*x, rank_table*)

Fluid 使用 reorder_lod_tensor_by_rank 对输入 LoD Tensor 的序列信息按指定顺序重排。

函数参数 *X* 是由多个序列组成的一批数据。rank_table 存储一批数据中序列的重新排列规则。该算子根据 rank_table 中提供的规则信息来实现对 *X* 的重新排序。

假设在 RankTable 中存储的序列索引为 [3,0,2,1]，*X* 将会按以下方式重新排序。

X 中的第四个序列（索引为 3 的序列，后面依次类推）会变成排序后的批中的第一个，紧接着就是原来批中的第一个元素、第三个元素和第二个元素。

简言之，若有原批 *X* = [Seq0, Seq1, Seq2, Seq3]且 RankTable 中的索引为[3, 0, 2, 1]，那么输出为 Out = [Seq3, Seq0, Seq2, Seq1]，它携带着新的 LoD 信息。

如果 *X* 的 LoD 信息是空的，这表明 *X* 不是序列型数据。这和由多个定长为 1 的序列组成的批是相同的情况。此时，该函数将对 *X* 中的切片（slice）在第一条轴（axis）上按 rank_table 里的规则加以排序。

例如，现有 X = [Slice0, Slice1, Slice2, Slice3]，并且它的 LoD 信息为空，在 RankTable 中的索引为 [3, 0, 2, 1]，则 Out = [Slice3, Slice0, Slice2, Slice1]，并且不在其中追加 LoD 信息。

注意，该算子对 X 进行的排序所依据的 LoDRankTable 不一定是在 X 的基础上得出来的。它可以由其他不同的序列组成的批得出，并由该算子依据 LoDRankTable 来对 X 排序。

参数如下。

- **x** (LoDTensor) —— 待根据提供的 RankTable 进行排序的 LoD Tensor。
- **rank_table** (LoDRankTable) —— 对 X 重新排序依据的规则表。

返回值：重新排序后的 LoD Tensor。

返回类型：LoD Tensor。

4.8.4 LoD Tensor 的使用示例

本节代码将根据指定的级别 y-lod，扩充输入变量 x。本示例综合了 LoD Tensor 的多个重要概念，跟随代码，您将

- 直观理解 Fluid 中 fluid.layers.sequence_expand 的实现过程；
- 掌握如何在 Fluid 中创建 LoD Tensor；
- 学习如何输出 LoD Tensor 的内容。

1. 创建 LoD Tensor

Fluid 中可以通过 fluid.create_lod_tensor() 创建一个 LoD Tensor，使用说明可以参考 4.8.3 节。需要注意的是，这个 API 只能支持 int64 的数据，如果您希望处理 float32 的数据，推荐使用下述方式创建 LoD Tensor。

使用 fluid.LoDTensor() 创建一个 LoD Tensor，并为其指定数据、运算场所和 LoD 值。

```python
import paddle.fluid as fluid
import numpy as np

def create_lod_tensor(data, lod, place):
    res = fluid.LoDTensor()
    res.set(data, place)
    res.set_lod(lod)
    return res
```

2. 定义计算过程

layers.sequence_expand 通过获取 y 的 LoD 值对 x 的数据进行扩充。关于 fluid.layers.sequence_expand 的功能说明，请先阅读 API reference。

扩充序列的代码如下。

```
x = fluid.layers.data(name='x', shape=[1], dtype='float32', lod_level=0)
y = fluid.layers.data(name='y', shape=[1], dtype='float32', lod_level=1)
out = fluid.layers.sequence_expand(x=x, y=y, ref_level=0)
```

注意，输出 LoD Tensor 的维度仅与输入的真实数据维度有关，在定义网络结构阶段为 x、y 设置的 shape 值，仅作为占位符，并不影响结果。

3. 创建框架执行器

通过以下代码创建框架执行器。

```
place = fluid.CPUPlace()
exe = fluid.Executor(place)
exe.run(fluid.default_startup_program())
```

4. 准备数据

这里我们使用偏移量的形式表示 Tensor 的 LoD 索引。假设 x_d 为一个 LoD Tensor。

```
x.lod = [[0,1,4]]
x.data = [[1],[2],[3],[4]]
x.dims = [4,1]
```

y_d 也为一个 LoD Tensor。

```
y.lod = [[0, 1,         4],
         [0, 2, 3, 5, 6]]
```

其中，输出值只与 y 的 LoD 值有关，y_d 的 data 值在这里并不参与计算，维度上与 LoD[-1] 一致即可。

预期输出结果如下。

```
#预期输出 lod 的原始长度
out.lod =   [ [1,  3,           3,            3]]
#预期输出结果
out.data = [ [1],[2],[3],[4],[2],[3],[4],[2],[3],[4]]
```

实现代码如下。

```
x_d = create_lod_tensor(np.array([[1], [2],[3],[4]]), [[0,1,4]], place)
y_d = create_lod_tensor(np.array([[1],[1],[1],[1],[1],[1]]), [[0,1,4], [0,2,3,5,6]], place)
```

5. 执行运算

在 Fluid 中，LoD > 1 的 Tensor 与其他类型数据一样，使用 feed 定义数据输入顺序。此外，由于输出 results 是带有 LoD 信息的 Tensor，因此需要在 exe.run( ) 中添加 return_numpy=False 参数，获得 LoD Tensor 的输出结果。

```
feeder = fluid.DataFeeder(place=place, feed_list=[x, y])
results = exe.run(fluid.default_main_program(),
                  feed={'x':x_d, 'y': y_d },
                  fetch_list=[out],return_numpy=False)
```

6. 查看 LoD Tensor 结果

因为 LoD Tensor 的特殊属性，所以无法直接使用 print 查看内容。常用的操作方式是将 LoD Tensor 作为网络的输出提取出来，然后执行 numpy.array(lod_tensor)，就能转成 NumPy 数组。

```
np.array(results[0])
```

输出结果如下

```
array([[1],[2],[3],[4],[2],[3],[4],[2],[3],[4]])
```

可以看到与前面"4.准备数据"中的预期结果一致。

7. 查看序列长度

可以通过查看序列长度得到 LoD Tensor 的递归序列长度。

```
In [1]: results[0].recursive_sequence_lengths()
Out[1]: [[1L, 3L, 3L, 3L]]
```

4.9 动态图机制——DyGraph

PaddlePaddle 的 DyGraph 模式是一种动态的图执行机制，可以立即执行结果，无须构建整个图。同时，和以往静态的计算图不同，DyGraph 模式下所有的操作可以立即获得执行结果，而不必等待所构建的计算图全部执行完成，这样可以让用户更加直观地构建 PaddlePaddle 下的深度学习任务，进行模型的调试，同时还减少了大量用于构建静态计算图的代码，使得用户编写、调试网络的过程变得更加便捷。

PaddlePaddle DyGraph 是一个更加灵活易用的模式。

- 具有更加灵活、便捷的代码组织结构：使用 Python 的执行控制流程和面向对象的模型设计。

- 具有更加便捷的调试功能：直接调用相关操作，检查正在运行的模型并且测试更改。

- 具有和静态计算图通用的模型代码：同样的模型代码可以使用更加便捷的 DyGraph 调试并执行，同时也支持使用原有的静态图模式执行。
- 支持纯 Python 和 Numpy 语法实现的层：支持使用 NumPy 相关操作直接搭建模型计算部分。

4.9.1 动态图设置和基本用法

下面介绍如何开启动态图机制。

（1）升级到最新的 PaddlePaddle 1.5。

```
pip install -q --upgrade paddlepaddle==1.5
```

（2）使用 fluid.dygraph.guard(place=None) 上下文。

```python
import paddle.fluid as fluid
with fluid.dygraph.guard():
```

现在就可以在 fluid.dygraph.guard() 上下文环境中使用 DyGraph 的模式运行网络了，DyGraph 将改变以往 PaddlePaddle 的执行方式：现在相关操作将会立即执行，并且将计算结果返回给 Python。

DyGraph 将非常适合和 Numpy 一起使用，使用 fluid.dygraph.base.to_variable(x) 会将 ndarray 转换为 fluid.Variable，而使用 fluid.Variable.numpy() 将可以把任意时刻获取到的计算结果转换为 Numpy ndarray，实例代码如下。

```python
x = np.ones([2, 2], np.float32)
with fluid.dygraph.guard():
    inputs = []
    for _ in range(10):
        inputs.append(fluid.dygraph.base.to_variable(x))
    ret = fluid.layers.sums(inputs)
    print(ret.numpy())

[[10. 10.]
 [10. 10.]]

Process finished with exit code 0
```

这里创建了一系列 ndarray 的输入，执行了一个 sum 操作之后，我们可以直接输出运行结果。

调用 reduce_sum 后使用 Variable.backward() 方法执行反向计算，并使用 Variable.gradient() 方法，即可获得反向网络执行完之后梯度值的 ndarray 形式。

```
loss = fluid.layers.reduce_sum(ret)
loss.backward()
print(loss.gradient())

[1.]

Process finished with exit code 0
```

4.9.2 基于 DyGraph 构建网络

1. 编写代码

建立一个可以在 DyGraph 模式下执行的前向对象的网络。PaddlePaddle 模型的代码主要由以下 3 个部分组成。

（1）为了建立一个可以在 DyGraph 模式下执行的面向对象的网络，需要继承自 fluid.Layer，其中需要调用基类的 __init__ 方法，并且实现带有参数 name_scope（用来标识本层的名字）的 __init__ 构造函数。在构造函数中，我们通常会执行一些参数初始化、子网络初始化操作，执行这些操作时不依赖于输入的动态信息。

```python
class MyLayer(fluid.Layer):
    def __init__(self, name_scope):
        super(MyLayer, self).__init__(name_scope)
```

（2）实现一个 forward(self, *inputs) 的执行函数，负责执行实际运行时网络的逻辑。该函数将会在每一轮训练/预测中被调用。这里我们将执行的操作如以下代码所示。

```python
def forward(self, inputs):
    x = fluid.layers.relu(inputs)
    self._x_for_debug = x
    x = fluid.layers.elementwise_mul(x, x)
    x = fluid.layers.reduce_sum(x)
    return [x]
```

（3）（可选）实现一个 build_once(self, *inputs) 方法。该方法将作为一个单次执行的函数，用于初始化一些依赖于输入信息的参数和网络信息。例如，在全连接层中，需要依赖输入的 shape 初始化参数，这里我们并不需要这样的操作，仅仅为了展示，因此这个方法可以直接跳过。

```python
def build_once(self, input):
    pass
```

请注意，如果您设计的这一层结构是包含参数的，则必须使用继承自 fluid.Layer 的面向对象的类来描述该层的行为。

2. 在 `fluid.dygraph.guard()` 中执行

（1）使用 Numpy 构建输入。

```
np_inp = np.array([1.0, 2.0, -1.0], dtype=np.float32)
```

（2）转换输入并执行前向网络，获取返回值。使用 fluid.dygraph.base.to_variable(np_inp) 转换 Numpy 输入为 DyGraph 接收的输入，然后使用 l(var_inp)[0]调用 callable object 并且获取 x 作为返回值，利用 x.numpy()方法直接获取执行得到的 x 的 ndarray 返回值。

```
with fluid.dygraph.guard():
    var_inp = fluid.dygraph.base.to_variable(np_inp)
    l = MyLayer("my_layer")
    x = l(var_inp)[0]
    dy_out = x.numpy()
```

（3）计算梯度。自动微分对于实现机器学习算法（例如用于训练神经网络的反向传播）来说很有用，使用 x.backward()方法可以从某个 fluid.Varaible 开始执行反向网络，同时利用 l._x_for_debug.gradient()获取网络中 x 梯度的 ndarray 返回值。

```
x.backward()
dy_grad = l._x_for_debug.gradient()
```

4.9.3 使用 DyGraph 训练模型

接下来我们将以"手写数字识别"这个基础的模型为例，展示如何利用 DyGraph 模式搭建并训练一个模型。

有关手写数字识别的理论知识请参考第 3 章中的内容，这里假设您已经了解了该模型所需的深度学习理论知识。

（1）准备数据，这里使用 paddle.dataset.mnist 作为训练所需要的数据集。

```
train_reader = paddle.batch(
paddle.dataset.mnist.train(), batch_size=BATCH_SIZE, drop_last=True)
```

（2）构建网络，虽然可以根据之前的介绍自己定义所有的网络结构，但是也可以直接使用 fluid.Layer.nn 当中定制的一些基础网络结构，这里利用 fluid.Layer.nn.Conv2d 和 fluid.Layer.nn.Pool2d 构建基础的 SimpleImgConvPool。

```
class SimpleImgConvPool(fluid.dygraph.Layer):
    def __init__(self,
                 name_scope,
                 num_channels,
                 num_filters,
                 filter_size,
                 pool_size,
```

```
                pool_stride,
                pool_padding=0,
                pool_type='max',
                global_pooling=False,
                conv_stride=1,
                conv_padding=0,
                conv_dilation=1,
                conv_groups=1,
                act=None,
                use_cudnn=False,
                param_attr=None,
                bias_attr=None):
        super(SimpleImgConvPool, self).__init__(name_scope)

        self._conv2d = Conv2D(
            self.full_name(),
            num_channels=num_channels,
            num_filters=num_filters,
            filter_size=filter_size,
            stride=conv_stride,
            padding=conv_padding,
            dilation=conv_dilation,
            groups=conv_groups,
            param_attr=None,
            bias_attr=None,
            use_cudnn=use_cudnn)

        self._pool2d = Pool2D(
            self.full_name(),
            pool_size=pool_size,
            pool_type=pool_type,
            pool_stride=pool_stride,
            pool_padding=pool_padding,
            global_pooling=global_pooling,
            use_cudnn=use_cudnn)

    def forward(self, inputs):
        x = self._conv2d(inputs)
        x = self._pool2d(x)
        return x
```

注意，构建网络时子网络的定义和使用请在__init__中进行，而子网络则在 forward 函数中调用。

（3）利用已经构建好的 SimpleImgConvPool 组成最终的 MNIST 网络。

```
class MNIST(fluid.dygraph.Layer):
    def __init__(self, name_scope):
        super(MNIST, self).__init__(name_scope)
```

```python
        self._simple_img_conv_pool_1 = SimpleImgConvPool(
            self.full_name(), 1, 20, 5, 2, 2, act="relu")

        self._simple_img_conv_pool_2 = SimpleImgConvPool(
            self.full_name(), 20, 50, 5, 2, 2, act="relu")

        pool_2_shape = 50 * 4 * 4
        SIZE = 10
        scale = (2.0 / (pool_2_shape**2 * SIZE))**0.5
        self._fc = FC(self.full_name(),
                      10,
                      param_attr=fluid.param_attr.ParamAttr(
                          initializer=fluid.initializer.NormalInitializer(
                              loc=0.0, scale=scale)),
                      act="softmax")

    def forward(self, inputs):
        x = self._simple_img_conv_pool_1(inputs)
        x = self._simple_img_conv_pool_2(x)
        x = self._fc(x)
        return x
```

（4）在 fluid.dygraph.guard()中定义配置好的 MNIST 网络结构，此时即使没有训练，也可以在 fluid.dygraph.guard()中调用模型并且检查输出。

```
with fluid.dygraph.guard():
    mnist = MNIST("mnist")
    id, data = list(enumerate(train_reader()))[0]
    dy_x_data = np.array(
        [x[0].reshape(1, 28, 28)
         for x in data]).astype('float32')
    img = to_variable(dy_x_data)
    print("cost is: {}".format(mnist(img).numpy()))

cost is: [[0.10135901 0.1051138  0.1027941  ... 0.0972859  0.10221873 0.10165327]
 [0.09735426 0.09970362 0.10198303 ... 0.10134517 0.10179105 0.10025002]
 [0.09539858 0.10213123 0.09543551 ... 0.10613529 0.10535969 0.097991  ]
 ...
 [0.10120598 0.0996111  0.10512722 ... 0.10067689 0.10088114 0.10071224]
 [0.09889644 0.10033772 0.10151272 ... 0.10245881 0.09878646 0.101483  ]
 [0.09097178 0.10078511 0.10198414 ... 0.10317434 0.10087223 0.09816764]]

Process finished with exit code 0
```

（5）构建训练循环，在每一轮参数更新完成后，调用 mnist.clear_gradients()来重置梯度。

```
for epoch in range(epoch_num):
    for batch_id, data in enumerate(train_reader()):
        dy_x_data = np.array(
            [x[0].reshape(1, 28, 28)
```

```
            for x in data]).astype('float32')
        y_data = np.array(
            [x[1] for x in data]).astype('int64').reshape(BATCH_SIZE, 1)

        img = to_variable(dy_x_data)
        label = to_variable(y_data)
        label.stop_gradient = True

        cost = mnist(img)
        loss = fluid.layers.cross_entropy(cost, label)
        avg_loss = fluid.layers.mean(loss)

        dy_out = avg_loss.numpy()
        avg_loss.backward()
        sgd.minimize(avg_loss)
        mnist.clear_gradients()
```

（6）封装变量并通过优化器更新参数。模型的参数或者任何要检测的值可以作为变量封装在类中，通过对象获取并使用 numpy() 方法获取其 ndarray 的输出，在训练过程中可以使用 mnist.parameters() 来获取网络中所有的参数，也可以指定某一层的某个参数或者使用 parameters() 来获取该层的所有参数，使用 numpy() 方法随时查看参数的值。反向运行后调用之前定义的 SGD 优化器对象的 minimize 方法进行参数更新。

```
with fluid.dygraph.guard():
    fluid.default_startup_program().random_seed = seed
    fluid.default_main_program().random_seed = seed

    mnist = MNIST("mnist")
    sgd = SGDOptimizer(learning_rate=1e-3)
    train_reader = paddle.batch(
        paddle.dataset.mnist.train(), batch_size= BATCH_SIZE, drop_last=True)

    np.set_printoptions(precision=3, suppress=True)
    for epoch in range(epoch_num):
        for batch_id, data in enumerate(train_reader()):
            dy_x_data = np.array(
                [x[0].reshape(1, 28, 28)
                 for x in data]).astype('float32')
            y_data = np.array(
                [x[1] for x in data]).astype('int64').reshape(BATCH_SIZE, 1)

            img = to_variable(dy_x_data)
            label = to_variable(y_data)
            label.stop_gradient = True

            cost = mnist(img)
            loss = fluid.layers.cross_entropy(cost, label)
            avg_loss = fluid.layers.mean(loss)
```

```python
            dy_out = avg_loss.numpy()

            avg_loss.backward()
            sgd.minimize(avg_loss)
            mnist.clear_gradients()

            dy_param_value = {}
            for param in mnist.parameters():
                dy_param_value[param.name] = param.numpy()

            if batch_id % 20 == 0:
                print("Loss at step {}: {:.7}".format(batch_id, avg_loss.numpy()))
    print("Final loss: {:.7}".format(avg_loss.numpy()))
    print("_simple_img_conv_pool_1_conv2d W's mean is: {}".format(mnist._simple_img_conv_pool_1._conv2d._filter_param.numpy().mean()))
    print("_simple_img_conv_pool_1_conv2d Bias's mean is: {}".format(mnist._simple_img_conv_pool_1._conv2d._bias_param.numpy().mean()))
```

```
Loss at step 0: [2.302]
Loss at step 20: [1.616]
Loss at step 40: [1.244]
Loss at step 60: [1.142]
Loss at step 80: [0.911]
Loss at step 100: [0.824]
Loss at step 120: [0.774]
Loss at step 140: [0.626]
Loss at step 160: [0.609]
Loss at step 180: [0.627]
Loss at step 200: [0.466]
Loss at step 220: [0.499]
Loss at step 240: [0.614]
Loss at step 260: [0.585]
Loss at step 280: [0.503]
Loss at step 300: [0.423]
Loss at step 320: [0.509]
Loss at step 340: [0.348]
Loss at step 360: [0.452]
Loss at step 380: [0.397]
Loss at step 400: [0.54]
Loss at step 420: [0.341]
Loss at step 440: [0.337]
Loss at step 460: [0.155]
Final loss: [0.164]
_simple_img_conv_pool_1_conv2d W's mean is: 0.00606656912714
_simple_img_conv_pool_1_conv2d Bias's mean is: -3.4576318285e-05
```

使用 fluid.dygraph.guard() 可以通过传入 fluid.CUDAPlace(0) 或者 fluid.CPUPlace() 来选择执行 DyGraph 的设备。通常如果不做任何处理，将会自动适配您的设备。

4.9.4 模型参数的保存

在模型训练中可以使用 fluid.dygraph.save_persistables(your_model_object.state_dict(), "save_dir")来保存 your_model_object 中所有的模型参数。用户也可以按照键—值的方式将需要保存的参数对象保存到文件中，例如，在保存时创建一个"参数名"—"参数对象"的 Python 字典数据结构。

同样可以使用 your_modle_object.load_dict(fluid.dygraph.load_persi stables("save_dir"))接口来恢复保存的模型参数，从而达到继续训练的目的。

下面的代码展示了如何在"手写数字识别"任务中保存参数，并且读取已经保存的参数来继续训练。

```python
dy_param_init_value={}
for epoch in range(epoch_num):
    for batch_id, data in enumerate(train_reader()):
        dy_x_data = np.array(
            [x[0].reshape(1, 28, 28)
              for x in data]).astype('float32')
        y_data = np.array(
            [x[1] for x in data]).astype('int64').reshape(BATCH_SIZE, 1)

        img = to_variable(dy_x_data)
        label = to_variable(y_data)
        label.stop_gradient = True

        cost = mnist(img)
        loss = fluid.layers.cross_entropy(cost, label)
        avg_loss = fluid.layers.mean(loss)

        dy_out = avg_loss.numpy()

        avg_loss.backward()
        sgd.minimize(avg_loss)
        fluid.dygraph.save_persistables(mnist.state_dict(), "save_dir")
        mnist.clear_gradients()

        for param in mnist.parameters():
            dy_param_init_value[param.name] = param.numpy()
        mnist.load_dict(fluid.dygraph.load_persistables("save_dir"))
restore = mnist.parameters()
success = True
for value in restore:
    if (not np.allclose(value.numpy(), dy_param_init_value[value.name])) or (not
        np.isfinite(value.numpy().all())) or (np.isnan(value.numpy().any())):
        success = False
print("model save and load success? {}".format(success))
```

4.9.5　模型评估

当我们需要在 DyGraph 模式下利用搭建的模型进行预测时，可以使用 YourModel.eval() 接口。在之前的手写数字识别模型中我们使用 mnist.eval() 来启动预测模式（默认在 fluid.dygraph.guard() 上下文中是训练模式）。在预测的模式下，DyGraph 将只会执行前向的预测网络，而不会进行自动求导并执行反向网络。

下面的代码展示了如何使用 DyGraph 模式训练一个用于执行"手写数字识别"任务的模型并进行保存，同时利用已经保存好的模型进行预测。

我们在第一个 fluid.dygraph.guard() 上下文中进行了模型的保存和训练。值得注意的是，当我们需要在训练的过程中进行预测时，需要使用 YourModel.eval() 切换到预测模式，并且在预测完成后使用 YourModel.train() 切换回训练模式继续训练。

我们在第二个 fluid.dygraph.guard() 上下文中利用之前保存的参数进行预测。同样地，在执行预测前需要使用 YourModel.eval() 来切换预测模式。

```python
with fluid.dygraph.guard():
    fluid.default_startup_program().random_seed = seed
    fluid.default_main_program().random_seed = seed

    mnist = MNIST("mnist")
    adam = AdamOptimizer(learning_rate=0.001)
    train_reader = paddle.batch(
        paddle.dataset.mnist.train(), batch_size=BATCH_SIZE, drop_last=True)
    test_reader = paddle.batch(
        paddle.dataset.mnist.test(), batch_size=BATCH_SIZE, drop_last=True)
    for epoch in range(epoch_num):
        for batch_id, data in enumerate(train_reader()):
            dy_x_data = np.array(
                [x[0].reshape(1, 28, 28)
                 for x in data]).astype('float32')
            y_data = np.array(
                [x[1] for x in data]).astype('int64').reshape(BATCH_SIZE, 1)

            img = to_variable(dy_x_data)
            label = to_variable(y_data)
            label.stop_gradient = True

            cost, acc = mnist(img, label)

            loss = fluid.layers.cross_entropy(cost, label)
            avg_loss = fluid.layers.mean(loss)
            avg_loss.backward()
            adam.minimize(avg_loss)
            #保存参数
            mnist.clear_gradients()
```

```python
            if batch_id % 100 == 0:
                print("Loss at epoch {} step {}: {:}".format(epoch, batch_id, avg
                    _loss.numpy()))
        mnist.eval()
        test_cost, test_acc = self._test_train(test_reader, mnist, BATCH_SIZE)
        mnist.train()
        print("Loss at epoch {} , Test avg_loss is: {}, acc is: {}".format(epoch,
            test_cost, test_acc))

    fluid.dygraph.save_persistables(mnist.state_dict(), "save_dir")
    print("checkpoint saved")

with fluid.dygraph.guard():
    fluid.default_startup_program().random_seed = seed
    fluid.default_main_program().random_seed = seed

    mnist_infer = MNIST("mnist")
    #加载参数
    mnist_infer.load_dict(
        fluid.dygraph.load_persistables("save_dir"))
    print("checkpoint loaded")

    #开始数据评估
    mnist_infer.eval()
    def load_image(file):
        im = Image.open(file).convert('L')
        im = im.resize((28, 28), Image.ANTIALIAS)
        im = np.array(im).reshape(1, 1, 28, 28).astype(np.float32)
        im = im / 255.0 * 2.0 - 1.0
        return im

    cur_dir = os.path.dirname(os.path.realpath(__file__))
    tensor_img = load_image(cur_dir + '/image/infer_3.png')

    results = mnist_infer(to_variable(tensor_img))
    lab = np.argsort(results.numpy())
    print("Inference result of image/infer_3.png is: %d" % lab[0][-1])

Loss at epoch 3 , Test avg_loss is: 0.0721620170576, acc is: 0.97796474359
Loss at epoch 4 step 0: [0.01078923]
Loss at epoch 4 step 100: [0.10447877]
Loss at epoch 4 step 200: [0.05149534]
Loss at epoch 4 step 300: [0.0122997]
Loss at epoch 4 step 400: [0.0281883]
Loss at epoch 4 step 500: [0.10709661]
Loss at epoch 4 step 600: [0.1306036]
Loss at epoch 4 step 700: [0.01628026]
Loss at epoch 4 step 800: [0.07947419]
Loss at epoch 4 step 900: [0.02067161]
Loss at epoch 4 , Test avg_loss is: 0.0802323290939, acc is: 0.976963141026
```

```
checkpoint saved
checkpoint loaded


Ran 1 test in 208.017s

Inference result of image/infer_3.png is: 3
```

4.9.6 编写兼容的模型

基于 4.9.5 节的手写数字识别的例子,相同的模型代码可以直接在 PaddlePaddle 的框架执行器中执行。

```python
exe = fluid.Executor(fluid.CPUPlace(
) if not core.is_compiled_with_cuda() else fluid.CUDAPlace(0))

mnist = MNIST("mnist")
sgd = SGDOptimizer(learning_rate=1e-3)
train_reader = paddle.batch(
    paddle.dataset.mnist.train(), batch_size= BATCH_SIZE, drop_last=True)

img = fluid.layers.data(
    name='pixel', shape=[1, 28, 28], dtype='float32')
label = fluid.layers.data(name='label', shape=[1], dtype='int64')
cost = mnist(img)
loss = fluid.layers.cross_entropy(cost, label)
avg_loss = fluid.layers.mean(loss)
sgd.minimize(avg_loss)

out = exe.run(fluid.default_startup_program())

for epoch in range(epoch_num):
    for batch_id, data in enumerate(train_reader()):
        static_x_data = np.array(
            [x[0].reshape(1, 28, 28)
                for x in data]).astype('float32')
        y_data = np.array(
            [x[1] for x in data]).astype('int64').reshape([BATCH_SIZE, 1])

        fetch_list = [avg_loss.name]
        out = exe.run(
            fluid.default_main_program(),
            feed={"pixel": static_x_data,
                  "label": y_data},
            fetch_list=fetch_list)

        static_out = out[0]
```

第 5 章

独孤九剑——经典图像分类网络实现

计算机视觉（Computer Vision）是研究如何使机器"看"的科学。更进一步地说，它使用摄像机和计算机代替人眼对目标进行识别、跟踪和测量等，并通过计算机处理成更适合人眼观察或传送给仪器检测的图像，让计算机像人一样去看、去感知环境。作为人工智能的重要核心技术之一，计算机视觉技术已广泛应用于安防、金融、硬件、营销、驾驶、医疗等领域。

5.1 图像分类网络现状

图像分类是指根据图像的语义信息对不同类别的图像进行区分，是计算机视觉中重要的基础问题，是物体检测、图像分割、物体跟踪、行为分析、人脸识别等其他高层视觉任务的基础。

图像分类在许多领域都有着广泛的应用，如安防领域的人脸识别和智能视频分析，交通领域的交通场景识别，互联网领域基于内容的图像检索和相册自动归类，医学领域的图像识别等。

得益于深度学习的推动，图像分类的准确率大幅度提升。在经典的数据集 ImageNet 上，训练图像分类任务常用的模型包括 AlexNet（见图 5-1）、VGG（见图 5-2）、GoogLeNet（见图 5-3）、ResNet（见图 5-4）、Inception-v4（见图 5-5）、MobileNet（见图 5-6）、MobileNetV2、双通道网络（Dual Path Network，DPN，见图 5-7）、SE-ResNeXt（见图 5-8）、ShuffleNet（见图 5-9）等。

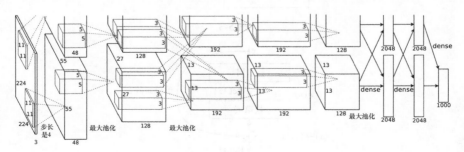

图 5-1

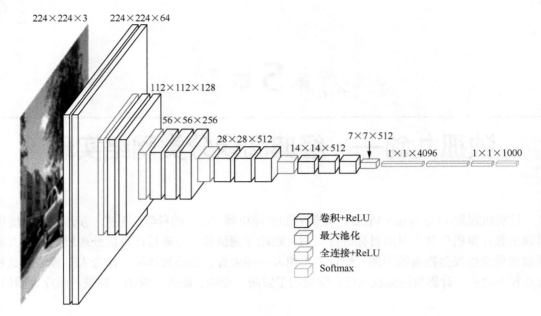

图 5-2

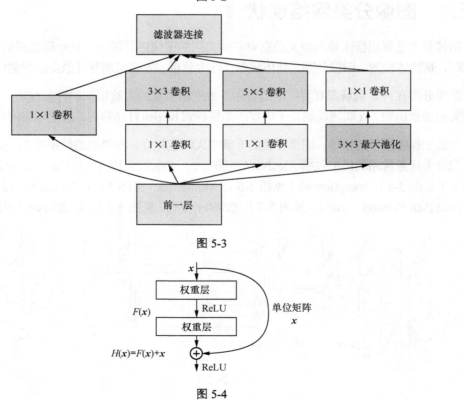

图 5-3

图 5-4

5.1 图像分类网络现状

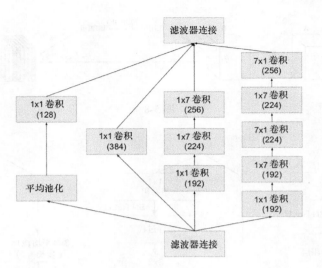

图 5-5

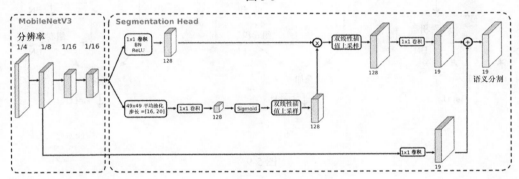

图 5-6

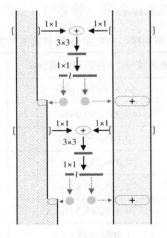

图 5-7

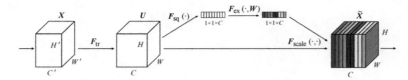

图 5-8

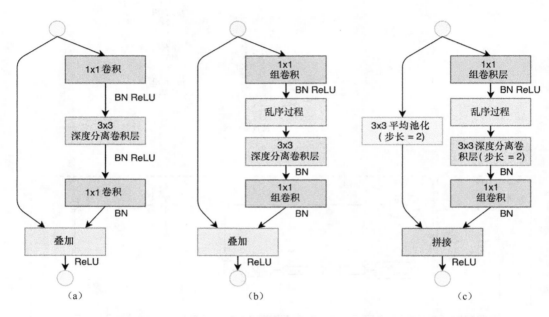

图 5-9

各个模型的结构和复杂程度都不一样,最终输出的准确率也有所区别。表 5-1 列出了在 ImageNet 2012 数据集上,不同模型排名第一/排名第五的准确率。

表 5-1 不同模型排名第一/排名第五的准确率

模型	排名第一/排名第五的准确率	排名第一/排名第五的准确率
AlexNet	56.71%/79.18%	55.88%/78.65%
VGG11	69.22%/89.09%	69.01%/88.90%
VGG13	70.14%/89.48%	69.83%/89.13%
VGG16	72.08%/90.63%	71.65%/90.57%
VGG19	72.56%/90.83%	72.32%/90.98%
MobileNetV1	70.91%/89.54%	70.51%/89.35%
MobileNetV2	71.90%/90.55%	71.53%/90.41%

续表

模型	排名第一/排名第五的准确率	排名第一/排名第五的准确率
ResNet50	76.35%/92.80%	76.22%/92.92%
ResNet101	77.49%/93.57%	77.56%/93.64%
ResNet152	78.12%/93.93%	77.92%/93.87%
SE_ResNeXt50_32x4d	78.50%/94.01%	78.44%/93.96%
SE_ResNeXt101_32x4d	79.26%/94.22%	79.12%/94.20%

在 PaddlePaddle 的 GitHub 页面上，提供了上述训练模型的下载地址，详细介绍了如何使用 PaddlePaddle Fluid 进行图像分类任务，包括安装、数据准备、模型训练、评估等过程，还有将 Caffe 模型转换为 PaddlePaddle Fluid 模型配置和参数文件的工具。

5.2　VGG16 图像分类任务

本节介绍如何使用 PaddlePaddle 完成简单的 VGG 图像分类任务。因为这是目前第一个完整的 PaddlePaddle 实战任务，所以我们将对代码进行逐行讲解。

如果要实现一个图像分类的深度学习程序，有哪些必须要实现的模块？

首先，这个程序一定要有一个描述、定义网络结构的模块。因为在本节中使用 VGG 来描述网络结构，所以将第一个模块命名为 Vgg_Net。

有了 Vgg_Net 网络模块，就会继续想到这个程序中一定需要一个推理程序，推理程序会驱动网络模块产生一个预测结果。第二个模块就是推理程序（Inference_Program）。在获得了预测结果之后，需要做什么呢？

在训练过程中自然需要将预测结果与数据集中的标签进行比较，并通过损失函数来计算两者的差距。在这一步中，由预测结果、标签、损失函数共同参与，因为第三个模块就是将 Predict 实例、Label 定义、损失函数计算整合在一起的程序（train_function）。因为 PaddlePaddle 里引入了 "Program" 的概念，所以将第三个模块命名为 train_program。在 train_program 里我们定义了 cost，cost 用于计算当前参数的预测结果与标签的差距，从而调整网络中的参数，于是就需要定义一个优化器来调整网络中的参数。所以第四个模块就是优化器。有了以上 4 个模块，整个网络运转的流程（从推理到反向调整）已经定义完，如图 5-10 所示。

将框架结构定义完之后，需要一个程序来驱动这个框架。这个驱动程序还用于把数据灌入框架中，让数据再里面流动起来（这也是 Fluid 版本名称的由来）。在 PaddlePaddle 中，可以使用 Trainer.train 的参数来实现这个功能。之后我们只需要将数据准备好，用于传入一个可迭代数据的 reader 对象，就可以使用 Trainer 中的 train 函数来执行训练了。

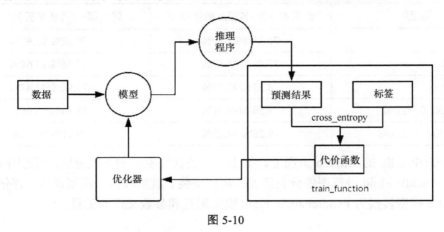

图 5-10

千里之行，始于足下。下面我们来看一下代码该怎么写。

5.2.1 定义网络结构

通过以下代码导入库。

```
import paddle
import paddle.fluid as fluid
import numpy
import sys
from __future__ import print_function #用于提供 Python 3 标准的 print 特性
```

除导入各种库之外，还要定义第一个模块——网络结构。所以先观察一下 VGG16 的网络结构，如图 5-11 所示。

可以发现 VGG16 网络中有很多重复的部分。如果我们把这些重复的卷积操作归为一组，那么 VGG16 中的卷积部分可以分为 5 组。在 PaddlePaddle 中对于这种连续的卷积操作可以用 img_conv_group 函数来实现。所以将 Vgg_Net 先定义为：

```
def vgg_bn_drop(input):
    def conv_block(ipt, num_filter, groups, dropouts):
        return fluid.nets.img_conv_group()
```

img_conv_group 是整合了卷积层、池化层、batchnorm 和 dropout 的复合函数，属于高层 API，很方便支持连续卷积操作。对于每组连续卷积，我们需要定义哪些元素呢？首先它必须接受一个数据输入。在卷积层方面，要定义卷积核大小、卷积核数量、卷积层激活函数；在池化层方面，要定义池化区域的大小、池化窗口的步长以及池化的方法。关于 DropOut 的功能，我们需要提供一个 dropout 的概率。在 img_conv_group 的参数中还有一个用于打开 batchnorm 的开关，需要指定一下。

5.2 VGG16 图像分类任务

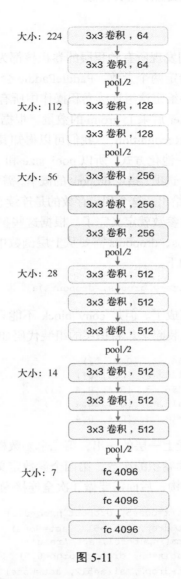

图 5-11

img_conv_group 的参数定义如下。

```
return fluid.nets.img_conv_group(
    input=ipt,
    pool_size=2,
    pool_stride=2,
    conv_num_filter=[num_filter] * groups,
    conv_filter_size=3,
    conv_act='relu',
    conv_with_batchnorm=True,
    conv_batchnorm_drop_rate=dropouts,
```

```
pool_type='max')
```

根据 VGG16 的网络图我们发现所有卷积层的卷积核都为 3×3，因此可以在参数中直接指定一个参数 3。如果在此处给定两个参数，PaddlePaddle 会认为这是个 WH 格式的矩形卷积核。conv_num_filte 参数需要给定这组连续卷积操作中所有的卷积核数量，以用来统一初始化，所以这里需要在 num_filter 后乘上 group 的数量。根据论文 "Very Deep Convolutional Networks for Large-Scale Visual Recognition"，我们可以得知其中使用的激活函数为 "relu"，并且可以看到使用的是二分之一池化方式，所以 pool_size 和 pool_stride 都定义为 2。之后使用最大池化方法，打开 batchnorm 选项，指定 dropout 的概率。需要注意的是，这里给到的 dropout 需要以 Python 中列表数据结构给出，这个列表存放的是连续卷积中每一层卷积的 dropout 概率。到这里 img_conv_group 的参数就定义完了。根据这些参数，去除刚刚硬编码的参数后可以发现 ipt、num_filter、groups、dropouts 需要从上层函数中传递过来。所以在 img_conv_group 头部的 conv_block 参数如下。

```
def conv_block(ipt, num_filter, groups, dropouts):
```

这一步的连续卷积定义就完成了。但是 conv_block 不能只有连续卷积的定义，还需要将它按照 VGG16 模型的样子给组装起来。卷积层的组装代码如下。

```
conv1 = conv_block(input, 64, 2, [0.3, 0])
conv2 = conv_block(conv1, 128, 2, [0.4, 0])
conv3 = conv_block(conv2, 256, 3, [0.4, 0.4, 0])
conv4 = conv_block(conv3, 512, 3, [0.4, 0.4, 0])
conv5 = conv_block(conv4, 512, 3, [0.4, 0.4, 0])
```

从第二层开始，每一层接受上一层的输出，第二个参数根据 VGG16 结构定义每一层输出的维度，第三个参数定义连续卷积的次数，第四个参数定义 dropout 的概率，最后一层不进行 dropout 操作。根据网络结构，后面需要做 3 次全连接操作，定义如下。

```
drop = fluid.layers.dropout(x=conv5, dropout_prob=0.5)
fc1 = fluid.layers.fc(input=drop, size=512, act=None)
bn = fluid.layers.batch_norm(input=fc1, act='relu')
drop2 = fluid.layers.dropout(x=bn, dropout_prob=0.5)
fc2 = fluid.layers.fc(input=drop2, size=512, act=None)
predict = fluid.layers.fc(input=fc2, size=10, act='softmax')
return predict
```

这里用到了 PaddlePaddle 内置的算子，有全连接 layers.fc、batch_norm 和 dropout。所以整个 Vgg_Net 代码如下。

```
def vgg_bn_drop(input):
    def conv_block(ipt, num_filter, groups, dropouts):
        return fluid.nets.img_conv_group(
            input=ipt,
            pool_size=2,
```

```
                    pool_stride=2,
                    conv_num_filter=[num_filter] * groups,
                    conv_filter_size=3,
                    conv_act='relu',
                    conv_with_batchnorm=True,
                    conv_batchnorm_drop_rate=dropouts,
                    pool_type='max')

    conv1 = conv_block(input, 64, 2, [0.3, 0])
    conv2 = conv_block(conv1, 128, 2, [0.4, 0])
    conv3 = conv_block(conv2, 256, 3, [0.4, 0.4, 0])
    conv4 = conv_block(conv3, 512, 3, [0.4, 0.4, 0])
    conv5 = conv_block(conv4, 512, 3, [0.4, 0.4, 0])

    drop = fluid.layers.dropout(x=conv5, dropout_prob=0.5)
    fc1 = fluid.layers.fc(input=drop, size=512, act=None)
    bn = fluid.layers.batch_norm(input=fc1, act='relu')
    drop2 = fluid.layers.dropout(x=bn, dropout_prob=0.5)
    fc2 = fluid.layers.fc(input=drop2, size=512, act=None)
    predict = fluid.layers.fc(input=fc2, size=10, act='softmax')
    return predict
```

5.2.2 定义推理程序

定义好网络结构以后，需要连接到网络的输出 Predict，并且将它的数据输入准备好，所以定义 inference_program。

```
def inference_program():
    predict = vgg_bn_drop(images)
    return predict
```

在 PaddlePaddle 中，无论是图像数据、张量数据还是标签数据，都可以用 layers.data 容器来存放。在 data 函数中，name 参数是可以自定义的。因为本示例使用 CIFAR10 的数据，是 3 通道 32×32 的图片，所以 inference_program 的代码如下。

```
def inference_program():
    #定义 data 的格式可以存储 32 * 32 的 RGB 图片
    data_shape = [3, 32, 32]
    images = fluid.layers.data(name='pixel', shape=data_shape, dtype='float32')
    predict = vgg_bn_drop(images)
    return predict
```

5.2.3 定义训练程序

根据前面讲的思路，有了推理模块后，需要将预测结果和标签进行交叉对比计算。在 PaddlePaddle 里这是由一个 train_program 完成的。train_program 的作用是定义标签、计算损失函数、计算准确率。它需要将每一批的平均损失和准确率转给下一步的优化器。所以 train_program 的定义如下。

```python
def train_program():
    predict = inference_program()
    label = fluid.layers.data(name='label', shape=[1], dtype='int64')
    cost = fluid.layers.cross_entropy(input=predict, label=label)
    avg_cost = fluid.layers.mean(cost)
    accuracy = fluid.layers.accuracy(input=predict, label=label)
    return [avg_cost, accuracy]
```

通过 train_program 得到损失之后，训练过程需要根据损失返回的数据来反向调整神经网络中的参数。反向调整参数的模块就叫 optimizer_program，对 optimizer_program 的定义只需要返回指定的优化器即可（在这里指定学习率超参数）。

```python
def optimizer_program():
    return fluid.optimizer.Adam(learning_rate=0.001)
```

有了以上 3 个模块，训练→推理→调整这一个有向循环图就构成了。由于 PaddlePaddle 采用类似静态图的组网方式，因此现在就处于已经将自来水管道修好了，需要往里通水的状态。那整个循环系统的中控程序是什么呢？是 fluid.Trainer。在 PaddlePaddle 中 fluid.Trainer 也是一个较高层的 API，使用时只需将 fluid.Trainer 这个类实例化即可，启动实例化对象中的 .train() 方法即可启动网络训练。这就涉及两个步骤——实例化对象和启动训练。

5.2.4 实例化训练对象

在实例化对象时需要指定 3 个参数——train_func、optimizer 和 place。train_func 就是我们刚才定义的 train_program，它包含了网络正向推理及损失的所有信息，只需将 train_program 传递给 train_func 参数即可。Optimizer 与 train_func 如出一辙。place 的含义是整个训练程序在计算机中哪个硬件设备上运行，不用多说，计算机中进行大规模计算的硬件只有 CPU 和 GPU。为了规范程序设计，这里设置一个指定设备的开关。

```python
use_cuda = False
place = fluid.CUDAPlace(0) if use_cuda else fluid.CPUPlace()
```

这样就可以将 Trainer 实例化部分写出来了。

```python
trainer = fluid.Trainer(
    train_func=train_program,
    optimizer_func=optimizer_program,
    place=place)
```

5.2.5 读取数据

读到这里，是不是想赶紧运行一下 trainer.train()，让它先运行起来？且慢，目前为止我们只定义了数据的容器（蓄水池），还没有处理让数据读进网络的代码（水），所以我们还需要编写一个数据读取、预处理的模块。因为识别图像的网络都是一批一批训练图片的，所以显而易见，我们需要数据读入和分批这两个操作。PaddlePaddle 在 daraset 包里存放了各种公开数据库的 API，通过一行代码就可以调用这些数据包，并返回 Python reader 格式的可迭代对象。所以先将数据从 API 中读出来，然后用 shuffle 函数进行乱序处理，之后用 batch 函数进行分批操作（在这里指定 BATCH_SIZE 超参数）。

```
#每一批迭代 128 张图片
BATCH_SIZE = 128

#定义用于训练的 Reader
train_reader = paddle.batch(
    paddle.reader.shuffle(paddle.dataset.cifar.train10(), buf_size=50000),
    batch_size=BATCH_SIZE)

#定义用于测试的 Reader
test_reader = paddle.batch(
    paddle.dataset.cifar.test10(), batch_size=BATCH_SIZE)
```

5.2.6 编写事件处理程序并启动训练

是不是觉得有了数据就可以运转起来了？答案是还差一步。在 trainer 中，必须指定一个事件处理程序才可以运行。这个程序的作用是观察、调试参数，保存参数模型。这里可以用画图的方式来观察网络中 cost 参数的变化过程。

```
params_dirname = "image_classification_resnet.inference.model"

from paddle.v2.plot import Ploter

train_title = "Train cost"
test_title = "Test cost"
cost_ploter = Ploter(train_title, test_title)

step = 0
def event_handler_plot(event):
    global step
    if isinstance(event, fluid.EndStepEvent):
        cost_ploter.append(train_title, step, event.metrics[0])
        cost_ploter.plot()
        step += 1
    if isinstance(event, fluid.EndEpochEvent):
        avg_cost, accuracy = trainer.test(
            reader=test_reader,
            feed_order=['pixel', 'label'])
        cost_ploter.append(test_title, step, avg_cost)
```

```
#保存模型参数
if params_dirname is not None:
    trainer.save_params(params_dirname)
```

使用 paddle.v2.plot 可以轻松地在 ipython notebook 中将参数点在图像中画出来，核心对象只有 cost_ploter.append()。本块代码的核心是定义一个事件处理程序 event_handler_plot。在这个程序中，对每批次训练和每一轮训练进行不同的操作。在每轮结束后，event 接口会收到 fluid.EndStepEvent 类的对象。在批次训练完成后，event 会收到 fluid.EndEpochEvent 类的对象，通过 isinstance 方法可以判断 event 是哪个事件对象的实例。最后在完成每一轮数据的训练时，我们将模型保存在第一行指定的地址中。

现在可以执行训练了。启动 trainer.train 方法需要指定 4 个必要参数——reader（Python reader 格式的数据流）、num_epochs（关于数据集训练轮次的超参数）、event_handler（事件处理程序）和 feed_order（存放训练数据和标签的容器）。实现代码如下。

```
trainer.train(
    reader=train_reader,
    num_epochs=2,
    event_handler=event_handler_plot,
    feed_order=['pixel', 'label'])
```

等待一会儿就可以看到输出不断变化的 cost 值了，如图 5-12 所示。

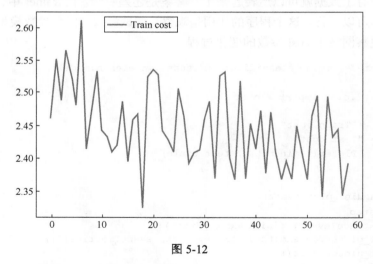

图 5-12

横坐标为训练批次数，纵坐标为 cost 的批次均值。

5.2.7 执行模型预测

在训练一轮数据集之后，模型便保存在指定的路径中了。那如何使用这个模型来进行预测呢？PaddlePaddle 的预测代码很简单，先实例化一个预测引擎 inferencer = fluid.Inferencer()，然后使用 inferencer.infer()启动引擎就可以了。所以想象一下，预测引擎启动前需要哪些参数呢？首先，推理程序是必不可少的，我们使用之前编写的 inference_program 就可以，其次还要指定模型存放路径 params_dirname。最后和 trainer 一样，要指定计算运行的设备 place。实现代码如下。

```
inferencer = fluid.Inferencer(infer_func=inference_program, param_path=params_dirname,
place=place)
results = inferencer.infer({'pixel': img})
```

我们从 results 中取到的是由每一个分类的概率值构成的列表。ifar.train10 是具有 10 类别的分类数据，所以我们将这个分类的名称用人类的语言来描述一下。

```
label_list = ["airplane", "automobile", "bird", "cat", "deer",
              "dog", "frog", "horse", "ship", "truck"]
```

然后在列表中用 np.argmax 取最大概率的位置值，将其对应的标签输出就得到了我们想要的分类。

```
print("infer results: %s" % label_list[np.argmax(results[0])+1])
```

你以为大功告成了吗？仔细看一下 results = inferencer.infer({'pixel': img})，发现我们还没有对要预测的图像进行处理、定义。符合 PaddlePaddle 格式的图像应为 CHW（通道、高度、宽度）格式，每个像素的颜色表示应在[-1,1]的闭区间内。所以需要使用 Python 内置的 PIL 包来处理读入的图像。

```
from PIL import Image
import numpy as np
import os

def load_image(file):
    im = Image.open(file)
    im = im.resize((32, 32), Image.ANTIALIAS)

    im = np.array(im).astype(np.float32)  #浮点精度转换
    im = im.transpose((2, 0, 1))  #转为CHW顺序
    im = im / 255.0  #归一化在[-1,1]内

    im = numpy.expand_dims(im, axis=0)
    return im

cur_dir = os.getcwd()  #拼接为绝对地址
img = load_image(cur_dir + '/03.image_classification/image/dog.png')
#要预测图像的地址
```

所以完整的预测代码如下。

```python
from PIL import Image
import numpy as np
import os

def load_image(file):
    im = Image.open(file)
    im = im.resize((32, 32), Image.ANTIALIAS)
    im = np.array(im).astype(np.float32)
    im = im.transpose((2, 0, 1))  # CHW
    im = im / 255.0 #-1 - 1
    im = numpy.expand_dims(im, axis=0)
    return im

cur_dir = os.getcwd()
img = load_image(cur_dir + '/03.image_classification/image/dog.png')

inferencer = fluid.Inferencer(infer_func=inference_program, param_path=params_dirname, place=place)
label_list = ["airplane", "automobile", "bird", "cat", "deer", "dog", "frog", "horse", "ship", "truck"]
results = inferencer.infer({'pixel': img})
print("infer results: %s" % label_list[np.argmax(results[0])+1])
```

整个过程的完整代码如下。

```python
import paddle
import paddle.fluid as fluid
import numpy
import sys
from __future__ import print_function

def Vgg_Net(input):
    def conv_block(ipt, num_filter, groups, dropouts):
        return fluid.nets.img_conv_group(
            input=ipt,
            pool_size=2,
            pool_stride=2,
            conv_num_filter=[num_filter] * groups,
            conv_filter_size=3,
            conv_act='relu',
            conv_with_batchnorm=True,
            conv_batchnorm_drop_rate=dropouts,
            pool_type='max')

    conv1 = conv_block(input, 64, 2, [0.3, 0])
    conv2 = conv_block(conv1, 128, 2, [0.4, 0])
    conv3 = conv_block(conv2, 256, 3, [0.4, 0.4, 0])
    conv4 = conv_block(conv3, 512, 3, [0.4, 0.4, 0])
    conv5 = conv_block(conv4, 512, 3, [0.4, 0.4, 0])

    drop = fluid.layers.dropout(x=conv5, dropout_prob=0.5)
```

```python
    fc1 = fluid.layers.fc(input=drop, size=512, act=None)
    bn = fluid.layers.batch_norm(input=fc1, act='relu')
    drop2 = fluid.layers.dropout(x=bn, dropout_prob=0.5)
    fc2 = fluid.layers.fc(input=drop2, size=512, act=None)
    predict = fluid.layers.fc(input=fc2, size=10, act='softmax')
    return predict

def inference_program():
    #这是 32 * 32 的 RGB 图像表示法,可自由调整
    data_shape = [3, 32, 32]
    images = fluid.layers.data(name='pixel', shape=data_shape, dtype='float32')

    predict = Vgg_Net(images)
    return predict

def train_program():
    predict = inference_program()

    label = fluid.layers.data(name='label', shape=[1], dtype='int64')
    cost = fluid.layers.cross_entropy(input=predict, label=label)
    avg_cost = fluid.layers.mean(cost)
    accuracy = fluid.layers.accuracy(input=predict, label=label)
    return [avg_cost, accuracy]

def optimizer_program():
    return fluid.optimizer.Adam(learning_rate=0.001)

use_cuda = False
place = fluid.CUDAPlace(0) if use_cuda else fluid.CPUPlace()
trainer = fluid.Trainer(
    train_func=train_program,
    optimizer_func=optimizer_program,
    place=place)

#每一批将遍历 128 张图像
BATCH_SIZE = 128

#设置训练时的 reader
train_reader = paddle.batch(
    paddle.reader.shuffle(paddle.dataset.cifar.train10(), buf_size=50000),
    batch_size=BATCH_SIZE)

#设置测试时的 reader
test_reader = paddle.batch(
    paddle.dataset.cifar.test10(), batch_size=BATCH_SIZE)


params_dirname = "image_classification_resnet.inference.model"

from paddle.v2.plot import Ploter
```

```python
train_title = "Train cost"
test_title = "Test cost"
cost_ploter = Ploter(train_title, test_title)

step = 0
def event_handler_plot(event):
    global step
    if isinstance(event, fluid.EndStepEvent):
        cost_ploter.append(train_title, step, event.metrics[0])
        cost_ploter.plot()
        step += 1
    if isinstance(event, fluid.EndEpochEvent):
        avg_cost, accuracy = trainer.test(
            reader=test_reader,
            feed_order=['pixel', 'label'])
        cost_ploter.append(test_title, step, avg_cost)

        #保存一次参数
        if params_dirname is not None:
            trainer.save_params(params_dirname)

trainer.train(
    reader=train_reader,
    num_epochs=2,
    event_handler=event_handler_plot,
    feed_order=['pixel', 'label'])

#准备测试数据
from PIL import Image
import numpy as np
import os

def load_image(file):
    im = Image.open(file)
    im = im.resize((32, 32), Image.ANTIALIAS)

    im = np.array(im).astype(np.float32)
    #PaddlePaddle 处理读入图像数据的顺序是 CHW, 即 C(channel), H(height), W(width),
        #所以下面需要做顺序转换并进行归一化
    im = im.transpose((2, 0, 1))  # CHW
    im = im / 255.0 #-1 - 1

    #增加一个维度来模仿 Python 中的列表结构
    im = numpy.expand_dims(im, axis=0)
    return im

cur_dir = os.getcwd()
img = load_image(cur_dir + '/image/dog.png')
```

```
inferencer = fluid.Inferencer(infer_func=inference_program, param_path=params_
    dirname, place=place)

label_list = ["airplane", "automobile", "bird", "cat", "deer", "dog", "frog",
    "horse", "ship", "truck"]
#得到推理结果
results = inferencer.infer({'pixel': img})
print("infer results: %s" % label_list[np.argmax(results[0])+1])
```

5.3 模块化设计 GoogleNet

由于图像分类网络众多,为了方便切换各种网络、调整超参数、更换数据集,使整个程序结构更加规范,本节将以 GoogleNet 为例,介绍一种模块化的设计方式,以及启动参数的方式。

首先,将这个训练模块命名为 train.py。在 train.py 这段程序中,我们将执行逻辑全部放入 main 函数中,并使用 if __name__ == '__main__' 语句来确保 main 函数中的逻辑只有在 train.py 执行时才会执行,而不是在当作包调入的时候执行(Python 导入包的时候会将包内的代码执行一遍)。

设计 train.py 的逻辑也可以分 3 步。

(1)传入程序执行的命令行参数。

(2)将传入的超参数结构化后,在控制台返回给用户检查。

(3)启动训练。

所以 main 函数可以写为:

```
def main():
    args = parser.parse_args()
    print_arguments(args)
    train(args)

if __name__ == '__main__':
    main()
```

在上述的步骤(1)中,使用 Python 命令行工具 argparse 模块来传入参数,它的基本用法如下。

```
import argparse

parser = argparse.ArgumentParser()   #生成一个参数解析器
parser.add_argument('echo', int, 120) #给解析器创建一个名为"echo"的参数,并给出默认值
args = parser.parse_args()
```

```
print args.echo
```

这样就创建了一个名为 args 的 Namespace 对象。注意，在执行 parse_args() 之前，所有追加到命令行的参数都不会生效。

但使用 parser.add_argument() 一个一个执行创建比较复杂，可以使用 Python 中偏函数的方式来冻结固定的参数，简化函数。Python 标准库中的 functools.partial 方法以 parser.add_argument 固定参数作为默认值，并接收返回的对象。functools 模块服务于高阶函数，它是一个可以返回其他函数的函数。任何可调用的对象都可以被 functools 模块处理。创建参数表的方式如下。

```
add_arg = functools.partial(add_arguments, argparser=parser)
# yapf: 禁用
add_arg('batch_size',       int,    256,                "Minibatch size.")
add_arg('use_gpu',          bool,   True,               "Whether to use GPU or not.")
add_arg('total_images',     int,    1281167,            "Training image number.")
add_arg('num_epochs',       int,    120,                "number of epochs.")
add_arg('class_dim',        int,    1000,               "Class number.")
add_arg('image_shape',      str,    "3,224,224",        "input image size")
add_arg('model_save_dir',   str,    "output",           "model save directory")
add_arg('with_mem_opt',     bool,   True,               "Whether to use memory
    optimization or not.")
add_arg('pretrained_model', str,    None,               "Whether to use pretrained
    model.")
add_arg('checkpoint',       str,    None,               "Whether to resume checkpoint.")
add_arg('lr',               float,  0.1,                "set learning rate.")
add_arg('lr_strategy',      str,    "piecewise_decay",  "Set the learning
    rate decay strategy.")
add_arg('model',            str,    "SE_ResNeXt50_32x4d","Set the network to use.")
add_arg('enable_ce',        bool,   False,              "If set True, enable
    continuous evaluation job.")
add_arg('data_dir',         str,    "./data/ILSVRC2012", "The ImageNet
    dataset root dir.")
add_arg('fp16',             bool,   False,              "Enable half precision
    training with fp16." )
add_arg('scale_loss',       float,  1.0,                "Scale loss for fp16." )
add_arg('l2_decay',         float,  1e-4,               "L2_decay parameter.")
add_arg('momentum_rate',    float,  0.9,                "momentum_rate.")
```

这样 args 已经变成了一个全局的 namespace 对象，任何函数在参数中传入 args 就可以使用。

如前所述，标准的 PaddlePaddle 程序至少由优化器、组网和训练器 3 个必备模块组成。根据由核心到周围的编程方法，先进行一个简单的 GoogleNet 网络（简化版）结构定义。5.2.6 节已经逐行讲解了代码实现，后续部分将采用段注释的方式讲解代码。

```
def net_config(image, label, model, args):
    #在参数中读入模型名字"GoogleNet"
    class_dim = args.class_dim
```

```python
    model_name = args.model
    #进行网络配置
    if model_name == "GoogleNet":
        out0, out1, out2 = model.net(input=image, class_dim=class_dim)
        cost0 = fluid.layers.cross_entropy(input=out0, label=label)
        cost1 = fluid.layers.cross_entropy(input=out1, label=label)
        cost2 = fluid.layers.cross_entropy(input=out2, label=label)
        avg_cost0 = fluid.layers.mean(x=cost0)
        avg_cost1 = fluid.layers.mean(x=cost1)
        avg_cost2 = fluid.layers.mean(x=cost2)

        avg_cost = avg_cost0 + 0.3 * avg_cost1 + 0.3 * avg_cost2
        acc_top1 = fluid.layers.accuracy(input=out0, label=label, k=1)
        acc_top5 = fluid.layers.accuracy(input=out0, label=label, k=5)
    #返回 train 所需参数
    return avg_cost, acc_top1, acc_top5
```

再根据从统揽到细节的编程方法,定义训练器函数。

```python
def train(args):
    #重命名从命令行传入的参数
    model_name = args.model
    checkpoint = args.checkpoint
    pretrained_model = args.pretrained_model
    with_memory_optimization = args.with_mem_opt
    model_save_dir = args.model_save_dir
    #在前面已经学过 Program 相关知识,这里开始创建 Program
    startup_prog = fluid.Program()
    train_prog = fluid.Program()
    test_prog = fluid.Program()
    if args.enable_ce:
        startup_prog.random_seed = 1000
        train_prog.random_seed = 1000

    if with_memory_optimization:
        fluid.memory_optimize(train_prog)
        fluid.memory_optimize(test_prog)

    place = fluid.CUDAPlace(0) if args.use_gpu else fluid.CPUPlace()
    exe = fluid.Executor(place)
    exe.run(startup_prog)
    #导入预训练模型
    if checkpoint is not None:
        fluid.io.load_persistables(exe, checkpoint, main_program=train_prog)
    if pretrained_model:

        def if_exist(var):
            return os.path.exists(os.path.join(pretrained_model, var.name))

        fluid.io.load_vars(
            exe, pretrained_model, main_program=train_prog, predicate=if_exist)
```

```python
if args.use_gpu:
    device_num = get_device_num()
else:
    device_num = 1
train_batch_size = args.batch_size / device_num
    #设置好训练设备后，开始将数据集读入 reader 中
test_batch_size = 16
if not args.enable_ce:
    train_reader = paddle.batch(
        reader.train(), batch_size=train_batch_size, drop_last=True)
    test_reader = paddle.batch(reader.val(), batch_size=test_batch_size)
else:
    #如进行了 CE 设置，则使用花数据集来进行数据重洗，但这比较费时间，如果需追求速度可以
    #关闭 CE 选项
    import random
    random.seed(0)
    np.random.seed(0)
    train_reader = paddle.batch(
        flowers.train(use_xmap=False),
        batch_size=train_batch_size,
        drop_last=True)
    test_reader = paddle.batch(
        flowers.test(use_xmap=False), batch_size=test_batch_size)

train_py_reader.decorate_paddle_reader(train_reader)
test_py_reader.decorate_paddle_reader(test_reader)

#只有在 Intel CPU 的计算环境下才能开启 use_ngraph 选项
use_ngraph = os.getenv('FLAGS_use_ngraph')
if not use_ngraph:
    train_exe = fluid.ParallelExecutor(
        main_program=train_prog,
        use_cuda=bool(args.use_gpu),
        loss_name=train_cost.name)
else:
    train_exe = exe

train_fetch_list = [
    train_cost.name, train_acc1.name, train_acc5.name, global_lr.name
]
test_fetch_list = [test_cost.name, test_acc1.name, test_acc5.name]

params = models.__dict__[args.model]().params
for pass_id in range(params["num_epochs"]):

    train_py_reader.start()
    #进行网络评估参数设定
    train_info = [[], [], []]
    test_info = [[], [], []]
```

```python
        train_time = []
        batch_id = 0
        try:
            while True:
                t1 = time.time()

                if use_ngraph:
                    loss, acc1, acc5, lr = train_exe.run(
                        train_prog, fetch_list=train_fetch_list)
                else:
                    loss, acc1, acc5, lr = train_exe.run(
                        fetch_list=train_fetch_list)
                t2 = time.time()
                period = t2 - t1
                loss = np.mean(np.array(loss))
                acc1 = np.mean(np.array(acc1))
                acc5 = np.mean(np.array(acc5))
                train_info[0].append(loss)
                train_info[1].append(acc1)
                train_info[2].append(acc5)
                lr = np.mean(np.array(lr))
                train_time.append(period)

                if batch_id % 10 == 0:
                    print("Pass {0}, trainbatch {1}, loss {2}, \
                        acc1 {3}, acc5 {4}, lr {5}, time {6}"
                        .format(pass_id, batch_id, "%.5f"%loss, "%.5f"%acc1,
                            "%.5f"%acc5, "%.5f" % lr, "%2.2f sec" % period))
                    sys.stdout.flush()
                batch_id += 1
        except fluid.core.EOFException:
            train_py_reader.reset()

        train_loss = np.array(train_info[0]).mean()
        train_acc1 = np.array(train_info[1]).mean()
        train_acc5 = np.array(train_info[2]).mean()
        train_speed = np.array(train_time).mean() / (train_batch_size *
                                                      device_num)

        test_py_reader.start()

        test_batch_id = 0
        try:
            while True:
                t1 = time.time()
                loss, acc1, acc5 = exe.run(program=test_prog,
                                            fetch_list=test_fetch_list)
                t2 = time.time()
                period = t2 - t1
```

```python
            loss = np.mean(loss)
            acc1 = np.mean(acc1)
            acc5 = np.mean(acc5)
            test_info[0].append(loss)
            test_info[1].append(acc1)
            test_info[2].append(acc5)
            if test_batch_id % 10 == 0:
                print("Pass {0},testbatch {1},loss {2}, \
                    acc1 {3},acc5 {4},time {5}"
                        .format(pass_id, test_batch_id, "%.5f"%loss,"%.5f"
                            %acc1, "%.5f"%acc5, "%2.2f sec" % period))
                sys.stdout.flush()
            test_batch_id += 1
except fluid.core.EOFException:
    test_py_reader.reset()

test_loss = np.array(test_info[0]).mean()
test_acc1 = np.array(test_info[1]).mean()
test_acc5 = np.array(test_info[2]).mean()
#显示参数
print("End pass {0}, train_loss {1}, train_acc1 {2}, train_acc5 {3}, "
    "test_loss {4}, test_acc1 {5}, test_acc5 {6}".format(
        pass_id, "%.5f"%train_loss, "%.5f"%train_acc1, "%.5f"%train_
        acc5, "%.5f"%test_loss, "%.5f"%test_acc1, "%.5f"%test_acc5))
sys.stdout.flush()
#保存本轮模型
model_path = os.path.join(model_save_dir + '/' + model_name,
                            str(pass_id))
if not os.path.isdir(model_path):
    os.makedirs(model_path)
fluid.io.save_persistables(exe, model_path, main_program=train_prog)

#CE 连续评估开启后,需要回显以下信息
if args.enable_ce and pass_id == args.num_epochs - 1:
    if device_num == 1:
        #训练中的代价函数和准确率的均值
        print("kpis train_cost    %s" % train_loss)
        print("kpis train_acc_top1   %s" % train_acc1)
        print("kpis train_acc_top5   %s" % train_acc5)
        #测试中的代价函数和准确率的均值
        print("kpis test_cost    %s" % test_loss)
        print("kpis test_acc_top1    %s" % test_acc1)
        print("kpis test_acc_top5    %s" % test_acc5)
        print("kpis train_speed %s" % train_speed)
    else:
        #多卡/多机训练中的代价函数和准确率的均值
        print("kpis train_cost_card%s    %s" % (device_num, train_loss))
        print("kpis train_acc_top1_card%s    %s" %
            (device_num, train_acc1))
```

```
            print("kpis train_acc_top5_card%s      %s" %
                  (device_num, train_acc5))
            #多卡/多机测试中的代价函数和准确率的均值
            print("kpis test_cost_card%s       %s" % (device_num, test_loss))
            print("kpis test_acc_top1_card%s      %s" % (device_num, test_acc1))
            print("kpis test_acc_top5_card%s      %s" % (device_num, test_acc5))
            print("kpis train_speed_card%s   %s" % (device_num, train_speed))
```

trainer 设置完成后，设置优化器。优化器有多种学习率衰减策略，例如，piecewise_decay、cosine_decay、cosine_warmup_decay、linear_decay，以及纯粹 adam 优化，这里使用 piecewise_decay 优化策略演示。

```
def optimizer_setting(params):
    batch_size = ls["batch_size"]
    #之前定义了 IMAGENET1000 的图片数量为 1281167
    step = int(math.ceil(float(IMAGENET1000) / batch_size))
    bd = [step * e for e in ls["epochs"]]
    base_lr = params["lr"]
    lr = []
    lr = [base_lr * (0.1**i) for i in range(len(bd) + 1)]
    #设置动量梯度下降，并使用 L2 正则化
    optimizer = fluid.optimizer.Momentum(
        learning_rate=fluid.layers.piecewise_decay(
            boundaries=bd, values=lr),
        momentum=momentum_rate,
        regularization=fluid.regularizer.L2Decay(l2_decay))
    return optimizer
```

现在优化器设置完成，则整个训练程序就已经完成了，我们可以执行此 train.py 文件来执行训练程序。

在外部 shell 中，执行以下命令，通过 "--" 字符添加参数，来替代掉程序中预设的默认值。如果某个选项想直接采用上述程序中的默认值，则不需要添加参数。

```
python train.py \
       --model=SE_ResNeXt50_32x4d \
       --batch_size=32 \
       --total_images=1281167 \
       --class_dim=1000 \
       --image_shape=3,224,224 \
       --model_save_dir=output/ \
       --with_mem_opt=False \
       --lr_strategy=piecewise_decay \
       --lr=0.1
```

同时在这里介绍一下各个参数。

- **model**：模型名称，默认值为 SE_ResNeXt50_32x4d。
- **num_epochs**：训练回合数，默认值为 120。
- **batch_size**：批大小，默认值为 256。
- **use_gpu**：表示是否在 GPU 上运行，默认值为 True。
- **total_images**：图片数，对于 ImageNet2012 默认值为 1 281 167。
- **class_dim**：类别数，默认值为 1000。
- **image_shape**：图片大小，默认值为 3 224 224。
- **model_save_dir**：模型存储路径，默认值为 output/。
- **with_mem_opt**：表示是否开启显存优化，默认值为 False。
- **lr_strategy**：学习率变化策略，默认值为 piecewise_decay。
- **lr**：初始学习率，默认值为 0.1。
- **pretrained_model**：预训练模型路径，默认值为 None。
- **checkpoint**：用于继续训练的检查点（指定具体模型存储路径，如 output/SE_ResNeXt50_32x4d/100/），默认值为 None。
- **fp16**：表示是否开启混合精度训练，默认值为 False。
- **scale_loss**：调整混合训练的 loss scale 值，默认值为 1.0。
- **l2_decay**：l2_decay 值，默认值为 0.0001。
- **momentum_rate**: momentum_rate 值，默认值为 0.9。

现在就可以在屏幕上看到训练过程中超参数及召回率的变化了。通过在 trainer 函数中调整输出格式，可以回显您想要的参数信息。

5.4 Alexnet 模型实现

学会了上面的 PaddlePaddle 模块化组网方式，后续如果想使用其他分类网络，只需要替换代码中的 net_config 函数即可，操作非常方便。下面介绍完整 Alexnet 网络的搭建方式。

```
class AlexNet():
```

```python
    def __init__(self):
        self.params = train_parameters


    def net(self, input, class_dim=1000):
        stdv = 1.0 / math.sqrt(input.shape[1] * 11 * 11)
        layer_name = [
            "conv1", "conv2", "conv3", "conv4", "conv5", "fc6", "fc7", "fc8"
        ]
        conv1 = fluid.layers.conv2d(
            input=input,
            num_filters=64,
            filter_size=11,
            stride=4,
            padding=2,
            groups=1,
            act='relu',
            bias_attr=fluid.param_attr.ParamAttr(
                initializer=fluid.initializer.Uniform(-stdv, stdv),
                name=layer_name[0] + "_offset"),
            param_attr=fluid.param_attr.ParamAttr(
                initializer=fluid.initializer.Uniform(-stdv, stdv),
                name=layer_name[0] + "_weights"))
        pool1 = fluid.layers.pool2d(
            input=conv1,
            pool_size=3,
            pool_stride=2,
            pool_padding=0,
            pool_type='max')


        stdv = 1.0 / math.sqrt(pool1.shape[1] * 5 * 5)
        conv2 = fluid.layers.conv2d(
            input=pool1,
            num_filters=192,
            filter_size=5,
            stride=1,
            padding=2,
            groups=1,
            act='relu',
            bias_attr=fluid.param_attr.ParamAttr(
                initializer=fluid.initializer.Uniform(-stdv, stdv),
                name=layer_name[1] + "_offset"),
            param_attr=fluid.param_attr.ParamAttr(
                initializer=fluid.initializer.Uniform(-stdv, stdv),
                name=layer_name[1] + "_weights"))
        pool2 = fluid.layers.pool2d(
            input=conv2,
            pool_size=3,
            pool_stride=2,
```

```python
        pool_padding=0,
        pool_type='max')

    stdv = 1.0 / math.sqrt(pool2.shape[1] * 3 * 3)
    conv3 = fluid.layers.conv2d(
        input=pool2,
        num_filters=384,
        filter_size=3,
        stride=1,
        padding=1,
        groups=1,
        act='relu',
        bias_attr=fluid.param_attr.ParamAttr(
            initializer=fluid.initializer.Uniform(-stdv, stdv),
            name=layer_name[2] + "_offset"),
        param_attr=fluid.param_attr.ParamAttr(
            initializer=fluid.initializer.Uniform(-stdv, stdv),
            name=layer_name[2] + "_weights"))

    stdv = 1.0 / math.sqrt(conv3.shape[1] * 3 * 3)
    conv4 = fluid.layers.conv2d(
        input=conv3,
        num_filters=256,
        filter_size=3,
        stride=1,
        padding=1,
        groups=1,
        act='relu',
        bias_attr=fluid.param_attr.ParamAttr(
            initializer=fluid.initializer.Uniform(-stdv, stdv),
            name=layer_name[3] + "_offset"),
        param_attr=fluid.param_attr.ParamAttr(
            initializer=fluid.initializer.Uniform(-stdv, stdv),
            name=layer_name[3] + "_weights"))

    stdv = 1.0 / math.sqrt(conv4.shape[1] * 3 * 3)
    conv5 = fluid.layers.conv2d(
        input=conv4,
        num_filters=256,
        filter_size=3,
        stride=1,
        padding=1,
        groups=1,
        act='relu',
        bias_attr=fluid.param_attr.ParamAttr(
            initializer=fluid.initializer.Uniform(-stdv, stdv),
            name=layer_name[4] + "_offset"),
```

```python
        param_attr=fluid.param_attr.ParamAttr(
            initializer=fluid.initializer.Uniform(-stdv, stdv),
            name=layer_name[4] + "_weights"))
    pool5 = fluid.layers.pool2d(
        input=conv5,
        pool_size=3,
        pool_stride=2,
        pool_padding=0,
        pool_type='max')

    drop6 = fluid.layers.dropout(x=pool5, dropout_prob=0.5)
    stdv = 1.0 / math.sqrt(drop6.shape[1] * drop6.shape[2] *
                           drop6.shape[3] * 1.0)

    fc6 = fluid.layers.fc(
        input=drop6,
        size=4096,
        act='relu',
        bias_attr=fluid.param_attr.ParamAttr(
            initializer=fluid.initializer.Uniform(-stdv, stdv),
            name=layer_name[5] + "_offset"),
        param_attr=fluid.param_attr.ParamAttr(
            initializer=fluid.initializer.Uniform(-stdv, stdv),
            name=layer_name[5] + "_weights"))

    drop7 = fluid.layers.dropout(x=fc6, dropout_prob=0.5)
    stdv = 1.0 / math.sqrt(drop7.shape[1] * 1.0)

    fc7 = fluid.layers.fc(
        input=drop7,
        size=4096,
        act='relu',
        bias_attr=fluid.param_attr.ParamAttr(
            initializer=fluid.initializer.Uniform(-stdv, stdv),
            name=layer_name[6] + "_offset"),
        param_attr=fluid.param_attr.ParamAttr(
            initializer=fluid.initializer.Uniform(-stdv, stdv),
            name=layer_name[6] + "_weights"))

    stdv = 1.0 / math.sqrt(fc7.shape[1] * 1.0)
    out = fluid.layers.fc(
        input=fc7,
        size=class_dim,
        bias_attr=fluid.param_attr.ParamAttr(
            initializer=fluid.initializer.Uniform(-stdv, stdv),
```

```
                name=layer_name[7] + "_offset"),
            param_attr=fluid.param_attr.ParamAttr(
                initializer=fluid.initializer.Uniform(-stdv, stdv),
                name=layer_name[7] + "_weights"))
    return out
```

5.5 Resnet 模型实现

Resnet 模型有多层深度,用来训练参数大小不同的 Resnet 模型。深度包括 18 层、34 层、50 层、101 层和 152 层。我们同样可以把代码写成层深参数可调的形式,由于通常使用 50 层,因此默认层深为 50。

```python
train_parameters = {
    "input_size": [3, 224, 224],
    "input_mean": [0.485, 0.456, 0.406],
    "input_std": [0.229, 0.224, 0.225],
    "learning_strategy": {
        "name": "piecewise_decay",
        "batch_size": 256,
        "epochs": [30, 60, 90],
        "steps": [0.1, 0.01, 0.001, 0.0001]
    }
}

class ResNet():
    def __init__(self, layers=50):
        self.params = train_parameters
        self.layers = layers

    def net(self, input, class_dim=1000):
        layers = self.layers
        supported_layers = [18, 34, 50, 101, 152]
        assert layers in supported_layers, \
            "supported layers are {} but input layer is {}".format(supported_layers,
                layers)

        if layers == 18:
            depth = [2, 2, 2, 2]
        elif layers == 34 or layers == 50:
            depth = [3, 4, 6, 3]
        elif layers == 101:
            depth = [3, 4, 23, 3]
        elif layers == 152:
            depth = [3, 8, 36, 3]
        num_filters = [64, 128, 256, 512]

        conv = self.conv_bn_layer(
```

```python
            input=input, num_filters=64, filter_size=7, stride=2, act='relu',name=
                "conv1")
        conv = fluid.layers.pool2d(
            input=conv,
            pool_size=3,
            pool_stride=2,
            pool_padding=1,
            pool_type='max')
        if layers >= 50:
            for block in range(len(depth)):
                for i in range(depth[block]):
                    if layers in [101, 152] and block == 2:
                        if i == 0:
                            conv_name="res"+str(block+2)+"a"
                        else:
                            conv_name="res"+str(block+2)+"b"+str(i)
                    else:
                        conv_name="res"+str(block+2)+chr(97+i)
                    conv = self.bottleneck_block(
                        input=conv,
                        num_filters=num_filters[block],
                        stride=2 if i == 0 and block != 0 else 1, name=conv_name)

            pool = fluid.layers.pool2d(
                input=conv, pool_size=7, pool_type='avg', global_pooling=True)
            stdv = 1.0 / math.sqrt(pool.shape[1] * 1.0)
            out = fluid.layers.fc(input=pool,
                                  size=class_dim,
                                  param_attr=fluid.param_attr.ParamAttr(
                                      initializer=fluid.initializer.Uniform(-stdv,
                                        stdv)))
        else:
            for block in range(len(depth)):
                for i in range(depth[block]):
                    conv_name="res"+str(block+2)+chr(97+i)
                    conv = self.basic_block(
                        input=conv,
                        num_filters=num_filters[block],
                        stride=2 if i == 0 and block != 0 else 1,
                        is_first=block==i==0,
                        name=conv_name)

            pool = fluid.layers.pool2d(
                input=conv, pool_size=7, pool_type='avg', global_pooling=True)
            stdv = 1.0 / math.sqrt(pool.shape[1] * 1.0)
            out = fluid.layers.fc(input=pool,
                                  size=class_dim,
                                  param_attr=fluid.param_attr.ParamAttr(
                                      initializer=fluid.initializer.Uniform(-stdv,
                                        stdv)))
```

```python
        return out

    def conv_bn_layer(self,
                      input,
                      num_filters,
                      filter_size,
                      stride=1,
                      groups=1,
                      act=None,
                      name=None):
        conv = fluid.layers.conv2d(
            input=input,
            num_filters=num_filters,
            filter_size=filter_size,
            stride=stride,
            padding=(filter_size - 1) // 2,
            groups=groups,
            act=None,
            param_attr=ParamAttr(name=name + "_weights"),
            bias_attr=False,
            name=name + '.conv2d.output.1')

        if name == "conv1":
            bn_name = "bn_" + name
        else:
            bn_name = "bn" + name[3:]
        return fluid.layers.batch_norm(input=conv,
                                       act=act,
                                       name=bn_name+'.output.1',
                                       param_attr=ParamAttr(name=bn_name + '_scale'),
                                       bias_attr=ParamAttr(bn_name + '_offset'),
                                       moving_mean_name=bn_name + '_mean',
                                       moving_variance_name=bn_name + '_variance',)

    def shortcut(self, input, ch_out, stride, is_first, name):
        ch_in = input.shape[1]
        if ch_in != ch_out or stride != 1 or is_first == True:
            return self.conv_bn_layer(input, ch_out, 1, stride, name=name)
        else:
            return input

    def bottleneck_block(self, input, num_filters, stride, name):
        conv0 = self.conv_bn_layer(
            input=input, num_filters=num_filters, filter_size=1, act='relu',name=
                name+"_branch2a")
        conv1 = self.conv_bn_layer(
            input=conv0,
            num_filters=num_filters,
            filter_size=3,
            stride=stride,
```

```
                act='relu',
            name=name+"_branch2b")
        conv2 = self.conv_bn_layer(
            input=conv1, num_filters=num_filters * 4, filter_size=1, act=None, name=
                name+"_branch2c")

        short = self.shortcut(input, num_filters * 4, stride, is_first=False, name=
            name + "_branch1")

        return fluid.layers.elementwise_add(x=short, y=conv2, act='relu',name=name+
            ".add.output.5")

    def basic_block(self, input, num_filters, stride, is_first, name):
        conv0 = self.conv_bn_layer(input=input, num_filters=num_filters, filter_size= 3,
            act='relu', stride=stride,
                            name=name+"_branch2a")
        conv1 = self.conv_bn_layer(input=conv0, num_filters=num_filters, filter_
            size=3, act=None, name=name+"_branch2b")
        short = self.shortcut(input, num_filters, stride, is_first, name=name +
            "_branch1")
        return fluid.layers.elementwise_add(x=short, y=conv1, act='relu')


def ResNet18():
    model = ResNet(layers=18)
    return model

def ResNet34():
    model = ResNet(layers=34)
    return model

def ResNet50():
    model = ResNet(layers=50)
    return model

def ResNet101():
    model = ResNet(layers=101)
    return model

def ResNet152():
    model = ResNet(layers=152)
    return model
```

5.6 MobileNet V2 模型实现

MobileNet 是谷歌推出的一个轻量级的神经网络结构。MobileNet 用于移动和嵌入式设备，在保证性能的情况下能够较大程度地降低参数量。经过一年的发展逐渐成为类似

GoogleNet、ResNet 的基础性网络结构。MobileNet 的出发点是构造精简、轻量级的神经网络,可以在性能有限的移动端上运行。可以认为 MobileNet 是一种网络压缩的方法,但是不同于其他压缩模型的方法的是,MobileNet 不是在一个大的网络上进行剪枝、量化、分解等操作,而是给出了一个新的网络构造。

MobileNet V1 版本的核心是将正常的卷积分解为深度可分离卷积和 1×1 逐点卷积。正常的卷积假设输入 M 个特征图,输出 N 个特征图。卷积核的数量为 MN,假设每个卷积核大小为 33,M 个卷积核与 M 个输入特征图对应卷积并累加得到一个输出特征图,再用新一组的 M 个卷积核与输入特征图卷积得到下一个输出特征图。卷积过程可以看成两个步骤,一是卷积核在输入图片上提取特征,二是将提取的特征通过相加的方式融合成新的特征。

MobileNet V1 是没有 shortcut 结构的深层网络。为了得到更轻量级、性能更好、准确率更高的网络,V2 版本尝试在 V1 结构中加入 shortcut 的结构,且给出了新的设计结构,我们将其称为线性瓶颈的反向残差结构。下面为 MobileNet V2 模型使用 PaddlePaddle 进行网络搭建的代码。

```
train_parameters = {
    "input_size": [3, 224, 224],
    "input_mean": [0.485, 0.456, 0.406],
    "input_std": [0.229, 0.224, 0.225],
    "learning_strategy": {
        "name": "piecewise_decay",
        "batch_size": 256,
        "epochs": [30, 60, 90],
        "steps": [0.1, 0.01, 0.001, 0.0001]
    }
}

class MobileNetV2():
    def __init__(self):
        self.params = train_parameters

    def net(self, input, class_dim=1000, scale=1.0):

        bottleneck_params_list = [
            (1, 16, 1, 1),
            (6, 24, 2, 2),
            (6, 32, 3, 2),
            (6, 64, 4, 2),
            (6, 96, 3, 1),
            (6, 160, 3, 2),
            (6, 320, 1, 1),
        ]

        # conv1
        input = self.conv_bn_layer(
```

```python
            input,
            num_filters=int(32 * scale),
            filter_size=3,
            stride=2,
            padding=1,
            if_act=True,
            name='conv1_1')

        i = 1
        in_c = int(32 * scale)
        for layer_setting in bottleneck_params_list:
            t, c, n, s = layer_setting
            i += 1
            input = self.invresi_blocks(
                input=input,
                in_c=in_c,
                t=t,
                c=int(c * scale),
                n=n,
                s=s,
                name='conv' + str(i))
            in_c = int(c * scale)
        input = self.conv_bn_layer(
            input=input,
            num_filters=int(1280 * scale) if scale > 1.0 else 1280,
            filter_size=1,
            stride=1,
            padding=0,
            if_act=True,
            name='conv9')

        input = fluid.layers.pool2d(
            input=input,
            pool_size=7,
            pool_stride=1,
            pool_type='avg',
            global_pooling=True)

        output = fluid.layers.fc(input=input,
                                size=class_dim,
                                param_attr=ParamAttr(name='fc10_weights'),
                                bias_attr=ParamAttr(name='fc10_offset'))
        return output

    def conv_bn_layer(self,
                      input,
                      filter_size,
                      num_filters,
                      stride,
                      padding,
```

```python
                        channels=None,
                        num_groups=1,
                        if_act=True,
                        name=None,
                        use_cudnn=True):
    conv = fluid.layers.conv2d(
        input=input,
        num_filters=num_filters,
        filter_size=filter_size,
        stride=stride,
        padding=padding,
        groups=num_groups,
        act=None,
        use_cudnn=use_cudnn,
        param_attr=ParamAttr(name=name + '_weights'),
        bias_attr=False)
    bn_name = name + '_bn'
    bn = fluid.layers.batch_norm(
        input=conv,
        param_attr=ParamAttr(name=bn_name + "_scale"),
        bias_attr=ParamAttr(name=bn_name + "_offset"),
        moving_mean_name=bn_name + '_mean',
        moving_variance_name=bn_name + '_variance')
    if if_act:
        return fluid.layers.relu6(bn)
    else:
        return bn

def shortcut(self, input, data_residual):
    return fluid.layers.elementwise_add(input, data_residual)

def inverted_residual_unit(self,
                           input,
                           num_in_filter,
                           num_filters,
                           ifshortcut,
                           stride,
                           filter_size,
                           padding,
                           expansion_factor,
                           name=None):
    num_expfilter = int(round(num_in_filter * expansion_factor))

    channel_expand = self.conv_bn_layer(
        input=input,
        num_filters=num_expfilter,
        filter_size=1,
        stride=1,
        padding=0,
        num_groups=1,
```

```python
            if_act=True,
            name=name + '_expand')

        bottleneck_conv = self.conv_bn_layer(
            input=channel_expand,
            num_filters=num_expfilter,
            filter_size=filter_size,
            stride=stride,
            padding=padding,
            num_groups=num_expfilter,
            if_act=True,
            name=name + '_dwise',
            use_cudnn=False)

        linear_out = self.conv_bn_layer(
            input=bottleneck_conv,
            num_filters=num_filters,
            filter_size=1,
            stride=1,
            padding=0,
            num_groups=1,
            if_act=False,
            name=name + '_linear')
        if ifshortcut:
            out = self.shortcut(input=input, data_residual=linear_out)
            return out
        else:
            return linear_out

    def invresi_blocks(self, input, in_c, t, c, n, s, name=None):
        first_block = self.inverted_residual_unit(
            input=input,
            num_in_filter=in_c,
            num_filters=c,
            ifshortcut=False,
            stride=s,
            filter_size=3,
            padding=1,
            expansion_factor=t,
            name=name + '_1')

        last_residual_block = first_block
        last_c = c

        for i in range(1, n):
            last_residual_block = self.inverted_residual_unit(
                input=last_residual_block,
                num_in_filter=last_c,
                num_filters=c,
                ifshortcut=True,
                stride=1,
```

```
                filter_size=3,
                padding=1,
                expansion_factor=t,
                name=name + '_' + str(i + 1))
    return last_residual_block
```

5.7 ShuffleNet V2 模型实现

　　ShuffleNet 是 Face++ 于 2017 年提出的轻量级深层神经网络。设计者在 2018 年又提出了基于 V1 版本改进的 ShuffleNet V2 版本。ShuffleNet V1 的核心思想为结合群卷积和混洗操作来改进传统的 ResNet 的 Block，正是这种结构实现了在不降低网络性能的前提下减少网络参数和计算量。而 ShuffleNet V2 则根据相同的 FLOPS 情况下模型速度差别仍然很大这一现象，指出内存访问损失时间和 FLOPS 共同决定了网络在实际落地时训练和运行的速度。最终通过实验说明了卷积层输入/输出通道数、群卷积操作数、网络模型分支数以及 Elementwise 操作数这 4 个因素对最终模型速度的影响。ShuffleNet V2 根据上述实验与 V1 中 Block 的架构对网络结构做出了一定的改进，提升了模型实际引用时的速度。下面为 ShuffleNet V2 模型使用 PaddlePaddle 进行网络搭建的代码。

```
train_parameters = {
    "input_size": [3, 224, 224],
    "input_mean": [0.485, 0.456, 0.406],
    "input_std": [0.229, 0.224, 0.225],
    "learning_strategy": {
        "name": "piecewise_decay",
        "batch_size": 256,
        "epochs": [30, 60, 90],
        "steps": [0.1, 0.01, 0.001, 0.0001]
    }
}

class ShuffleNetV2():
    def __init__(self, scale=1.0):
        self.params = train_parameters
        self.scale = scale

    def net(self, input, class_dim=1000):
        scale = self.scale
        stage_repeats = [4, 8, 4]

        if scale == 0.5:
            stage_out_channels = [-1, 24,  48,  96, 192, 1024]
        elif scale == 1.0:
            stage_out_channels = [-1, 24, 116, 232, 464, 1024]
        elif scale == 1.5:
            stage_out_channels = [-1, 24, 176, 352, 704, 1024]
```

```python
        elif scale == 2.0:
            stage_out_channels = [-1, 24, 224, 488, 976, 2048]
        elif scale == 8.0:
            stage_out_channels = [-1, 48, 896, 1952, 3904, 8192]
        else:
            raise ValueError(
                """{} groups is not supported for
                    1x1 Grouped Convolutions""".format(num_groups))


        input_channel = stage_out_channels[1]
        conv1 = self.conv_bn_layer(input=input, filter_size=3, num_filters=input_
            channel, padding=1, stride=2,name='stage1_conv')
        pool1 = fluid.layers.pool2d(input=conv1, pool_size=3, pool_stride=2, pool
            _padding=1, pool_type='max')
        conv = pool1
        for idxstage in range(len(stage_repeats)):
            numrepeat = stage_repeats[idxstage]
            output_channel = stage_out_channels[idxstage+2]
            for i in range(numrepeat):
                if i == 0:
                    conv = self.inverted_residual_unit(input=conv, num_filters=output_
                        channel, stride=2, benchmodel=2,name=str(idxstage+2)+'_'+
                        str(i+1))
                else:
                    conv = self.inverted_residual_unit(input=conv, num_filters=
                        output_ channel, stride=1, benchmodel=1,name=str(idxstage
                        +2)+ '_'+str(i+1))

        conv_last = self.conv_bn_layer(input=conv, filter_size=1, num_filters=stage_
            out_channels[-1], padding=0, stride=1, name='conv5')
        pool_last = fluid.layers.pool2d(input=conv_last, pool_size=7, pool_stride=
            1, pool_padding=0, pool_type='avg')

        output = fluid.layers.fc(input=pool_last,
                            size=class_dim,
                            param_attr=ParamAttr(initializer=MSRA(),name='fc6_
                                weights'),
                            bias_attr=ParamAttr(name='fc6_offset'))
        return output


    def conv_bn_layer(self,
                input,
                filter_size,
                num_filters,
                stride,
                padding,
                num_groups=1,
                use_cudnn=True,
```

```python
                        if_act=True,
                        name=None):
    conv = fluid.layers.conv2d(
        input=input,
        num_filters=num_filters,
        filter_size=filter_size,
        stride=stride,
        padding=padding,
        groups=num_groups,
        act=None,
        use_cudnn=use_cudnn,
        param_attr=ParamAttr(initializer=MSRA(),name=name+'_weights'),
        bias_attr=False)
    out = int((input.shape[2] - 1)/float(stride) + 1)
    bn_name = name + '_bn'
    if if_act:
        return fluid.layers.batch_norm(input=conv, act='swish',
                                    param_attr = ParamAttr(name=bn_name+"_scale"),
                                    bias_attr=ParamAttr(name=bn_name+"_offset"),
                                    moving_mean_name=bn_name + '_mean',
                                    moving_variance_name=bn_name + '_variance')
    else:
        return fluid.layers.batch_norm(input=conv,
                                    param_attr = ParamAttr(name=bn_name+"_scale"),
                                    bias_attr=ParamAttr(name=bn_name+"_offset"),
                                    moving_mean_name=bn_name + '_mean',
                                    moving_variance_name=bn_name + '_variance')


def channel_shuffle(self, x, groups):
    batchsize, num_channels, height, width = x.shape[0], x.shape[1], x.shape
        [2], x.shape[3]
    channels_per_group = num_channels

    x = fluid.layers.reshape(x=x, shape=[batchsize, groups, channels_per_group,
        height, width])

    x = fluid.layers.transpose(x=x, perm=[0,2,1,3,4])

    x = fluid.layers.reshape(x=x, shape=[batchsize, num_channels, height, width])

    return x


def inverted_residual_unit(self, input, num_filters, stride, benchmodel, name=None):
    assert stride in [1, 2], \
        "supported stride are {} but your stride is {}".format([1,2], stride)

    oup_inc = num_filters//2
    inp = input.shape[1]
```

```python
if benchmodel == 1:
    x1, x2 = fluid.layers.split(
        input, num_or_sections=[input.shape[1]//2, input.shape[1]//2], dim=1)

    conv_pw = self.conv_bn_layer(
        input=x2,
        num_filters=oup_inc,
        filter_size=1,
        stride=1,
        padding=0,
        num_groups=1,
        if_act=True,
        name='stage_'+name+'_conv1')

    conv_dw = self.conv_bn_layer(
        input=conv_pw,
        num_filters=oup_inc,
        filter_size=3,
        stride=stride,
        padding=1,
        num_groups=oup_inc,
        if_act=False,
        use_cudnn=False,
        name='stage_'+name+'_conv2')

    conv_linear = self.conv_bn_layer(
        input=conv_dw,
        num_filters=oup_inc,
        filter_size=1,
        stride=1,
        padding=0,
        num_groups=1,
        if_act=True,
        name='stage_'+name+'_conv3')

    out = fluid.layers.concat([x1, conv_linear], axis=1)

else:
    conv_dw_1 = self.conv_bn_layer(
        input=input,
        num_filters=inp,
        filter_size=3,
        stride=stride,
        padding=1,
        num_groups=inp,
        if_act=False,
        use_cudnn=False,
        name='stage_'+name+'_conv4')
```

```
            conv_linear_1 = self.conv_bn_layer(
                input=conv_dw_1,
                num_filters=oup_inc,
                filter_size=1,
                stride=1,
                padding=0,
                num_groups=1,
                if_act=True,
                name='stage_'+name+'_conv5')

            conv_pw_2 = self.conv_bn_layer(
                input=input,
                num_filters=oup_inc,
                filter_size=1,
                stride=1,
                padding=0,
                num_groups=1,
                if_act=True,
                name='stage_'+name+'_conv1')

            conv_dw_2 = self.conv_bn_layer(
                input=conv_pw_2,
                num_filters=oup_inc,
                filter_size=3,
                stride=stride,
                padding=1,
                num_groups=oup_inc,
                if_act=False,
                use_cudnn=False,
                name='stage_'+name+'_conv2')

            conv_linear_2 = self.conv_bn_layer(
                input=conv_dw_2,
                num_filters=oup_inc,
                filter_size=1,
                stride=1,
                padding=0,
                num_groups=1,
                if_act=True,
                name='stage_'+name+'_conv3')
            out = fluid.layers.concat([conv_linear_1, conv_linear_2], axis=1)

        return self.channel_shuffle(out, 2)
```

第 6 章 "天网"系统基础——目标检测

在好莱坞科幻电影中,很多著名的影片都描述了人类对末日 AI 的想象,这些末日 AI 通常具备拟人的思维模式以及对现实情况的感知能力,如《终结者 2018》《生化危机 5:惩罚》。为了使机器具备拟人的思考、判断、决策等复杂思维,需要使用强人工智能技术,目前所做的一切都离强人工智能很远,诸多学者认为以目前的计算机技术无法实现强人工智能。在科幻影片中为了实现机器对现实世界的感知,通常采取接入现有传感器系统的方式来获取信息,例如,美剧《疑犯追踪》的强人工智能系统"The Machine"、《终结者 2018》中的"天网"都通过破解并接入城市中的监控网络系统与闭路电视(Closed Circuit Television,CCTV)系统,来对人类世界进行监视。在初期针对视频影像信息进行分析时要感知到:

- 视频画面中具备的物体;
- 这些物体产生的反应;
- 这些物体之间的关系。

识别视频画面中具备哪些物体的技术目前已经逐步成熟,目前的技术可以对多个指定目标进行实时的识别,这是本章讲解的重点。

监控物体产生了什么反应的技术,目前在某些细分领域已经得到了初步的应用,例如,监控某一地区是否有火灾,建筑工地中的工人是否佩戴安全帽,高速路段是否发生交通事故。但这一领域只能针对特定场景进行算法设计,如果要做到通用的物体反应分析,还需要系统的完善。

要让机器指定物体之间的关系,需要机器对客观世界具备一定的认知。然而,机器不是生命,没有独立自主的思考能力,也无法参与社会实践,现在通常使用人工组建知识系统的方式来给机器提供各个实物之间的关系。目前在这个领域中,业界最火的是知识图谱技术。

6.1 目标检测简介

机器视觉领域的核心问题之一就是目标检测（object detection）。目标检测任务的目标是给定一张图像或者一个视频帧，找出图像当中所有感兴趣的目标（物体），确定其位置和大小，并给出每个目标的具体类别。对于人类来说，目标检测是一个非常简单的任务。然而，计算机能够"看到"的是图像编码之后的数字，很难理解图像或者视频帧中出现了人或者物体这样的高层语义概念，更加难以定位目标出现在图像中哪个区域。与此同时，由于目标会出现在图像或者视频帧中的任何位置，目标的形态千变万化，图像或者视频帧的背景千差万别，诸多因素都使得目标检测对计算机来说是一个具有挑战性的问题。

当下非常火热的无人驾驶汽车，就非常依赖目标检测和识别。这需要非常高的检测精度和定位精度。硅谷钢铁侠马斯克最近公开表示抛弃激光雷达，全面拥抱计算机视觉。目前，用于目标检测的方法通常属于基于机器学习的方法或基于深度学习的方法。对于机器学习方法，首先使用尺度不变特征变换（Scale Invariant Feature Transform，SIFT）、方向梯度直方图（Histogram of Oriented Gradient，HOG）等方法定义特征，然后使用支持向量机（Support Vector Machine，SVM）、Adaboost 等技术进行分类。对于深度学习方法，深度学习技术能够在没有专门定义特征的情况下进行端到端目标检测，并且通常基于 CNN。但是传统的目标检测方法有如下几个问题：当光线变化较快时，算法效果不好；当特体缓慢运动并且和背景颜色一致时不能提取出特征像素点；时间复杂度高；抗噪性能差。因此，基于深度学习的目标检测方法得到了广泛应用，经典方法有 R-CNN、Fast R-CNN、Faster R-CNN、Mask R-CNN、YOLO、SSD 等。对基于 PaddlePaddle 深度学习框架训练的 Faster R-CNN 物体进行目标检测的结果如图 6-1 所示。

图 6-1

6.2 对 R-CNN 系列算法的探索历史

6.2.1 R-CNN 算法：目标检测开山之作

区域卷积神经网络（Regions with CNN，R-CNN）算法是将深度学习引入目标检测领域的开山之作，率先使用深度模型来解决目标检测，并且在目标检测和计算机视觉发展历史上具有举足轻重的地位。同时作为两阶段算法系列的开创者，R-CNN 使用先生成候选区域（region proposals）再利用 CNN 进行特征提取的算法思想。

R-CNN 算法由 Ross Girshick 在 2014 年的论文 "Rich Feature Hierarchies for Accurate Object Detection and Semantic Segmentation" 中提出，该论文的摘要指出了 R-CNN 两点关键的贡献。

- 提出生成并使用候选框来对目标物体进行定位和分割的方法。
- 在缺乏足够的标注数据的情形下使用有监督的预训练（即迁移学习）方法来进行特征提取。

相较于此前的 DPM 模型 35.1% 和 24.3% 的平均准确率（mean Average Precision，mAP），R-CNN 算法在 PASCAL VOC 2010 数据集和 ILSVRC 2013 目标检测数据集中分别取得了 53.7% 与 31.4% 的平均准确率，提升效果显著。R-CNN 算法的大致流程如图 6-2 所示。

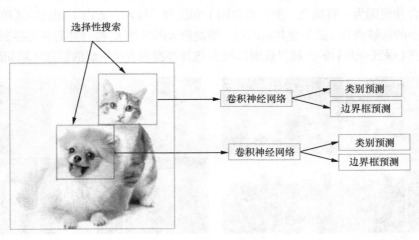

图 6-2

1. R-CNN 算法的操作

R-CNN 算法分为以下 5 个步骤。

（1）生成候选区域：对每一张输入图像使用选择性搜索来选取多个高质量的候选区域，

大约选取 2000 个候选区域。

（2）调整图像尺寸：把每一个候选区域缩放（warp）成卷积神经网络需要的输入尺寸（277×277）。

（3）进行特征抽取：从候选区中选取一个预先训练好的卷积神经网络，去掉最后的输出层来进行特征抽取。

（4）通过 SVM 进行类别预测：将每一个候选区域提出的 CNN 特征输入 SVM 来进行物体类别分类。注意，这里第 i 个 SVM 用来预测样本是否属于第 i 类。

（5）进行边界框回归：对于支持向量机分好类的候选区域做边界框回归，训练一个线性回归模型来预测真实边界框，校正原来建议的窗口，生成预测窗口坐标。

2．生成候选区域的方法——选择性搜索

R-CNN 采用选择性搜索的方法生成候选区域。选择性搜索方法的基本步骤如下。

（1）采用一种过分割手段将输入图像分割成 1000～2000 个子区域。

（2）按照一定的合并规则合并可能性最高的相邻的子区域。

（3）形成并输出候选区域。

子区域合并规则为：将颜色（颜色直方图）和纹理（纹理直方图）相近的区域合并，将合并后总面积小的区域合并（避免合并后出现一整块巨大的区域），将合并后在边界框中面积占比大的区域合并（保证合并后的区域呈规则形状）。选择性搜索方法生成的候选区域如图 6-3 所示。

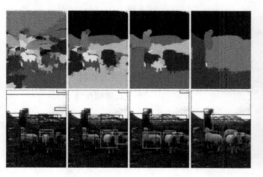 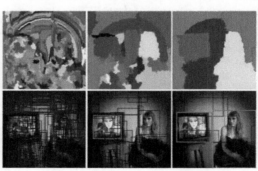

图 6-3

利用选择性搜索方法得到候选框后不能直接使用 CNN 结构进行特征提取，因为 CNN 对输入图片有统一的尺寸要求，所以还需要对生成的候选框进行统一的缩放处理。R-CNN 给出了两种缩放方法。一种是各向异性缩放（anisotropically scale）：不论候选框的长宽比，直接进行缩放，这样做虽然很方便，但候选框可能会存在严重的拉伸变形状，影响后续的特征提取效果。另一

种则是各向同性缩放（isotropically scale）：如果候选框存在长宽比不一致的情况，则进行裁剪和填充使其比例一致。裁剪和填充的步骤可以互换，对最终效果不会产生影响。

3．特征提取与分类

候选框生成完毕之后即可利用 CNN 结构对输入候选框进行特征提取。在标注数据缺乏的情况下，可以使用预训练模型进行迁移学习。论文"Rich Feature Hierarchies for Accurate Object Detection and Semantic Segmentation"给出了两种 CNN 结构，一种是 AlexNet，另一种则是 VGG16。尽管 VGG16 的表现相对较好，但在同等算力的情况下一般选择 AlexNet 进行迁移学习。

同时，在样本处理中有一个正负样本的问题需要注意：选择性搜索会产生 1000～2000 个候选框，但这上千个候选框很难与人工标注的候选框完全重合。所以在进行特征提取时需要利用 CNN 标注这些候选框，选择的标准就是交并比（Intersection over Union，IoU）=0.5。当选择性搜索方法选出来的候选框与人工标注的候选框的 IoU 达到 0.5 以上时，这个候选框便是目标物体（正样本）；否则，是负样本（背景）。

将 CNN 提取的特征向量输入 SVM 分类器进行分类即可得到目标物体的类别。对于每一类目标，使用一个线性回归器对边界框位置进行精修，使其输出更准确的边界框坐标。

4．R-CNN 算法的优缺点分析

R-CNN 算法的优缺点如下。

- 优点：R-CNN 算法对之前物体识别算法的主要改进是使用了预先训练好的卷积神经网络来提取特征，有效地提升了识别精度。
- 缺点：速度慢。对于一张图像，该算法会选出上千个兴趣区域，这会导致每张图像需要对卷积网络做上千次的前向计算。

由此看出速度慢是 R-CNN 算法最主要的缺点。R-CNN 算法中两个很大的问题影响了算法的整体性能。第一个问题在于需要将 1000～2000 个候选框裁剪和缩放成固定尺寸。裁剪和缩放后的图像存在着一定的比例失调和拉伸变形，对于后续利用 CNN 进行特征提取的效果存在一些影响，并且裁剪和缩放会耗费一些时间。裁剪和缩放后的图像变形如图 6-4 所示。

（a）裁剪后的图像变形　　　　　　　　（b）缩放后的图像变形

图 6-4

另外一个关键问题在于生成完候选框后需要将所有的候选框都送进 CNN 中进行特征提取，以生成特征向量，这种方法很耗时，也导致了 R-CNN 算法速度极慢。

为什么 CNN 的输入需要固定的图像尺寸呢？通常一个 CNN 包括两个部分——卷积层和全连接层（池化层类似于卷积层）。卷积部分通过卷积核滑窗进行计算，并输出激活后的特征图。实际上，卷积并不需要固定的尺寸输入，它可以通过不同尺寸的卷积核和不同的滑动步长以及填充等手段产生任意尺寸的特征图。同理，池化层也不需要固定的尺寸输入限制。因此，问题就出在全连接层上了，而全连接层一般位于网络的最后。针对这个问题，何恺明在 R-CNN 结构的基础上提出了空间金字塔池化（Spatial Pyramid Pooling，SPP）网络，较好地解决了这一问题。

在何恺明的论文"Spatial Pyramid Pooling in Deep Convolutional Networks for Visual Recognition"中，将 SPP 层放在最后一个卷积层之后，利用 SPP 层对卷积产生的特征图进行池化，以产生固定长度的输出，再将这个输出送进全连接层，使得 SPP 层在卷积层和全连接层之间对卷积层的输出信息进行汇总，这样就可以避免在一开始就对图像进行裁剪和缩放。

6.2.2　SPP 网络

SPP 网络将池化操作从底端一层一层往上做池化，像金字塔的形状一样。SPP 网络在最后一个卷积层和全连接层中间加一个空间金字塔池化层。或者说将最后一个卷积层之后的池化层替换成空间金字塔池化层，如图 6-5 所示。例如，原图输入大小为 224×224，到第 5 层卷积后输出的特征图大小为 13×13×256。

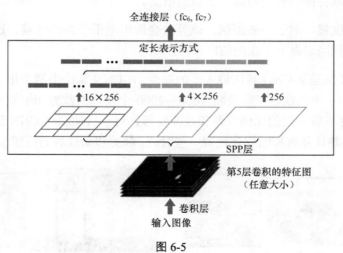

图 6-5

SPP 网络将特征图分别分成 3 张子图并进行最大池化，将其池化为 1×1（金字塔底）、2×2（金字塔中间）和 4×4（金字塔顶）3 张子图。输出的特征图就是（16+4+1）×256 的大小，即使原图输入大小不是 224×224，在经过 SPP 层后输出大小依然会是（16+4+1）×256，因而消除了输入图像尺寸不一致的问题。在实际设计网络结构时，只需要根据全连接层的输入大小设计空间金字塔的结构即可。

所以 SPP 网络的基本流程和 R-CNN 差不多，都如下所示。

选择性搜索方法产生候选区域→CNN 提取候选区域的特征→将特征送入分类器进行判别→精修位置

但是候选框的特征提取是在 CNN 输出特征图之上进行的，这就大大减少了卷积操作的次数，可谓"一次卷积，终身受益"。利用 SPP 层对特征图中每个候选框的特征向量进行固定，可以解决后面全连接层的统一尺度输入的问题。SPP 网络与 R-CNN 算法的流程对比如图 6-6 所示。

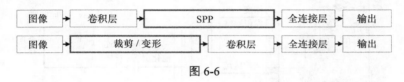

图 6-6

所以 SPP 网络的基本思路如下。

（1）将整张待检测的图片输入 CNN 中，进行一次性特征提取，得到特征图。

（2）在特征图中找到各个候选框的区域，对各个候选框采用金字塔空间池化，提取出固定长度的特征向量。

（3）将特征向量输入分类器中进行分类。

因为 SPP 网络只需要一次对整张图片进行特征提取，相较于 R-CNN 来说，SPP 网络的速度很快。但从根本上而言，SPP 网络并不是一种独立的目标检测网络，因为空间金字塔池化层可以加在任何网络结构上并提升这些网络的检测效果。SPP 网络作者的实验中给 4 种网络结构中都添加了 SPP 网络层，结果都这 4 种网络的检测准确度都得到了提升。

但 SPP 网络也并非没有缺点。相较于 R-CNN，虽然 SPP 网络的速度要快许多，但基本的检测框架依然是多阶段的。计算过程中 CNN 产生的特征图占用了较多的内存。并且 SPP 网络在反向传播中不能更新 SPP 层之前的卷积层权重。根本原因在于当每个训练样本来自不同的图像时，通过 SPP 层的反向传播计算是非常低效的。低效的原因在于每个训练样本可能具有非常大的感受野，大到这些感受野能够跨越整个输入图像。

由于 R-CNN 和 SPP 网络的这些缺点，微软的 Ross Girshick 在前两者的基础之上提出了 Fast R-CNN。顾名思义，Fast R-CNN 最大的特点就是要比 SPP 网络还快。当然，更重要的是 Fast R-CNN 解决了卷积层权重不能更新的问题。

6.2.3 Fast R-CNN

R-CNN 的主要性能瓶颈在于需要对每个候选区域进行独立的抽取特征，这会造成区域有大量重叠，独立的特征抽取导致了大量的重复计算。因此，Fast R-CNN 对 R-CNN 的一个主要改进在于首先对整个图像进行特征抽取，然后选取候选区域，从而减少重复计算。

Fast R-CNN 以整张图片和一组候选区域作为输入。先利用卷积层和最大池化池产生卷积特征图，然后对于每个目标区域使用兴趣区域（Region of Interest，RoI）池化层来从特征图中提取固定长度的特征向量。这些特征向量被送进全连接层以产生两个并行的输出层。一层产生 Softmax 的分类结果，另一层产生目标物体的坐标值。Fast R-CNN 的结构如图 6-7 所示。

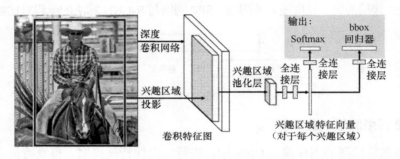

图 6-7

相较于 SPP 网络的空间金字塔池化层，Fast R-CNN 与其最大的区别就是使用了 RoI 池化层。RoI 池化层本质上就是特征图中的候选框。RoI 池化层首先将特征图中的每个候选框划分为 $H \times W$ 个子特征图，其中 H 和 W 为 RoI 层的超参数，独立于任何 RoI。然后在每个子特征图上进行最大池化。子特征图的划分方法简单粗暴，直接用特征图尺寸除以子特征图数量进行划分。

在网络定义中，RoI 是卷积特征图中的一个矩形窗口，每个 RoI 由左上角坐标 (r, c) 以及高度和宽度 (h, w) 的四元组定义。RoI 最大池化通过将大小为 $h \times w$ 的 RoI 窗口分割成 $H \times W$ 个网格，子窗口大小为 $(h/H) \times (w/W)$，并对每个子窗口执行最大池化，将输出合并到相应的输出网格单元。RoI 池化层可以看作 SPP 网络中 SPP 层的特殊情况——只有一个 SPP 层的 SPP 网络。

1. 实现 Fast R-CNN 的步骤

实现 Fast R-CNN 的步骤如下。

（1）选择性搜索：对每一张输入图像使用选择性搜索方法来选取多个高质量的候选区域，大约提取 2000 个候选区域。

（2）进行特征提取：将整张图片输入卷积神经网络，对全图进行特征提取。

（3）映射候选区域：把候选区域映射到卷积神经网络的最后一层卷积上。

（4）RoI 池化：引入了 RoI 池化层来为每个候选区域提取同样大小的输出。

（5）使用 Softmax 进行分类预测：在进行物体分类时，Fast R-CNN 不再使用多个 SVM，而是像之前的图像分类那样使用 Softmax 回归来进行多类预测。

2．Fast R-CNN 的优缺点

Fast R-CNN 的优缺点如下。

- 优点：首先对整个图像进行特征抽取，然后再选取候选区域，从而减少重复计算。
- 缺点：Fast R-CNN 的候选框生成策略仍然沿袭了之前的 R-CNN 和 SPP 网络的选择性搜索方法，这使得网络检测的整体性能依然不是很高。

6.2.4 Faster R-CNN

到现在为止，已经完成了对 Faster R-CNN 三大早期模型的溯源。经典的目标检测网络——Faster R CNN 虽然是在 2015 年提出的，但是它至今仍然是许多目标检测算法的基础。而在 Faster R-CNN 的基础上改进的 Mask R-CNN 在 2018 年提出。Mask R-CNN 可以用于人体姿势识别，并且在实例分割、目标检测和人体关键点检测上都取得了很好的效果。

Faster R-CNN 的主要创新是用一个快速神经网络代替了之前慢速的选择性搜索算法。Faster R-CNN 引入了区域候选网络（Region Proposal Net，RPN），利用输入图形进行整体卷积形成的特征图再次进行卷积来生成候选区域，且 RPN 的卷积层与检测用的 Fast R-CNN 共享，这使得 Faster R-CNN 的检测速度大为提升。因此，Fast R-CNN 的结构可以归纳为 RPN + Fast R-CNN 的结构，如图 6-8 所示。

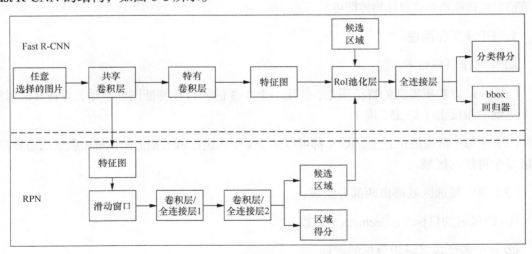

图 6-8

简单来说，RPN 就像是 Fast R-CNN 的注意力机制，它告诉 Fast R-CNN 应该往哪里看，应该确定图像中哪些物体为目标物体。RPN 的原理如图 6-9 所示。

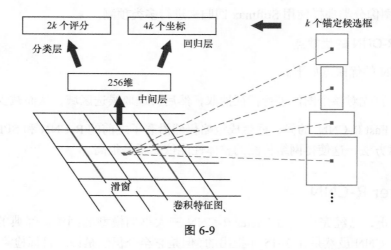

图 6-9

如图 6-9 左边 RPN 结构所示，RPN 对于整体上输入图像产生的特征图采用一个滑窗进行扫描，并通过每个滑窗的位置产生两个连接的卷积层（全连接层），将特征图映射到一个更低维的特征向量。与此同时，如图 6-9 右边所示，为每个滑窗生成了 k 个锚定候选框，即参考候选框。这就意味着在每个滑窗位置会同时预测 k 个候选区域，因此对于一个 $W \times H$ 的特征图而言，总共生成的锚定候选框有 $W \times H \times k$ 个。锚定候选框的作用相当于一种模板，锚定候选框生成之后根据图像大小计算滑窗中心点对应的原图中的区域中心点，通过中心点以及滑窗的大小即可得到滑窗的位置与原图位置的映射关系，然后根据原图和标签的 IOU 划定正负样本，让 RPN 学习该锚定候选框是否有目标物体即可。

1. RPN 工作原理

RPN 工作原理如下。

（1）在最后卷积得到的特征图上，使用一个 3×3 的窗口在特征图上滑动，并将其映射到一个更低的维度上（如 256 维）。

（2）在每个滑窗的位置上，RPN 都可以基于 k 个固定比例的锚定候选框（默认的边界框）生成多个可能的区域。

（3）每个候选区域都由两部分组成：

① 该区域的目标（objectness）分数；

② 4 个表征该区域边界框的坐标。

2. Faster R-CNN 的优缺点

- 优点：RPN 通过标注来学习预测与真实边界框更相近的候选区域，从而减小候选区域的数量，同时保证最终模型的预测精度。
- 缺点：由于计算量仍比较大，在某些场景下无法实时目标检测。

总体而言，Faster R-CNN 对 Fast R-CNN 做了进一步改进，它将 Fast R-CNN 中的选择性搜索方法替换成 RPN。RPN 以锚点为起始点，通过一个小神经网络来选择候选区域。Faster R-CNN 较 Fast R-CNN 在速度上有了大幅提升，而且其精确性也达到了非常高的水平。值得一提的是，尽管未来的模型能够在检测速度上有所提升，但是几乎没有模型的表现能显著超越 Faster R-CNN。换句话说，Faster R-CNN 也许不是目标检测中最简单和最快的方法，但是其表现是目前最佳的。

3. Faster R-CNN 组成部分

Faster R-CNN 整体上可以分为 4 个主要部分，逻辑执行流程如图 6-10 所示。

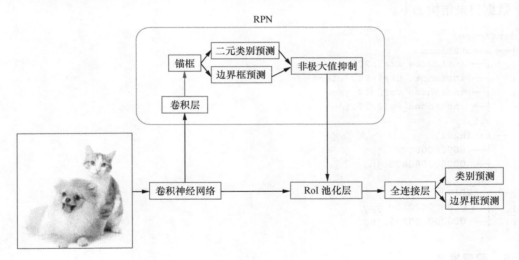

图 6-10

- 基础卷积层：作为一种卷积神经网络目标检测方法，Faster R-CNN 首先使用一组基础的卷积网络提取图像的特征图。特征图被后续 RPN 层和全连接层共享。本示例采用 ResNet-50 作为基础卷积层。
- RPN：用于生成候选区域。该层通过一组固定的尺寸和比例得到一组锚点，通过 Softmax 判断锚点属于前景或者背景，再利用区域回归修正锚点从而获得精确的候选区域。

- RoI 池化层：该层收集输入的特征图和候选区域，将候选区域映射到特征图中并池化为统一大小的区域特征图，送入全连接层判定目标类别。该层可选用 RoIPool 和 RoIAlign 两种方式，在 config.py 中设置 roi_func。
- 检测层：利用区域特征图计算候选区域的类别，同时再次通过区域回归获得检测框最终的精确位置。

Faster R-CNN 看起来可能会非常复杂，但是它的核心设计与最初的 R-CNN 一致：先假设对象区域，然后对其进行分类。目前，这是很多目标检测模型使用的主要思路。下面看一下如何用 PaddlePaddle 实现 Faster R-CNN。

4．进行数据准备

本次任务是在 MS-COCO 数据集上进行训练。通过如下方式下载数据集。

```
cd dataset/coco
./download.sh
```

数据目录结构如下。

```
data/coco/
├── annotations
│   ├── instances_train2014.json
│   ├── instances_train2017.json
│   ├── instances_val2014.json
│   ├── instances_val2017.json
│   ...
├── train2017
│   ├── 000000000009.jpg
│   ├── 000000580008.jpg
│   ...
├── val2017
│   ├── 000000000139.jpg
│   ├── 000000000285.jpg
│   ...
```

5．配置准备

下载预训练模型。本示例使用 ResNet-50 预训练模型，该模型转换自 Caffe，并对批量归一化层（Batch Normalization Layer）进行参数融合。采用如下 shell 命令下载预训练模型。

```
wget http://paddlemodels.bj.bcebos.com/faster_rcnn/imagenet_resnet50_fusebn.tar.gz
tar -xf imagenet_resnet50_fusebn.tar.gz
```

通过初始化 pretrained_model 加载预训练模型。在微调参数时也采用该设置加载已训练模型。请在训练前确认预训练模型下载与加载正确，否则训练过程中损失可能会出现 NAN

（Not a Number，非数字）错误提示。

6. 安装 cocoapi

通过如下 shell 命令下载与安装 cocoapi。

```
git clone https://github.com/cocodataset/cocoapi.git
cd cocoapi/PythonAPI
pip install Cython
make install
python2 setup.py install --user
```

7. 模型搭建

Fast R-CNN 模型的定义方式如下。

```python
import paddle.fluid as fluid
from paddle.fluid.param_attr import ParamAttr
from paddle.fluid.initializer import Constant
from paddle.fluid.initializer import Normal
from paddle.fluid.initializer import MSRA
from paddle.fluid.regularizer import L2Decay
from config import cfg


class RCNN(object):
    def __init__(self,
                 add_conv_body_func=None,
                 add_roi_box_head_func=None,
                 mode='train',
                 use_pyreader=True,
                 use_random=True):
        self.add_conv_body_func = add_conv_body_func
        self.add_roi_box_head_func = add_roi_box_head_func
        self.mode = mode
        self.use_pyreader = use_pyreader
        self.use_random = use_random

    def build_model(self, image_shape):
        self.build_input(image_shape)
        body_conv = self.add_conv_body_func(self.image)
        # RPN
        self.rpn_heads(body_conv)
        # Fast R-CNN
        self.fast_rcnn_heads(body_conv)
        if self.mode != 'train':
            self.eval_bbox()

    def loss(self):
        losses = []
```

```python
        #Fast R-CNN 的损失
        loss_cls, loss_bbox = self.fast_rcnn_loss()
        #RPN 的损失
        rpn_cls_loss, rpn_reg_loss = self.rpn_loss()
        losses = [loss_cls, loss_bbox, rpn_cls_loss, rpn_reg_loss]
        rkeys = ['loss', 'loss_cls', 'loss_bbox', \
                 'loss_rpn_cls', 'loss_rpn_bbox',]
        loss = fluid.layers.sum(losses)
        rloss = [loss] + losses
        return rloss, rkeys

    def eval_bbox_out(self):
        return self.pred_result

    def build_input(self, image_shape):
        if self.use_pyreader:
            in_shapes = [[-1] + image_shape, [-1, 4], [-1, 1], [-1, 1],
                         [-1, 3], [-1, 1]]
            lod_levels = [0, 1, 1, 1, 0, 0]
            dtypes = [
                'float32', 'float32', 'int32', 'int32', 'float32', 'int32'
            ]
            self.py_reader = fluid.layers.py_reader(
                capacity=64,
                shapes=in_shapes,
                lod_levels=lod_levels,
                dtypes=dtypes,
                use_double_buffer=True)
            ins = fluid.layers.read_file(self.py_reader)
            self.image = ins[0]
            self.gt_box = ins[1]
            self.gt_label = ins[2]
            self.is_crowd = ins[3]
            self.im_info = ins[4]
            self.im_id = ins[5]
        else:
            self.image = fluid.layers.data(
                name='image', shape=image_shape, dtype='float32')
            self.gt_box = fluid.layers.data(
                name='gt_box', shape=[4], dtype='float32', lod_level=1)
            self.gt_label = fluid.layers.data(
                name='gt_label', shape=[1], dtype='int32', lod_level=1)
            self.is_crowd = fluid.layers.data(
                name='is_crowd', shape=[1], dtype='int32', lod_level=1)
            self.im_info = fluid.layers.data(
                name='im_info', shape=[3], dtype='float32')
            self.im_id = fluid.layers.data(
                name='im_id', shape=[1], dtype='int32')

    def feeds(self):
```

```python
        if self.mode == 'infer':
            return [self.image, self.im_info]
        if self.mode == 'val':
            return [self.image, self.im_info, self.im_id]
        if not cfg.MASK_ON:
            return [
                self.image, self.gt_box, self.gt_label, self.is_crowd,
                self.im_info, self.im_id
            ]
        return [
            self.image, self.gt_box, self.gt_label, self.is_crowd, self.im_info,
            self.im_id, self.gt_masks
        ]

    def eval_bbox(self):
        self.im_scale = fluid.layers.slice(
            self.im_info, [1], starts=[2], ends=[3])
        im_scale_lod = fluid.layers.sequence_expand(self.im_scale,
                                                     self.rpn_rois)
        boxes = self.rpn_rois / im_scale_lod
        cls_prob = fluid.layers.softmax(self.cls_score, use_cudnn=False)
        bbox_pred_reshape = fluid.layers.reshape(self.bbox_pred,
                                                  (-1, cfg.class_num, 4))
        decoded_box = fluid.layers.box_coder(
            prior_box=boxes,
            prior_box_var=cfg.bbox_reg_weights,
            target_box=bbox_pred_reshape,
            code_type='decode_center_size',
            box_normalized=False,
            axis=1)
        cliped_box = fluid.layers.box_clip(
            input=decoded_box, im_info=self.im_info)
        self.pred_result = fluid.layers.multiclass_nms(
            bboxes=cliped_box,
            scores=cls_prob,
            score_threshold=cfg.TEST.score_thresh,
            nms_top_k=-1,
            nms_threshold=cfg.TEST.nms_thresh,
            keep_top_k=cfg.TEST.detections_per_im,
            normalized=False)

    def rpn_heads(self, rpn_input):

        dim_out = rpn_input.shape[1]
        rpn_conv = fluid.layers.conv2d(
            input=rpn_input,
            num_filters=dim_out,
            filter_size=3,
            stride=1,
            padding=1,
```

```python
            act='relu',
            name='conv_rpn',
            param_attr=ParamAttr(
                name="conv_rpn_w", initializer=Normal(
                    loc=0., scale=0.01)),
            bias_attr=ParamAttr(
                name="conv_rpn_b", learning_rate=2., regularizer=L2Decay(0.)))
        self.anchor, self.var = fluid.layers.anchor_generator(
            input=rpn_conv,
            anchor_sizes=cfg.anchor_sizes,
            aspect_ratios=cfg.aspect_ratio,
            variance=cfg.variances,
            stride=cfg.rpn_stride)
        num_anchor = self.anchor.shape[2]
        #建议的分类分数
        self.rpn_cls_score = fluid.layers.conv2d(
            rpn_conv,
            num_filters=num_anchor,
            filter_size=1,
            stride=1,
            padding=0,
            act=None,
            name='rpn_cls_score',
            param_attr=ParamAttr(
                name="rpn_cls_logits_w", initializer=Normal(
                    loc=0., scale=0.01)),
            bias_attr=ParamAttr(
                name="rpn_cls_logits_b",
                learning_rate=2.,
                regularizer=L2Decay(0.)))

        self.rpn_bbox_pred = fluid.layers.conv2d(
            rpn_conv,
            num_filters=4 * num_anchor,
            filter_size=1,
            stride=1,
            padding=0,
            act=None,
            name='rpn_bbox_pred',
            param_attr=ParamAttr(
                name="rpn_bbox_pred_w", initializer=Normal(
                    loc=0., scale=0.01)),
            bias_attr=ParamAttr(
                name="rpn_bbox_pred_b",
                learning_rate=2.,
                regularizer=L2Decay(0.)))

        rpn_cls_score_prob = fluid.layers.sigmoid(
            self.rpn_cls_score, name='rpn_cls_score_prob')
```

```python
        param_obj = cfg.TRAIN if self.mode == 'train' else cfg.TEST
        pre_nms_top_n = param_obj.rpn_pre_nms_top_n
        post_nms_top_n = param_obj.rpn_post_nms_top_n
        nms_thresh = param_obj.rpn_nms_thresh
        min_size = param_obj.rpn_min_size
        eta = param_obj.rpn_eta
        self.rpn_rois, self.rpn_roi_probs = fluid.layers.generate_proposals(
            scores=rpn_cls_score_prob,
            bbox_deltas=self.rpn_bbox_pred,
            im_info=self.im_info,
            anchors=self.anchor,
            variances=self.var,
            pre_nms_top_n=pre_nms_top_n,
            post_nms_top_n=post_nms_top_n,
            nms_thresh=nms_thresh,
            min_size=min_size,
            eta=eta)
        if self.mode == 'train':
            outs = fluid.layers.generate_proposal_labels(
                rpn_rois=self.rpn_rois,
                gt_classes=self.gt_label,
                is_crowd=self.is_crowd,
                gt_boxes=self.gt_box,
                im_info=self.im_info,
                batch_size_per_im=cfg.TRAIN.batch_size_per_im,
                fg_fraction=cfg.TRAIN.fg_fractrion,
                fg_thresh=cfg.TRAIN.fg_thresh,
                bg_thresh_hi=cfg.TRAIN.bg_thresh_hi,
                bg_thresh_lo=cfg.TRAIN.bg_thresh_lo,
                bbox_reg_weights=cfg.bbox_reg_weights,
                class_nums=cfg.class_num,
                use_random=self.use_random)

            self.rois = outs[0]
            self.labels_int32 = outs[1]
            self.bbox_targets = outs[2]
            self.bbox_inside_weights = outs[3]
            self.bbox_outside_weights = outs[4]


    def fast_rcnn_heads(self, roi_input):
        if self.mode == 'train':
            pool_rois = self.rois
        else:
            pool_rois = self.rpn_rois
        self.res5_2_sum = self.add_roi_box_head_func(roi_input, pool_rois)
        rcnn_out = fluid.layers.pool2d(
            self.res5_2_sum, pool_type='avg', pool_size=7, name='res5_pool')
        self.cls_score = fluid.layers.fc(input=rcnn_out,
                                         size=cfg.class_num,
```

```python
                                            act=None,
                                            name='cls_score',
                                            param_attr=ParamAttr(
                                                name='cls_score_w',
                                                initializer=Normal(
                                                    loc=0.0, scale=0.001)),
                                            bias_attr=ParamAttr(
                                                name='cls_score_b',
                                                learning_rate=2.,
                                                regularizer=L2Decay(0.)))
        self.bbox_pred = fluid.layers.fc(input=rcnn_out,
                                         size=4 * cfg.class_num,
                                         act=None,
                                         name='bbox_pred',
                                         param_attr=ParamAttr(
                                             name='bbox_pred_w',
                                             initializer=Normal(
                                                 loc=0.0, scale=0.01)),
                                         bias_attr=ParamAttr(
                                             name='bbox_pred_b',
                                             learning_rate=2.,
                                             regularizer=L2Decay(0.)))

    def fast_rcnn_loss(self):
        labels_int64 = fluid.layers.cast(x=self.labels_int32, dtype='int64')
        labels_int64.stop_gradient = True
        loss_cls = fluid.layers.softmax_with_cross_entropy(
            logits=self.cls_score,
            label=labels_int64,
            numeric_stable_mode=True, )
        loss_cls = fluid.layers.reduce_mean(loss_cls)
        loss_bbox = fluid.layers.smooth_l1(
            x=self.bbox_pred,
            y=self.bbox_targets,
            inside_weight=self.bbox_inside_weights,
            outside_weight=self.bbox_outside_weights,
            sigma=1.0)
        loss_bbox = fluid.layers.reduce_mean(loss_bbox)
        return loss_cls, loss_bbox

    def rpn_loss(self):
        rpn_cls_score_reshape = fluid.layers.transpose(
            self.rpn_cls_score, perm=[0, 2, 3, 1])
        rpn_bbox_pred_reshape = fluid.layers.transpose(
            self.rpn_bbox_pred, perm=[0, 2, 3, 1])

        anchor_reshape = fluid.layers.reshape(self.anchor, shape=(-1, 4))
        var_reshape = fluid.layers.reshape(self.var, shape=(-1, 4))
```

```python
        rpn_cls_score_reshape = fluid.layers.reshape(
            x=rpn_cls_score_reshape, shape=(0, -1, 1))
        rpn_bbox_pred_reshape = fluid.layers.reshape(
            x=rpn_bbox_pred_reshape, shape=(0, -1, 4))
        score_pred, loc_pred, score_tgt, loc_tgt, bbox_weight = \
            fluid.layers.rpn_target_assign(
                bbox_pred=rpn_bbox_pred_reshape,
                cls_logits=rpn_cls_score_reshape,
                anchor_box=anchor_reshape,
                anchor_var=var_reshape,
                gt_boxes=self.gt_box,
                is_crowd=self.is_crowd,
                im_info=self.im_info,
                rpn_batch_size_per_im=cfg.TRAIN.rpn_batch_size_per_im,
                rpn_straddle_thresh=cfg.TRAIN.rpn_straddle_thresh,
                rpn_fg_fraction=cfg.TRAIN.rpn_fg_fraction,
                rpn_positive_overlap=cfg.TRAIN.rpn_positive_overlap,
                rpn_negative_overlap=cfg.TRAIN.rpn_negative_overlap,
                use_random=self.use_random)
        score_tgt = fluid.layers.cast(x=score_tgt, dtype='float32')
        rpn_cls_loss = fluid.layers.sigmoid_cross_entropy_with_logits(
            x=score_pred, label=score_tgt)
        rpn_cls_loss = fluid.layers.reduce_mean(
            rpn_cls_loss, name='loss_rpn_cls')

        rpn_reg_loss = fluid.layers.smooth_l1(
            x=loc_pred,
            y=loc_tgt,
            sigma=3.0,
            inside_weight=bbox_weight,
            outside_weight=bbox_weight)
        rpn_reg_loss = fluid.layers.reduce_sum(
            rpn_reg_loss, name='loss_rpn_bbox')
        score_shape = fluid.layers.shape(score_tgt)
        score_shape = fluid.layers.cast(x=score_shape, dtype='float32')
        norm = fluid.layers.reduce_prod(score_shape)
        norm.stop_gradient = True
        rpn_reg_loss = rpn_reg_loss / norm
        return rpn_cls_loss, rpn_reg_loss
```

6.3 单步目标检测算法

以上介绍了 R-CNN 为代表的双步目标检测算法系列,它们的共性是先由算法生成一系列作为样本的候选框,再通过卷积神经网络对样本进行分类。

其中包括 R-CNN、SPP 网络、Fast R-CNN 和 Faster R-CNN。除此之外,还有 Mask R-CNN,

因它涉及图像分割任务，将在后面进行介绍。

那可否考虑直接用卷积网络识别物体，不使用候选框呢？以YOLO（You Only Look Once）系列为代表的单步目标检测算法给出了肯定的答案。Joseph Redmon、Santosh Divvala、Ross Girshick、Ali Farhadi 于 2016 年提出了完全不同于 R-CNN 系列的单步目标检测算法。这种方法不用预先产生候选框，而直接将目标边框定位的问题转化为回归问题，有时也称为基于深度学习的回归方法。由于两种方法原理上的差异，二者在性能上也有不同，双步目标检测算法在检测准确率和定位精度上占优势，单步目标检测算法在速度上占优势。

6.3.1 统一检测算法 YOLO

对于 YOLO 算法，从名字上就可以看出单步算法是它最大的特点。YOLO v1 是一个比较复杂的算法。但简单而言，YOLO v1 算法将目标检测任务当作一个回归问题来对待，YOLO v1 通过训练一个神经网络并根据整张输入的图片，预测出目标物体的边界框位置以及目标物体名称和置信度。相较于两阶段的目标检测算法，YOLO v1 算法省掉了生成候选框的步骤，直接用一个检测网络进行端到端的检测，因而检测速度非常快。YOLO v1 的大致流程如图 6-11 所示。

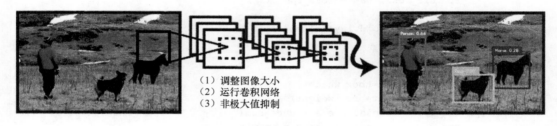

图 6-11

从图 6-11 可以看到 YOLO v1 的检测步骤。

（1）将输入图片缩放到 448×448 的尺寸。

（2）对输入图像运行一个卷积神经网络。

（3）根据预测边界框的置信度筛选出最优结果（非极大值抑制）。

下面看 YOLO v1 算法的细节。YOLO v1 将输入图片调整大小之后，将其划分为 $S \times S$ 大小的网格（grid），每个网格负责检测中心落在该网格中的物体，如图 6-12 所示。

在简单的检测场景下，一个网格通常只负责检测一个目标物体，但现实的检测任务往往存在一个网格中有多个目标物体的情形。因此，一般来说，一个网格可以预测出 B 个边界框及其置信度。这个置信度的含义在于该网格中是否有目标物体以及对于目标物体的定位有多大的可信度。边界框的置信度计算公式如下。

$$边界框的置信度 = Pr(Object) \times IoU_{pred}^{truth}$$

其中，第一项表示当前网格中是否有目标物体，若有，就是 1；若没有，则是 0。所以，当当前网格中没有目标物体时，该网格所对应的边界框的置信度也就为零；当当前网格中有目标物体时，对应的边界框的置信度则为预测的边界框和实际的边界框之间的交并比（IoU）的乘积。

以上过程的基本逻辑为：YOLO v1 将每张输入图片划分为 $S \times S$ 个网格，每个网格可以预测 B 个边界框和对应边界框的置信度与具体定位。边界框的置信度由网格中是否有目标物体和预测边界框与真实边界框之间的 IoU 相乘得到。

图 6-12

除预测边界框的置信度之外，还需要对边界框进行定位，而定位由 4 个坐标值体现，分别是 x、y、w、h。其中，x 和 y 代表了预测的边界框中心与网格边界的相对值；w 和 h 则表示边界框的宽和高相对于整幅图像的比例。

因此，综合置信度和定位两个因素，每个边界框都包含 5 个变量——x、y、w、h 和置信度。

除预测 B 个边界框之外，每个网格还需要预测 C 个条件类别概率：在每个网格中有目标物体的情况下，整个物体属于某个类的概率。这里把它记为

$$Pr(Class_i | Object)$$

因而 YOLO v1 算法的输出张量大小可以用公式表示为

$$S \times S \times (B \times 5 + C)$$

到了预测阶段，每个网格的条件类别概率乘以每个边界框的置信度就可以得到每个边界框所属类别的置信度，所以这里需要区分一下之前说的边界框的置信度和边界框所属类别的置信度这两个概念。边界框所属类别的置信度计算公式如下。

$$Pr(Class_i | Object) Pr(Object) IoU_{pred}^{truth} = Pr(Class_i) IoU_{pred}^{truth}$$

在论文"Yow Onhy Look Once:Unified, Real-Time Object Detection"中，当将 YOLO v1 应用于 PASCAL VOC 数据集时，将输入图像划分为 7×7 个网格，每个网格预测两个边界框，即 $B = 2$，每个边界框包括 x、y、w、h 和置信度这 5 个预测值。另外，该数据集有 20 个类

别,所以根据前述计算公式可以得到输出张量大小。

$$7 \times 7 \times (2 \times 5 + 20) = 7 \times 7 \times 30$$

以上便是 YOLO v1 算法的检测预测细节。YOLO v1 算法完整的检测模型过程如图 6-13 所示。

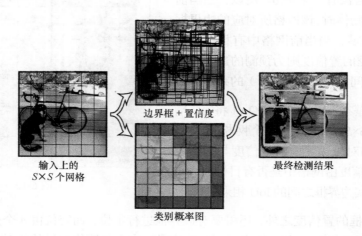

图 6-13

YOLO v1 涉及的检测网络包括 24 个卷积层和两个全连接层,网络结构如图 6-14 所示。

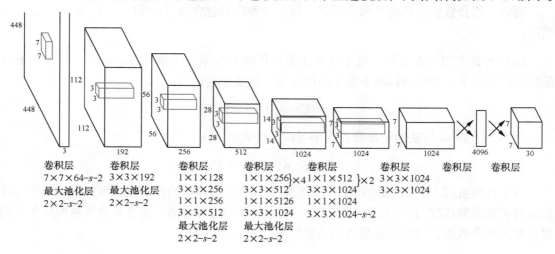

图 6-14

YOLO v1 在设计网络结构时参考了 GoogLeNet 的网络结构,但并未使用初始的通道组合策略,而大量使用了 1×1 和 3×3 卷积。前 24 个卷积层用来提取图像特征,后面两个全连接层用来预测目标位置和类别概率。在训练时先利用 ImageNet 分类数据集对前 20 个卷积层进行预训练，对于预训练结果以及剩下的 4 个卷积层以及两个全连接层，采用了 Leaky ReLU 作为激活函数，其中为了防止过拟合对全连接层加了失活概率为 0.5 的 dropout 层。

YOLO v1 的损失函数较复杂。通常的损失系统设计需要平衡边界框坐标损失、置信度损失和分类损失。这里对 YOLO v1 的损失函数设计进行拆解，如图 6-15 所示。

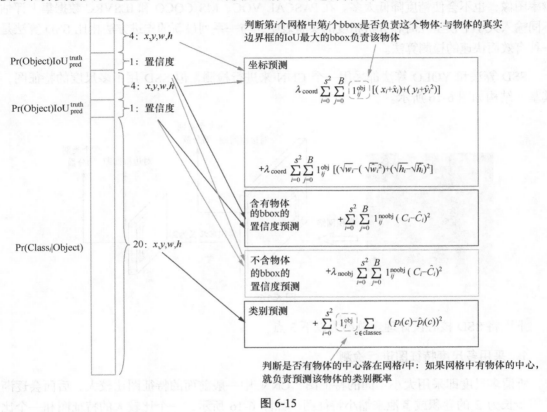

图 6-15

6.3.2 SSD 基本原理

从 6.3.1 节开始，我们从双步目标检测算法转到了单步目标检测算法。同样，单步目标检测算法还有 SSD（Single Shot MultiBox Detector）。

SSD 算法是 2016 年最先进的一种新的目标检测算法，相比于此前的 Faster R-CNN 具有较大的速度优势，相较于 YOLO v1 则又有着 mAP 的优势，速度也比 YOLO v1 快。简单而言，SSD 的基本思想在于对生成的不同尺寸的特征图进行固定尺寸的卷积，以生成目标物体的边界框，从而预测边界框的类别分数和偏移量。

SSD 算法的主要贡献在于可用于多个类别检测，比先前最先进的 YOLO 算法速度更快，并且更准确。准确率使用区域候选技术中的候选区域和池化平齐。SSD 算法的核心是使用应用于特征映射的小卷积滤波器来预测固定的一组默认边界框的类别分数和框偏移量。为了实现高检测精度，SSD 算法从不同尺度的特征图产生不同尺度的预测，并且通过宽高比来明确地分离预测。SSD 算法的这种设计特性进一步提高了速度和精度的权衡，即使输入相对低分辨率图像，也不会使精度降低太多。在 PASCAL VOC、MS COCO 和 ILSVRC 数据集上评估不同输入大小下模型耗时和分析精度的实验表明，与一系列最新的先进方法相比 SSD 算法是一种有效而快速的检测算法。

SSD 算法和 YOLO 算法都采用一个 CNN 来进行检测，但 SSD 用了多尺度的特征图，其基本结构如图 6-16 所示。

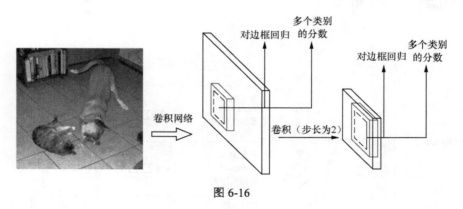

图 6-16

下面将 SSD 核心设计理念总结为以下 3 点。

1. 采用多尺度特征图进行检测

所谓多尺度即采用大小不同的特征图，CNN 中一般前面的特征图比较大，后面会逐渐采用步长为 2 的卷积或者池来缩小特征图。如图 6-16 所示，一个比较大的特征图和一个比较小的特征图都用来进行检测。这样做的好处是比较大的特征图用来检测相对较小的目标，而比较小的特征图负责检测相对较大的目标。例如，8×8 的特征图可以划分为更多的单元，但是其每个单元的先验框尺度比较小，如图 6-17 所示。

2. 采用卷积进行检测

与 YOLO 算法最后采用全连接层不同，SSD 算法直接采用卷积对不同的特征图来提取检测结果。对于形状为 $m \times n \times p$ 的特征图，只需要

采用 $3 \times 3 \times p$ 这样比较小的卷积核得到检测值。

3. 设置先验框

在 YOLO 算法中，每个单元预测多个边界框，但是它们都是相对这个单元本身（正方块）的，并且真实目标的形状是多变的。YOLO 算法需要在训练过程中自适应目标的形状。而 SSD 算法借鉴了 Faster R-CNN 中锚定候选框的理念，每个单元设置尺度或者长宽比不同的先验框，预测的边界框是以这些先验框为基准的，在一定程度上可降低训练难度。一般情况下，每个单元会设置多个先验框，其尺度和长宽比存在差异，如图 6-18 所示。

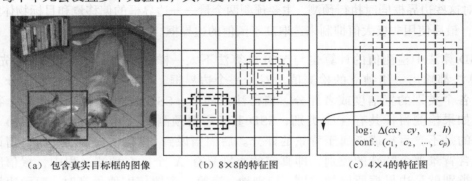

(a) 包含真实目标框的图像　　(b) 8×8的特征图　　(c) 4×4的特征图

图 6-18

通过图 6-18 可以看到，每个单元使用了 4 个不同的先验框，图片中猫和狗分别采用最适合它们形状的先验框来进行训练。

SSD 算法的实现过程并不复杂，重点在于 SSD 如何生成默认边界框。在对输入图片做一系列卷积之后的特征图上，以特征图上每个格点的中心点为中心，生成一系列同中心点的默认边界框。其中正方形边界框的最小边长为 mini_size，最大边长为 (mini_size · max_size)/2。另外还需要定义一个宽高比（aspect ratio），用来生成两个长方形，如图 6-19 所示。

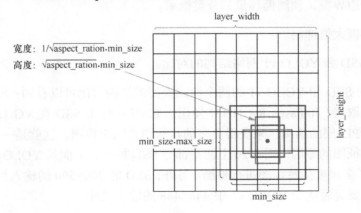

图 6-19

而特征图中默认框的 mini_size 和 max_size 由下述公式计算。

$$S_k = S_{\min} + \frac{S_{\max} - S_{\min}}{m-1}(k-1), \quad k \in [1, m]$$

SSD 算法在训练时仅需要一张输入图像和每个物体的真实目标，就会输出位置偏移量、置信度和分类概率。首先，通过对输入图像的一系列卷积操作生成不同大小的特征图，比如图 6-18 中 8×8 和 4×4 大小的特征图。然后，对每个特征图使用 3×3 的卷积核来评估此前生成的默认边界框，这种默认边界框可理解为先验框，类似于此前 Faster R-CNN 中的锚点候选框。对这些边界框同时执行预测，主要预测两个量——边界框的偏移量和目标物体的分类概率值，最后使用非极大值抑制来选取高于阈值的边界框。

SSD 算法中检测值的计算也与 YOLO 算法不太一样。对于每个单元的每个先验框，SSD 算法都输出一组独立的检测值。对于一个边界框，检测值主要分为两部分。第一部分是各个类别的置信度或者评分。值得注意的是，SSD 将背景也当作了一个特殊的类别，如果检测目标共有 X 个类别，SSD 其实需要预测 $X+1$ 个置信度，其中第一个置信度指的是不含目标或者属于背景的评分。后面当说到 X 个类别置信度时，请记住，里面包含背景那个特殊的类别，即真实的类别只有 X 个。在预测过程中，置信度最高的那个类别就是边界框所属的类别，特别地，当第一个置信度值最高时，表示边界框中并不包含目标。第二部分就是边界框的位置，包含 4 个值（xx, xy, w, h），分别表示边界框的中心坐标以及宽高。

所以，SSD 算法的步骤如下。

（1）对输入图像执行一系列卷积运算，以生成不同大小的特征图。

（2）对每个特征图都执行 3×3 的卷积运算，以评估默认边界框。

（3）对每个边界框，预测偏移量和分类概率。

（4）进行非极大值抑制。

图 6-20 为 SSD 和 YOLO v1 网络结构的对比。

从图 6-20 中 SSD 和 YOLO v1 的两个检测模型的结构对比可以看到：SSD 使用 VGG16 网络作为特征提取器（和 Faster R-CNN 中使用的 CNN 一样），SSD 在 VGG16 网络的基础后添加了类似于 SPL 层的结构，来获得更多的特征图并用于检测，这就是一系列卷积之后生成不同大小的特征图的原因。图 6-20 上面是部分 SSD 模型，下面是 YOLO 模型，可以明显看到 SSD 利用了多尺度的特征图进行检测。另外，SSD 的 300×300 的输入尺寸在 VOC2007 测试集上的精度要显著优于 YOLO v1 中 448×448 的输入尺寸。

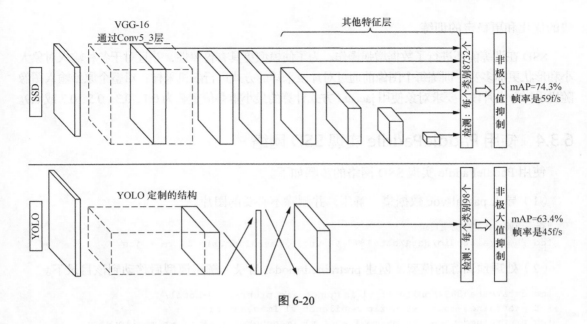

图 6-20

6.3.3 SSD 在训练时的匹配策略

在训练过程中，首先要确定训练图片中的真实目标与哪个先验框进行匹配，与之匹配的先验框所对应的边界框将负责预测它。在 YOLO 中，真实目标的中心落在哪个单元，该单元中与其 IoU 最大的边界框就负责预测它。但是在 SSD 中完全不一样，SSD 的先验框与真实目标的匹配原则主要有两点。首先，对于图片中每个真实目标，找到与其 IoU 最大的先验框，该先验框与其匹配，这样，可以保证每个真实目标一定与某个先验框匹配。通常称与真实目标匹配的先验框为正样本（其实应该是先验框对应的预测框，不过由于是一一对应的就这样称呼了）。若一个先验框没有与任何真实目标进行匹配，那么该先验框只能与背景匹配，并且是负样本。一个图片中的真实目标是非常少的，而先验框却很多，如果仅按第一个原则匹配，很多先验框会是负样本，正负样本极其不平衡，所以需要第二个原则。第二个原则是：对于剩余的未匹配先验框，若某个真实目标的 IoU 大于某个阈值（一般是 0.5），那么该先验框也与这个真实目标进行匹配。这意味着某个真实目标可能与多个先验框匹配，这是可以的。但是反过来不可以，因为一个先验框只能匹配一个真实目标，如果多个真实目标与某个先验框的 IoU 大于阈值，那么先验框只与 IoU 最大的那个先验框进行匹配。

在匹配步骤之后，大多数默认框都是负样本，特别是当可能的默认框数量很大时。这导致了训练期间正负样本的严重不平衡（正负样本的不均衡会导致发散或者精度经常仍为 1）。这里不使用所有的负样本，而使用每个默认框的最高置信度来使负样本排序，然后挑选较高置信度的负样本，以便负样本和正样本之间的比率至多为 3:1。通过实验发现，这有助于更快的优化和更稳定的训练。

SSD 在训练前还进行了数据增强操作。为了使模型更具有鲁棒性，并且对于各种输入对象大小和形状更加多变，训练每个图像前通过对片段采样的方式进行随机采样：对整个原始输入图像随机采样一个片段，要求对象使用 jaccard 方式计算的最小重叠值重叠为 0.1、0.3、0.5、0.7 或 0.9。

6.3.4 使用 PaddlePaddle 实现 SSD 网络

使用 PaddlePaddle 实现 SSD 网络的步骤如下。

（1）导入 pascal-voc 数据集，解压，并删除不必要的图片。

```
#查看当前挂载的数据集目录
!cd /home/aistudio/data/data4379 && unzip pascalvoc.zip && rm *.jpg
```

（2）处理预训练的模型，创建 pretrained-model 目录，解压模型后移动到该目录下。

```
!cp data/data5389/mobilenet_v1_imagenet.zip pretrained-model/
!cd pretrained-model && unzip mobilenet_v1_imagenet.zip
!cd pretrained-model && mv mobilenet_v1_imagenet/* . && rm -r mobilenet_v1_
    imagenet && rm mobilenet_v1_imagenet.zip
```

（3）定义训练 SSD 网络相关的配置。

```
from __future__ import absolute_import
from __future__ import division
from __future__ import print_function
import os
import uuid
import numpy as np
import time
import six
import math
import paddle
import paddle.fluid as fluid
import logging
import xml.etree.ElementTree
import codecs

from paddle.fluid.initializer import MSRA
from paddle.fluid.param_attr import ParamAttr
from PIL import Image, ImageEnhance, ImageDraw

logger = None
train_parameters = {
    "input_size": [3, 300, 300],
    "class_dim": -1,
    "label_dict": {},
```

```
    "image_count": -1,
    "log_feed_image": False,
    "pretrained": True,
    "pretrained_model_dir": "./pretrained-model",
    "save_model_dir": "./ssd-model",
    "model_prefix": "mobilenet-ssd",
    #"data_dir": "/home/work/xiangyubo/common_resource/pascalvoc/pascalvoc",
    "data_dir": "/home/aistudio/data/data4379/pascalvoc",
    "mean_rgb": [127.5, 127.5, 127.5],
    "file_list": "train.txt",
    "mode": "train",
    "multi_data_reader_count": 5,
    "num_epochs": 120,
    "train_batch_size": 64,
    "use_gpu": True,
    "apply_distort": True,
    "apply_expand": True,
    "apply_corp": True,
    "image_distort_strategy": {
        "expand_prob": 0.5,
        "expand_max_ratio": 4,
        "hue_prob": 0.5,
        "hue_delta": 18,
        "contrast_prob": 0.5,
        "contrast_delta": 0.5,
        "saturation_prob": 0.5,
        "saturation_delta": 0.5,
        "brightness_prob": 0.5,
        "brightness_delta": 0.125
    },
    "rsm_strategy": {
        "learning_rate": 0.001,
        "lr_epochs": [40, 60, 80, 100],
        "lr_decay": [1, 0.5, 0.25, 0.1, 0.01],
    },
    "momentum_strategy": {
        "learning_rate": 0.1,
        "decay_steps": 2 ** 7,
        "decay_rate": 0.8
    },
    "early_stop": {
        "sample_frequency": 50,
        "successive_limit": 3,
        "min_loss": 1.28,
        "min_curr_map": 0.86
    }
}
```

（4）定义基于 mobile-net 的 SSD 网络结构。

```
class MobileNetSSD:
```

```python
    def __init__(self):
        pass

    def conv_bn(self,
                input,
                filter_size,
                num_filters,
                stride,
                padding,
                num_groups=1,
                act='relu',
                use_cudnn=True):
        parameter_attr = ParamAttr(learning_rate=0.1, initializer=MSRA())
        conv = fluid.layers.conv2d(
            input=input,
            num_filters=num_filters,
            filter_size=filter_size,
            stride=stride,
            padding=padding,
            groups=num_groups,
            act=None,
            use_cudnn=use_cudnn,
            param_attr=parameter_attr,
            bias_attr=False)
        return fluid.layers.batch_norm(input=conv, act=act)

    def depthwise_separable(self, input, num_filters1, num_filters2, num_groups,
        stride, scale):
        depthwise_conv = self.conv_bn(
            input=input,
            filter_size=3,
            num_filters=int(num_filters1 * scale),
            stride=stride,
            padding=1,
            num_groups=int(num_groups * scale),
            use_cudnn=False)

        pointwise_conv = self.conv_bn(
            input=depthwise_conv,
            filter_size=1,
            num_filters=int(num_filters2 * scale),
            stride=1,
            padding=0)
        return pointwise_conv

    def extra_block(self, input, num_filters1, num_filters2, num_groups, stride,
            scale):
        #1*1 卷积
        pointwise_conv = self.conv_bn(
            input=input,
```

```
            filter_size=1,
            num_filters=int(num_filters1 * scale),
            stride=1,
            num_groups=int(num_groups * scale),
            padding=0)

        #3*3 卷积
        normal_conv = self.conv_bn(
            input=pointwise_conv,
            filter_size=3,
            num_filters=int(num_filters2 * scale),
            stride=2,
            num_groups=int(num_groups * scale),
            padding=1)
        return normal_conv

    def net(self, num_classes, img, img_shape, scale=1.0):
        #300*300
        tmp = self.conv_bn(img, 3, int(32 * scale), 2, 1)
        #150*150
        tmp = self.depthwise_separable(tmp, 32, 64, 32, 1, scale)
        tmp = self.depthwise_separable(tmp, 64, 128, 64, 2, scale)
        #75*75
        tmp = self.depthwise_separable(tmp, 128, 128, 128, 1, scale)
        tmp = self.depthwise_separable(tmp, 128, 256, 128, 2, scale)
        #38*38
        tmp = self.depthwise_separable(tmp, 256, 256, 256, 1, scale)
        tmp = self.depthwise_separable(tmp, 256, 512, 256, 2, scale)

        #19*19
        for i in range(5):
            tmp = self.depthwise_separable(tmp, 512, 512, 512, 1, scale)
        module11 = tmp
        tmp = self.depthwise_separable(tmp, 512, 1024, 512, 2, scale)

        #10*10
        module13 = self.depthwise_separable(tmp, 1024, 1024, 1024, 1, scale)
        module14 = self.extra_block(module13, 256, 512, 1, 2, scale)
        #5*5
        module15 = self.extra_block(module14, 128, 256, 1, 2, scale)
        #3*3
        module16 = self.extra_block(module15, 128, 256, 1, 2, scale)
        #2*2
        module17 = self.extra_block(module16, 64, 128, 1, 2, scale)

        mbox_locs, mbox_confs, box, box_var = fluid.layers.multi_box_head(
            inputs=[module11, module13, module14, module15, module16, module17],
            image=img,
            num_classes=num_classes,
            min_ratio=20,
```

```
                max_ratio=90,
                min_sizes=[60.0, 105.0, 150.0, 195.0, 240.0, 285.0],
                max_sizes=[[], 150.0, 195.0, 240.0, 285.0, 300.0],
                aspect_ratios=[[2.], [2., 3.], [2., 3.], [2., 3.], [2., 3.], [2., 3.]],
                base_size=img_shape[2],
                offset=0.5,
                flip=True)

    return mbox_locs, mbox_confs, box, box_var
```

（5）定义一个辅助类，这个辅助类会在训练时进行数据增强。下面是外接矩形框、重采样器中数据增强方法的实现方式。

```
class sampler:
    def __init__(self, max_sample, max_trial, min_scale, max_scale,
                 min_aspect_ratio, max_aspect_ratio, min_jaccard_overlap,
                 max_jaccard_overlap):
        self.max_sample = max_sample
        self.max_trial = max_trial
        self.min_scale = min_scale
        self.max_scale = max_scale
        self.min_aspect_ratio = min_aspect_ratio
        self.max_aspect_ratio = max_aspect_ratio
        self.min_jaccard_overlap = min_jaccard_overlap
        self.max_jaccard_overlap = max_jaccard_overlap


class bbox:
    def __init__(self, xmin, ymin, xmax, ymax):
        self.xmin = xmin
        self.ymin = ymin
        self.xmax = xmax
        self.ymax = ymax
```

（6）初始化参数，初始化日志记录相关的函数，在训练开始时调用。

```
def init_train_parameters():
    file_list = os.path.join(train_parameters['data_dir'], "train.txt")
    label_list = os.path.join(train_parameters['data_dir'], "label_list")
    index = 0
    with codecs.open(label_list, encoding='utf-8') as flist:
        lines = [line.strip() for line in flist]
        for line in lines:
            train_parameters['label_dict'][line.strip()] = index
            index += 1
        train_parameters['class_dim'] = index
    with codecs.open(file_list, encoding='utf-8') as flist:
        lines = [line.strip() for line in flist]
        train_parameters['image_count'] = len(lines)
```

```python
def init_log_config():
    global logger
    logger = logging.getLogger()
    logger.setLevel(logging.INFO)
    log_path = os.path.join(os.getcwd(), 'logs')
    if not os.path.exists(log_path):
        os.makedirs(log_path)
    log_name = os.path.join(log_path, 'train.log')
    fh = logging.FileHandler(log_name, mode='w')
    fh.setLevel(logging.DEBUG)
    formatter = logging.Formatter("%(asctime)s - %(filename)s[line:%(lineno)d]\
        - %(levelname)s: %(message)s")
    fh.setFormatter(formatter)
    logger.addHandler(fh)
```

（7）为了更直观地看到训练样本的形态，这里增加打印图片，并画出 bbox 的函数。

```python
def log_feed_image(img, sampled_labels):
    draw = ImageDraw.Draw(img)
    target_h = train_parameters['input_size'][1]
    target_w = train_parameters['input_size'][2]
    for label in sampled_labels:
        print(label)
        draw.rectangle((label[1] * target_w, label[2] * target_h, label[3] *
            target_w, label[4] * target_h), None,
                       'red')
    img.save(str(uuid.uuid1()) + '.jpg')
```

（8）进行训练数据增强。通过随机截取训练图上的框来生成新的训练样本，同时要保证采样的样本能包含真实的目标。采样之后，为了保持训练数据格式的一致性，还需要对标注的坐标信息进行变换。

```python
def bbox_area(src_bbox):
    width = src_bbox.xmax - src_bbox.xmin
    height = src_bbox.ymax - src_bbox.ymin
    return width * height


def generate_sample(sampler):
    scale = np.random.uniform(sampler.min_scale, sampler.max_scale)
    aspect_ratio = np.random.uniform(sampler.min_aspect_ratio, sampler.max_
        aspect_ratio)
    aspect_ratio = max(aspect_ratio, (scale ** 2.0))
    aspect_ratio = min(aspect_ratio, 1 / (scale ** 2.0))

    bbox_width = scale * (aspect_ratio ** 0.5)
    bbox_height = scale / (aspect_ratio ** 0.5)
    xmin_bound = 1 - bbox_width
    ymin_bound = 1 - bbox_height
```

```python
        xmin = np.random.uniform(0, xmin_bound)
        ymin = np.random.uniform(0, ymin_bound)
        xmax = xmin + bbox_width
        ymax = ymin + bbox_height
        sampled_bbox = bbox(xmin, ymin, xmax, ymax)
        return sampled_bbox


def jaccard_overlap(sample_bbox, object_bbox):
    if sample_bbox.xmin >= object_bbox.xmax or \
                    sample_bbox.xmax <= object_bbox.xmin or \
                    sample_bbox.ymin >= object_bbox.ymax or \
                    sample_bbox.ymax <= object_bbox.ymin:
        return 0
    intersect_xmin = max(sample_bbox.xmin, object_bbox.xmin)
    intersect_ymin = max(sample_bbox.ymin, object_bbox.ymin)
    intersect_xmax = min(sample_bbox.xmax, object_bbox.xmax)
    intersect_ymax = min(sample_bbox.ymax, object_bbox.ymax)
    intersect_size = (intersect_xmax - intersect_xmin) * (intersect_ymax -
        intersect_ymin)
    sample_bbox_size = bbox_area(sample_bbox)
    object_bbox_size = bbox_area(object_bbox)
    overlap = intersect_size / (sample_bbox_size + object_bbox_size - intersect_size)
    return overlap


def satisfy_sample_constraint(sampler, sample_bbox, bbox_labels):
    if sampler.min_jaccard_overlap == 0 and sampler.max_jaccard_overlap == 0:
        return True
    for i in range(len(bbox_labels)):
        object_bbox = bbox(bbox_labels[i][1], bbox_labels[i][2],
            bbox_labels[i][3], bbox_labels[i][4])
        overlap = jaccard_overlap(sample_bbox, object_bbox)
        if sampler.min_jaccard_overlap != 0 and overlap < sampler.min_jaccard_overlap:
            continue
        if sampler.max_jaccard_overlap != 0 and overlap > sampler.max_jaccard_overlap:
            continue
        return True
    return False


def generate_batch_samples(batch_sampler, bbox_labels):
    sampled_bbox = []
    index = []
    c = 0
    for sampler in batch_sampler:
        found = 0
        for i in range(sampler.max_trial):
            if found >= sampler.max_sample:
                break
```

```
                sample_bbox = generate_sample(sampler)
                if satisfy_sample_constraint(sampler, sample_bbox, bbox_labels):
                    sampled_bbox.append(sample_bbox)
                    found = found + 1
                    index.append(c)
            c = c + 1
    return sampled_bbox


def clip_bbox(src_bbox):
    src_bbox.xmin = max(min(src_bbox.xmin, 1.0), 0.0)
    src_bbox.ymin = max(min(src_bbox.ymin, 1.0), 0.0)
    src_bbox.xmax = max(min(src_bbox.xmax, 1.0), 0.0)
    src_bbox.ymax = max(min(src_bbox.ymax, 1.0), 0.0)
    return src_bbox


def meet_emit_constraint(src_bbox, sample_bbox):
    center_x = (src_bbox.xmax + src_bbox.xmin) / 2
    center_y = (src_bbox.ymax + src_bbox.ymin) / 2
    if center_x >= sample_bbox.xmin and \
                    center_x <= sample_bbox.xmax and \
                    center_y >= sample_bbox.ymin and \
                    center_y <= sample_bbox.ymax:
        return True
    return False


def transform_labels(bbox_labels, sample_bbox):
    proj_bbox = bbox(0, 0, 0, 0)
    sample_labels = []
    for i in range(len(bbox_labels)):
        sample_label = []
        object_bbox = bbox(bbox_labels[i][1], bbox_labels[i][2],
            bbox_labels[i][3], bbox_labels[i][4])
        if not meet_emit_constraint(object_bbox, sample_bbox):
            continue
        sample_width = sample_bbox.xmax - sample_bbox.xmin
        sample_height = sample_bbox.ymax - sample_bbox.ymin
        proj_bbox.xmin = (object_bbox.xmin - sample_bbox.xmin) / sample_width
        proj_bbox.ymin = (object_bbox.ymin - sample_bbox.ymin) / sample_height
        proj_bbox.xmax = (object_bbox.xmax - sample_bbox.xmin) / sample_width
        proj_bbox.ymax = (object_bbox.ymax - sample_bbox.ymin) / sample_height
        proj_bbox = clip_bbox(proj_bbox)
        if bbox_area(proj_bbox) > 0:
            sample_label.append(bbox_labels[i][0])
            sample_label.append(float(proj_bbox.xmin))
            sample_label.append(float(proj_bbox.ymin))
            sample_label.append(float(proj_bbox.xmax))
            sample_label.append(float(proj_bbox.ymax))
```

```
                sample_label.append(bbox_labels[i][5])
                sample_labels.append(sample_label)
    return sample_labels


def crop_image(img, bbox_labels, sample_bbox, image_width, image_height):
    sample_bbox = clip_bbox(sample_bbox)
    xmin = int(sample_bbox.xmin * image_width)
    xmax = int(sample_bbox.xmax * image_width)
    ymin = int(sample_bbox.ymin * image_height)
    ymax = int(sample_bbox.ymax * image_height)
    sample_img = img.crop((xmin, ymin, xmax, ymax))
    sample_labels = transform_labels(bbox_labels, sample_bbox)
    return sample_img, sample_labels
```

（9）定义与图像增强相关的函数，主要通过随机设置对比度、饱和度、色彩明暗度并在保持宽高比的情况下进行缩放，以进行数据增强。

```
def resize_img(img, sampled_labels):
    target_size = train_parameters['input_size']
    percent_h = float(target_size[1]) / img.size[1]
    percent_w = float(target_size[2]) / img.size[0]
    percent = min(percent_h, percent_w)
    resized_width = int(round(img.size[0] * percent))
    resized_height = int(round(img.size[1] * percent))
    w_off = (target_size[1] - resized_width) / 2
    h_off = (target_size[2] - resized_height) / 2
    img = img.resize((resized_width, resized_height), Image.ANTIALIAS)
    array = np.ndarray((target_size[1], target_size[2], target_size[0]), np.uint8)
    array[:, :, 0] = 127
    array[:, :, 1] = 127
    array[:, :, 2] = 127
    ret = Image.fromarray(array)
    ret.paste(img, (int(w_off), int(h_off)))

    if sampled_labels is not None:
        for i in six.moves.xrange(len(sampled_labels)):
            if percent_h > percent_w:
                sampled_labels[i][2] = (h_off + sampled_labels[i][2] * resized_
                    height) / train_parameters['input_size'][
                    1]
                sampled_labels[i][4] = (h_off + sampled_labels[i][4] * resized_
                    height) / train_parameters['input_size'][
                    1]
            else:
                sampled_labels[i][1] = (w_off + sampled_labels[i][1] * resized_
                    width) / train_parameters['input_size'][
                    2]
                sampled_labels[i][3] = (w_off + sampled_labels[i][3] * resized_
                    width) / train_parameters['input_size'][
```

```python
            2]
    return ret


def random_brightness(img):
    prob = np.random.uniform(0, 1)
    if prob < train_parameters['image_distort_strategy']['brightness_prob']:
        brightness_delta = train_parameters['image_distort_strategy']
            ['brightness_delta']
        delta = np.random.uniform(-brightness_delta, brightness_delta) + 1
        img = ImageEnhance.Brightness(img).enhance(delta)
    return img


def random_contrast(img):
    prob = np.random.uniform(0, 1)
    if prob < train_parameters['image_distort_strategy']['contrast_prob']:
        contrast_delta = train_parameters['image_distort_strategy']['contrast_
            delta']
        delta = np.random.uniform(-contrast_delta, contrast_delta) + 1
        img = ImageEnhance.Contrast(img).enhance(delta)
    return img


def random_saturation(img):
    prob = np.random.uniform(0, 1)
    if prob < train_parameters['image_distort_strategy']['saturation_prob']:
        saturation_delta = train_parameters['image_distort_strategy']
            ['saturation_delta']
        delta = np.random.uniform(-saturation_delta, saturation_delta) + 1
        img = ImageEnhance.Color(img).enhance(delta)
    return img


def random_hue(img):
    prob = np.random.uniform(0, 1)
    if prob < train_parameters['image_distort_strategy']['hue_prob']:
        hue_delta = train_parameters['image_distort_strategy']['hue_delta']
        delta = np.random.uniform(-hue_delta, hue_delta)
        img_hsv = np.array(img.convert('HSV'))
        img_hsv[:, :, 0] = img_hsv[:, :, 0] + delta
        img = Image.fromarray(img_hsv, mode='HSV').convert('RGB')
    return img


def distort_image(img):
    prob = np.random.uniform(0, 1)

    if prob > 0.5:
        img = random_brightness(img)
```

```python
            img = random_contrast(img)
            img = random_saturation(img)
            img = random_hue(img)
        else:
            img = random_brightness(img)
            img = random_saturation(img)
            img = random_hue(img)
            img = random_contrast(img)
    return img


def expand_image(img, bbox_labels, img_width, img_height):
    prob = np.random.uniform(0, 1)
    if prob < train_parameters['image_distort_strategy']['expand_prob']:
        expand_max_ratio = train_parameters['image_distort_strategy']['expand_max_ratio']
        if expand_max_ratio - 1 >= 0.01:
            expand_ratio = np.random.uniform(1, expand_max_ratio)
            height = int(img_height * expand_ratio)
            width = int(img_width * expand_ratio)
            h_off = math.floor(np.random.uniform(0, height - img_height))
            w_off = math.floor(np.random.uniform(0, width - img_width))
            expand_bbox = bbox(-w_off / img_width, -h_off / img_height,
                               (width - w_off) / img_width,
                               (height - h_off) / img_height)
            expand_img = np.uint8(np.ones((height, width, 3)) *
                np.array([127.5, 127.5, 127.5]))
            expand_img = Image.fromarray(expand_img)
            expand_img.paste(img, (int(w_off), int(h_off)))
            bbox_labels = transform_labels(bbox_labels, expand_bbox)
            return expand_img, bbox_labels, width, height
    return img, bbox_labels, img_width, img_height


def preprocess(img, bbox_labels, mode):
    img_width, img_height = img.size
    sampled_labels = bbox_labels
    if mode == 'train':
        if train_parameters['apply_distort']:
            img = distort_image(img)
        if train_parameters['apply_expand']:
            img, bbox_labels, img_width, img_height = expand_image(img,
                bbox_labels, img_width, img_height)

        if train_parameters['apply_corp']:
            batch_sampler = []
            #硬编码
            batch_sampler.append(sampler(1, 1, 1.0, 1.0, 1.0, 1.0, 0.0, 0.0))
            batch_sampler.append(sampler(1, 50, 0.3, 1.0, 0.5, 2.0, 0.1, 0.0))
            batch_sampler.append(sampler(1, 50, 0.3, 1.0, 0.5, 2.0, 0.3, 0.0))
```

```
            batch_sampler.append(sampler(1, 50, 0.3, 1.0, 0.5, 2.0, 0.5, 0.0))
            batch_sampler.append(sampler(1, 50, 0.3, 1.0, 0.5, 2.0, 0.7, 0.0))
            batch_sampler.append(sampler(1, 50, 0.3, 1.0, 0.5, 2.0, 0.9, 0.0))
            batch_sampler.append(sampler(1, 50, 0.3, 1.0, 0.5, 2.0, 0.0, 1.0))
            sampled_bbox = generate_batch_samples(batch_sampler, bbox_labels)
            if len(sampled_bbox) > 0:
                idx = int(np.random.uniform(0, len(sampled_bbox)))
                img, sampled_labels = crop_image(img, bbox_labels,
                    sampled_bbox[idx], img_width, img_height)

    mirror = int(np.random.uniform(0, 2))
    if mirror == 1:
        img = img.transpose(Image.FLIP_LEFT_RIGHT)
        for i in six.moves.xrange(len(sampled_labels)):
            tmp = sampled_labels[i][1]
            sampled_labels[i][1] = 1 - sampled_labels[i][3]
            sampled_labels[i][3] = 1 - tmp

img = resize_img(img, sampled_labels)
if train_parameters['log_feed_image']:
    log_feed_image(img, sampled_labels)
img = np.array(img).astype('float32')
img -= train_parameters['mean_rgb']
img = img.transpose((2, 0, 1))    # HWC to CHW
img *= 0.007843
return img, sampled_labels
```

（10）自定义用户数据读取器。

因为图像处理比较多，在批处理时会很慢，所以可能导致数据处理时间比实际计算模型的时间还要长。为了尽量避免这种情况，在训练时可以使用并行的数据读取器。同时，为了方便在训练中验证当前的效果，在中间验证的时候将使用同步数据读取器。

```
def custom_reader(file_list, data_dir, mode):
    def reader():
        np.random.shuffle(file_list)
        for line in file_list:
            if mode == 'train' or mode == 'eval':
                image_path, label_path = line.split()
                image_path = os.path.join(data_dir, image_path)
                label_path = os.path.join(data_dir, label_path)
                img = Image.open(image_path)
                if img.mode != 'RGB':
                    img = img.convert('RGB')
                im_width, im_height = img.size
                # 布局: label | xmin | ymin | xmax | ymax | difficult
                bbox_labels = []
                root = xml.etree.ElementTree.parse(label_path).getroot()
                for object in root.findall('object'):
                    bbox_sample = []
```

```python
                        # 从1开始
                        bbox_sample.append(float(train_parameters['label_dict']
                            [object.find('name').text]))
                        bbox = object.find('bndbox')
                        difficult = float(object.find('difficult').text)
                        bbox_sample.append(float(bbox.find('xmin').text) / im_width)
                        bbox_sample.append(float(bbox.find('ymin').text) / im_height)
                        bbox_sample.append(float(bbox.find('xmax').text) / im_width)
                        bbox_sample.append(float(bbox.find('ymax').text) / im_height)
                        bbox_sample.append(difficult)
                        bbox_labels.append(bbox_sample)
                    img, sample_labels = preprocess(img, bbox_labels, mode)
                    sample_labels = np.array(sample_labels)
                    if len(sample_labels) == 0: continue
                    boxes = sample_labels[:, 1:5]
                    lbls = sample_labels[:, 0].astype('int32')
                    difficults = sample_labels[:, -1].astype('int32')
                    yield img, boxes, lbls, difficults
                elif mode == 'test':
                    img_path = os.path.join(data_dir, line)
                    yield Image.open(img_path)

    return reader


def multi_process_custom_reader(file_path, data_dir, num_workers, mode):
    file_path = os.path.join(data_dir, file_path)
    readers = []
    images = [line.strip() for line in open(file_path)]
    n = int(math.ceil(len(images) // num_workers))
    image_lists = [images[i: i + n] for i in range(0, len(images), n)]
    for l in image_lists:
        readers.append(paddle.batch(custom_reader(l, data_dir, mode),
                                    batch_size=train_parameters['train_batch_size'],
                                    drop_last=True))
    return paddle.reader.multiprocess_reader(readers, False)


def create_eval_reader(file_path, data_dir, mode):
    file_path = os.path.join(data_dir, file_path)
    images = [line.strip() for line in open(file_path)]
    return paddle.batch(custom_reader(images, data_dir, mode),
                        batch_size=train_parameters['train_batch_size'],
                        drop_last=True)
```

（11）配合两种不同数据读取器，定义两种网络构建方法。注意，在定义两种网络构建方法时要共享参数，同时需要验证网络设置为 for_test。

```python
def build_train_program_with_async_reader(main_prog, startup_prog):
    with fluid.program_guard(main_prog, startup_prog):
```

```python
            img = fluid.layers.data(name='img', shape=train_parameters['input_size'],
                dtype='float32')
            gt_box = fluid.layers.data(name='gt_box', shape=[4], dtype='float32',
                lod_level=1)
            gt_label = fluid.layers.data(name='gt_label', shape=[1], dtype='int32',
                lod_level=1)
            difficult = fluid.layers.data(name='difficult', shape=[1], dtype=
                'int32', lod_level=1)
            data_reader = fluid.layers.create_py_reader_by_data(capacity=64,
                                        feed_list=[img, gt_box, gt_label, difficult],
                                                        name='train')
            multi_reader = multi_process_custom_reader(train_parameters['file_list'],
                                        train_parameters['data_dir'],
                                        train_parameters['multi_data_reader_count'],
                                                'train')
            data_reader.decorate_paddle_reader(multi_reader)
            with fluid.unique_name.guard():
                img, gt_box, gt_label, difficult = fluid.layers.read_file(data_reader)
                model = MobileNetSSD()
                locs, confs, box, box_var = model.net(train_parameters['class_dim'],
                    img, train_parameters['input_size'])
                with fluid.unique_name.guard('train'):
                    loss = fluid.layers.ssd_loss(locs, confs, gt_box, gt_label, box,
                        box_var)
                    loss = fluid.layers.reduce_sum(loss)
                    optimizer = optimizer_rms_setting()
                    optimizer.minimize(loss)
                    return data_reader, img, loss, locs, confs, box, box_var


def build_eval_program_with_feeder(main_prog, startup_prog):
    with fluid.program_guard(main_prog, startup_prog):
        img = fluid.layers.data(name='img', shape=train_parameters['input_size'],
            dtype='float32')
        gt_box = fluid.layers.data(name='gt_box', shape=[4], dtype='float32',
            lod_level=1)
        gt_label = fluid.layers.data(name='gt_label', shape=[1], dtype='int32',
            lod_level=1)
        difficult = fluid.layers.data(name='difficult', shape=[1], dtype='int32',
            lod_level=1)
        feeder = fluid.DataFeeder(feed_list=[img, gt_box, gt_label, difficult],
            place=place, program=main_prog)
        reader = create_eval_reader(train_parameters['file_list'], train_
            parameters['data_dir'], 'eval')
        with fluid.unique_name.guard():
            model = MobileNetSSD()
            locs, confs, box, box_var = model.net(train_parameters['class_dim'],
                img, train_parameters['input_size'])
            with fluid.unique_name.guard('eval'):
                nmsed_out = fluid.layers.detection_output(locs, confs, box, box_
```

```
                    var, nms_threshold=0.45)
                map_eval = fluid.metrics.DetectionMAP(nmsed_out, gt_label, gt_
                    box, difficult,
                    train_parameters['class_dim'], overlap_threshold=0.5,
                    evaluate_difficult=False, ap_version='11point')
                cur_map, accum_map = map_eval.get_map_var()
            return feeder, reader, cur_map, accum_map, nmsed_out
```

（12）定义优化器。为了训练这种比较大的网络结构，将使用阶段性调整学习率的方式。

```
def optimizer_momentum_setting():
    learning_strategy = train_parameters['momentum_strategy']
    learning_rate = fluid.layers.exponential_decay(learning_rate=learning_
        strategy['learning_rate'],
        decay_steps=learning_strategy['decay_steps'],
        decay_rate=learning_strategy['decay_rate'])
    optimizer = fluid.optimizer.MomentumOptimizer(learning_rate=learning_rate,
        momentum=0.1)
    return optimizer


def optimizer_rms_setting():
    batch_size = train_parameters["train_batch_size"]
    iters = train_parameters["image_count"] // batch_size
    learning_strategy = train_parameters['rsm_strategy']
    lr = learning_strategy['learning_rate']

    boundaries = [i * iters for i in learning_strategy["lr_epochs"]]
    values = [i * lr for i in learning_strategy["lr_decay"]]

    optimizer = fluid.optimizer.RMSProp(
        learning_rate=fluid.layers.piecewise_decay(boundaries, values),
        regularization=fluid.regularizer.L2Decay(0.00005))

    return optimizer
```

（13）保存和加载模型。在保存时，先保存读写参数和可用于重训练的方式，后保存固化参数和可用于重训练的方式。下面使用了两种加载模型的方式：一种是使用之前训练的参数，并在整个网络上继续训练；另一种是加载预训练的 mobile-net。

```
def save_model(base_dir, base_name, feed_var_list, target_var_list, train_
    program, infer_program, exe):
    fluid.io.save_persistables(dirname=base_dir,
                        filename=base_name + '-retrain',
                        main_program=train_program,
                        executor=exe)
    fluid.io.save_inference_model(dirname=base_dir,
                        params_filename=base_name + '-params',
                        model_filename=base_name + '-model',
                        feeded_var_names=feed_var_list,
```

```python
                                target_vars=target_var_list,
                                main_program=infer_program,
                                executor=exe)


def load_pretrained_params(exe, program):
    retrain_param_file = os.path.join(train_parameters['save_model_dir'],
                                    train_parameters['model_prefix'] + '-retrain')
    if os.path.exists(retrain_param_file):
        logger.info('load param from retrain model')
        print('load param from retrain model')
        fluid.io.load_persistables(executor=exe,
                                    dirname=train_parameters['save_model_dir'],
                                    main_program=program,
                                    filename=train_parameters['model_prefix']
                                        + '-retrain')
    elif train_parameters['pretrained']:
        logger.info('load param from pretrained model')
        print('load param from pretrained model')

        def if_exist(var):
            return os.path.exists(os.path.join(train_parameters['pretrained_
                model_dir'], var.name))
        fluid.io.load_vars(exe, train_parameters['pretrained_model_dir'],
            main_program=program,
                        predicate=if_exist)
```

（14）开始训练主体网络，其中使用了一些提前停止策略。

```python
init_log_config()
init_train_parameters()
print("start ssd, train params:", str(train_parameters))
logger.info("start ssd, train params: %s", str(train_parameters))

logger.info("create place, use gpu:" + str(train_parameters['use_gpu']))
place = fluid.CUDAPlace(0) if train_parameters['use_gpu'] else fluid.CPUPlace()

logger.info("build network and program")
train_program = fluid.Program()
start_program = fluid.Program()
eval_program = fluid.Program()
start_program = fluid.Program()
train_reader, img, loss, locs, confs, box, box_var = build_train_program_with_
    async_reader(train_program, start_program)
eval_feeder, eval_reader, cur_map, accum_map, nmsed_out = build_eval_program_
    with_feeder(eval_program, start_program)
eval_program = eval_program.clone(for_test=True)
#注意，设置 test，不然 batch_ normal 之类的参数不会固化

logger.info("build executor and init params")
```

```python
exe = fluid.Executor(place)
exe.run(start_program)
train_fetch_list = [loss.name]
eval_fetch_list = [cur_map.name, accum_map.name]
load_pretrained_params(exe, train_program)

stop_strategy = train_parameters['early_stop']
successive_limit = stop_strategy['successive_limit']
sample_freq = stop_strategy['sample_frequency']
min_curr_map = stop_strategy['min_curr_map']
min_loss = stop_strategy['min_loss']
stop_train = False
total_batch_count = 0
successive_count = 0
for pass_id in range(train_parameters["num_epochs"]):
    logger.info("current pass: %d, start read image", pass_id)
    batch_id = 0
    train_reader.start()
    try:
        while True:
            t1 = time.time()
            loss = exe.run(train_program, fetch_list=train_fetch_list)
            period = time.time() - t1
            loss = np.mean(np.array(loss))
            batch_id += 1
            total_batch_count += 1

            if batch_id % 10 == 0:
                logger.info(
                    "Pass {0}, trainbatch {1}, loss {2} time {3}".format(pass
                        _id, batch_id, loss, "%2.2f sec" % period))
                print(
                    "Pass {0}, trainbatch {1}, loss {2} time {3}".format(pass
                        _id, batch_id, loss, "%2.2f sec" % period))

            if total_batch_count % 400 == 0:
                logger.info("temp save {0} batch train result".format(total_
                    batch_count))
                print("temp save {0} batch train result".format(total_batch_count))
                fluid.io.save_persistables(dirname=train_parameters['save_
                    model_dir'],
                                            filename=train_parameters['model_
                                                prefix'] + '-retrain',
                                            main_program=train_program,
                                            executor=exe)

            if total_batch_count == 1 or total_batch_count % sample_freq == 0:
                for data in eval_reader():
                    cur_map_v, accum_map_v = exe.run(eval_program, feed=eval_
                        feeder.feed(data), fetch_list=eval_fetch_list)
```

```python
                    break
                logger.info("{0} batch train, cur_map:{1} accum_map_v:{2}
                    loss:{3}".format(total_batch_count, cur_map_v[0],
                                                  accum_map_v[0], loss))
                print("{0} batch train, cur_map:{1} accum_map_v:{2} loss:{3}"
                        .format(total_batch_count, cur_map_v[0],
                                                  accum_map_v[0], loss))
                if cur_map_v[0] > min_curr_map or loss <= min_loss:
                    successive_count += 1
                    print("successive_count: ", successive_count)
                    fluid.io.save_inference_model(dirname=train_parameters
                        ['save_model_dir'],
                    params_filename=train_parameters['model_prefix'] + '-params',
                    model_filename=train_parameters['model_prefix'] + '-model',
                    feeded_var_names=['img'],
                    target_vars=[nmsed_out],
                    main_program=eval_program,
                    executor=exe)
                    if successive_count >= successive_limit:
                        logger.info("early stop, end training")
                        print("early stop, end training")
                        stop_train = True
                        break
                else:
                    successive_count = 0
        if stop_train:
            break
    except fluid.core.EOFException:
        train_reader.reset()

logger.info("training till last epcho, end training")
print("training till last epcho, end training")
save_model(train_parameters['save_model_dir'], train_parameters['model_prefix'] +
    '-final', ['img'], [nmsed_out], train_program, eval_program, exe)
```

6.4 PyramidBox

人脸检测（Face Detection）是各种人脸应用中的一项基本任务，目的是找出图像或视频中的所有人脸并给出精确定位。世界权威的人脸检测公开评测集 WIDER FACE 共包括 3 万多张图片，近 40 万个人脸，是目前国际上规模最大、场景最复杂并且难度和挑战性最高的人脸检测公开数据集。由于更高的难度、更准确的标注和评测信息，近年来 WIDER FACE 人脸检测公开评测集成为研究机构和公司争相挑战的业界标杆。

PyramidBox 是 2018 年由百度提出的冠军人脸检测算法，在 WIDER FACE 的 Easy、Medium 和 Hard 三项评测子集中均荣膺榜首。PyramidBox 是一种基于 SSD 的单阶段人脸检测器，利用上下文信息解决非受控场景中的小脸以及模糊和遮挡的人脸检测的技术难题，与在 FDDB 和 WIDER FACE 这两个常用的人脸检测基准相比表现优异。PyramidBox 模型可以在以下示例图片上展示鲁棒的检测性能，该图有 1000 张人脸，该模型检测出其中的 880 张人脸，如图 6-21 所示。

图 6-21

PyramidBox 源于论文"PyramidBox: A Context-assisted Single Shot Face Detector"，该论文已被 ECCV2018 收录。相比之前的大多数网络，PyramidBox 提出了结合背景信息来优化网络的方式，利用半监督学习生成的人头和身体标签来更好与更精确地识别人脸。该论文提出的主要思想是使用背景信息来辅助人脸检测。

在 PyramidBox 提出传统的算法之前，使用由 Viola-Jones 提出的 AdaBoost 算法并结合 Haar 特征训练一个多级联的网络，来实现人脸定位，其中很多工作主要用来优化这个级联器。接着使用 DPM 算法通过建立一系列变形的面部去做人脸检测的工作，这一步主要在设计特征上做工作，而缺少表达能力。随着 CNN 的发展以及基于 CNN 的物体检测器性能的大大提高，人脸检测领域也发生了巨大的进步，如 R-CNN 系列、SSD、YOLO、FocalLoss 等，对人脸检测的发展产生了重大的促进作用。

近年来，很多基于锚点的检测框架致力于在不可控的环境下检测模糊和变形，并对部分的小人脸进行识别。SSH 和 S3FD 方法提出了通过尺度不变网络在单个网络的不同层中检测不同尺度的面部。Face R-FCN 对分数映射上的特征响应重新加权，并且通过位置敏感的平均池化消除了每个面部区域中不均匀分布的影响。FAN 提出了一个锚点级的关注机制，通过突出显示面部区域的特征来检测被遮挡的面部，但这些工作并没有关注如何使用图像背景的信息。

6.4.1 提出 PyramidBox 方法的背景

由于在现实生活中人脸不会是一个孤立的存在，人脸图像的周围往往伴随着肩膀、头部或者身体，因此就提供了丰富的可利用的环境关联。尤其是当面部纹理由于低分辨率、模糊或者遮挡而不能被辨别时，这些人脸周围的图像就可以起到补充推理信息的作用，如图 6-22（a）～（c）所示。

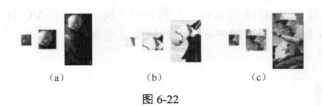

图 6-22

由此，关于 PyramidBox，得出 4 点启发。

（1）一个网络学习到的不仅是脸部的特征，还有背景特征（如头部和身体），同时还需要通过额外的锚点去匹配这些区域，这里使用了半监督方式去产生近似的标签，构造一系列锚点（称为 PyramidAnchor）。

（2）高层的环境特征应该与底层的特征相结合，但由于人脸检测的难易程度是不同的，这就说明并不是所有高层的语义信息都对检测小目标有用，因此对 FPN 进行了改进，变成了低层特征金字塔网络（Low-level Feature Pyramid Network，LFPN），以更好地利用特征信息。

（3）在检测阶段，必须充分利用结合的特征，为此 PyramidBox 设计了一个上下文敏感的预测模块（Context-sensitive Prediction Module，CPM），它具有广而深的网络结构，并且可以很好地融合人脸周围的信息。同时，这里为检测模块设计了 max-in-out 层以提高网络的分类性能。

（4）在训练阶段，PyramidBox 提出一种训练策略——数据锚点采样来调整数据集的分布，为了更有效地学到代表性的特征，具备困难样本的多样性是十分必要的。

6.4.2 PyramidBox 网络结构

在不同层级的特征图上进行预测时，基于锚点的目标检测框架可以有效地处理不同尺度的人脸。同时，FPN 结构在融合高级语义特征和低层纹理特征方面表现出较强的优势。PyramidBox 网络结构采用了扩展自 VGG16 骨架的代码和锚点尺度设计，可以生成不同层级的特征图和等比例间隔的锚点。在该骨架上添加低层级 FPN，并使用一个上下文敏感结构作为每个 Pyramid 检测层的分支网络，以获得最终的输出。PyramidBox 网络结构的关键在于设计了一种新的 Pyramid 锚点方法，可以为不同层级的每个人脸生成一系列的锚点。PyramidBox 网络结构分为尺度平衡主干层（Scale-equitable Backbone Layer）、低层特征金字塔层（Low-level Feature Pyramid Layer，LFPN）、上下文敏感的预测层（Context-sensitive Predict Layer）和 PyramidBox 损失层，如图 6-23 所示。

- 尺度平衡主干层。PyramidBox 使用与 S3fd 相同的的基本卷积层和额外卷积层作为主干层，保留了 VGG16 的 conv1_1 到 pool 5 层，然后将 VGG16 的 fc 6 层和 fc 7 层转换为 conv fc 层，并添加更多的卷积层使其更深。

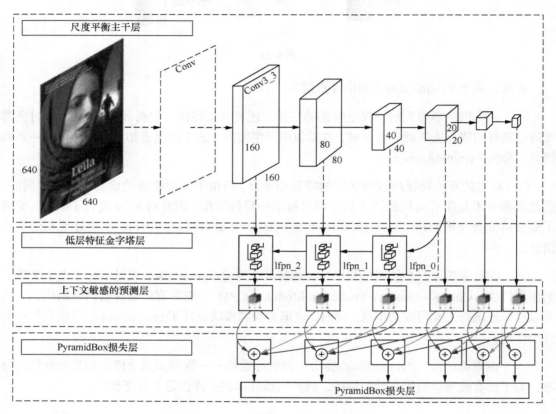

图 6-23

- 低层特征金字塔层。为了提高人脸检测器处理不同尺度的人脸的性能，高分辨率的低层级特征起着关键作用。因此，很多当前效果最佳的检测方法在相同的框架内构建了不同的结构，以检测不同尺寸的人脸，高层特征用于检测尺寸较大的人脸，而低层特征用于检测尺寸较小的人脸。为了将高层特征整合到高分辨率的低层特征上，FPN 提出了一种自上而下的架构以使用所有尺度的高层语义特征图。FPN 类型的框架在目标检测和人脸检测上都取得了很好的效果。

众所周知，所有这些构建 FPN 的工作都是从顶层开始的，并不是所有的高层特征都对尺寸较小的人脸检测有帮助。首先，小尺寸的、模糊的、被遮挡的人脸与大尺寸的、清晰的、完整的人脸具有不同的纹理特征。因此，直接使用高层特征来提升小尺寸人脸检测效果是简单粗暴的。其次，高层特征从具有很少纹理特征的区域提取，并且会引入噪声信息。例如，在 PyramidBox 的主干层中，顶部两层 conv7_2 和 conv6_2 的感受野分别是 724 与 468。请注意，训练图像的输入大小为 640，这意味着前两层包含太多噪声的上下文特征，因此它们可能不利于检测小尺寸的人脸。LFPN 从中间层开始做自上而下的融合，感受野接近输入尺寸的一半。此外，每个 LFPN 块的结构与 FPN 相同，LFPN 的结构如图 6-24 所示。

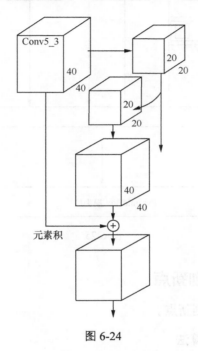

图 6-24

- 金字塔检测层（Pyramid Detection Layer）。PyramidBox 选择 lfpn_2、lfpn_1、lfpn_0、conv_fc7、conv6_2 和 conv7_2 作为检测层，锚点尺寸分别为 16、32、64、128、256 和 512。其中 lfpn_2、lfpn_1 和 lfpn_0 分别基于 conv3_3、conv4_3 和 conv5_3 的 LFPN 输出层。此外，与其他 SSD 类型的方法类似，使用 L2 归一化来重新调整 LFPN 层。
- 预测层（Predict Layer）。每个检测层后跟一个 CPM，其输出用于监督 Pyramid 锚点。在实验中，它大致覆盖了人脸、头部和身体区域。输出多个通道的特征用于人脸、头部与身体的分类和回归，其中人脸分类需要 4 个通道（=cpl+cnl），cpl 和 cnl 分别是前景（foreground）和背景（background）的 max-in-out 输出。此外，头部和身体的分类需要两个通道，而人脸、头部和身体各由 4 个通道进行定位。

- PyramidBox 损失层。对于每一个人脸检测目标，通过一系列的 Pyramid 锚点来同时监督分类和回归任务。PyramidBox 设计的损失函数，使用 SoftMax 方法进行分类，并使用平滑 L1 损失函数进行回归，PyramidBox 损失层如图 6-25 所示。

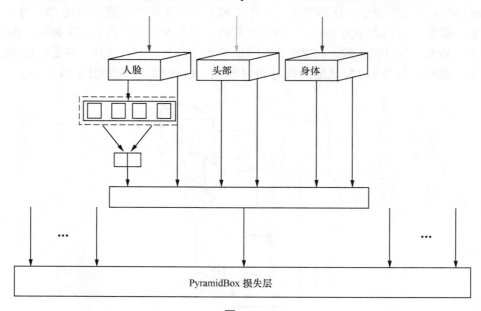

图 6-25

6.4.3 PyramidBox 的创新点

本节讨论 PyramidBox 的创新点。

1. 使用了 Pyramid 锚点算法

Pyramid 锚点算法使用半监督方案来生成与人脸检测相关的具有语义的近似标签，提出基于锚点的语境辅助方法，引入有监督的信息来学习较小的、模糊的和部分遮挡的人脸的语境特征。如图 6-26 所示，使用者可以根据标注的人脸标签，按照一定的比例扩充，得到头部的标签（上下左右各扩充 1/2）和人体的标签（可自定义扩充比例）。

基于锚点的目标检测和人脸检测算法的显著进展证明了均衡采样策略有利于小尺寸的人脸检测，但锚点都是为人脸区域设计的，所以仍然忽略了每个尺度的上下文信息。对于每个人脸检测目标，Pyramid 锚点算法会生成一系列锚点，这些锚点对应和人脸相关的较大区域，包含更多上下文信息，如头部、肩部和身体。这里通过将区域大小与锚点大小相匹配来选择图层并设置锚点。为了了解低层级尺寸人脸的更多可表示和特征，将监督更高层级的层的上下文特征。加上头部、肩部或身体的额外标签，即可以准确地将锚点与真实目标相匹配以生成损失。由于添加额外标签是不公平的,假设不同人脸有相同的比率,偏移区域的上下文信息也相似,因此以半监督的方式实现。也就是说,PyramidBox 使用一组统一的框来近似估算头部、肩膀和身体的实际区域,只要不同的人脸中这些框的特性是相似的即可。

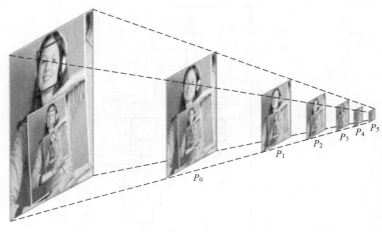

图 6-26

得益于 PyramidBox,人脸检测器可以更好地处理较小尺寸的、模糊的和部分遮挡的人脸。注意,Pyramid 锚点是自动生成的,没有任何额外的标签,这种半监督学习帮助 Pyramid 锚点提取近似的上下文特征。在预测过程中,仅使用人脸分支的输出,因此与标准的基于锚点的人脸检测相比,在运行时不需要额外的计算成本。

2.创造了 LFPN 方法

在检测任务中,LFPN 可以充分结合高层的包含更多上下文的特征和低层的包含更多纹理的特征。高层特征用于检测尺寸较大的人脸,而低层特征用于检测尺寸较小的人脸。为了将高层特征整合到高分辨率的低层特征上,从中间层开始做自上而下的融合,构建 LFPN。

3.创造了 CPM 方法

设计了一种 CPM 来提高预测网络的表达能力。受 Inception-ResNet 的启发,与更广和更深的网络相结合,CPM 用 DSSD(Deconvolutional Single Shot Detector)的残差预测模块替换了 SSH 中上下文模块的卷积层。这样在获得 DSSD 模块方法的所有优势的同时,保留来自 SSH 上下文模块的丰富上下文信息,如图 6-27 所示。

4.创造了数据锚点采样法

数据锚点采样法是 PyramidBox 设计的一种新的采样方法,简单地说,把图像中一个随机的人脸变成一个随机且更小的锚点尺寸并改变训练图像的尺寸。该方法可以增加训练样本在不同尺度上的多样性，改变训练样本的分布，重点关注较小的人脸。

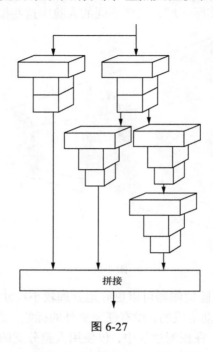

图 6-27

6.4.4　PyramidBox 的 PaddlePaddle 官方实现

2018 年 3 月，百度视觉技术部实现了基于 PaddlePaddle 的 PyramidBox 模型。以下为 PaddlePaddle 的实现代码。

```
from __future__ import absolute_import
from __future__ import division
from __future__ import print_function

import numpy as np
import six
import paddle.fluid as fluid
from paddle.fluid.param_attr import ParamAttr
from paddle.fluid.initializer import Xavier
from paddle.fluid.initializer import Constant
from paddle.fluid.initializer import Bilinear
from paddle.fluid.regularizer import L2Decay


def conv_bn(input, filter, ksize, stride, padding, act='relu', bias_attr=False):
    p_attr = ParamAttr(learning_rate=1., regularizer=L2Decay(0.))
```

```python
        b_attr = ParamAttr(learning_rate=0., regularizer=L2Decay(0.))
        conv = fluid.layers.conv2d(
            input=input,
            filter_size=ksize,
            num_filters=filter,
            stride=stride,
            padding=padding,
            act=None,
            bias_attr=bias_attr)
        return fluid.layers.batch_norm(
            input=conv,
            act=act,
            epsilon=0.001,
            momentum=0.999,
            param_attr=p_attr,
            bias_attr=b_attr)


def conv_block(input, groups, filters, ksizes, strides=None, with_pool=True):
    assert len(filters) == groups
    assert len(ksizes) == groups
    strides = [1] * groups if strides is None else strides
    w_attr = ParamAttr(learning_rate=1., initializer=Xavier())
    b_attr = ParamAttr(learning_rate=2., regularizer=L2Decay(0.))
    conv = input
    for i in six.moves.xrange(groups):
        conv = fluid.layers.conv2d(
            input=conv,
            num_filters=filters[i],
            filter_size=ksizes[i],
            stride=strides[i],
            padding=(ksizes[i] - 1) // 2,
            param_attr=w_attr,
            bias_attr=b_attr,
            act='relu')
    if with_pool:
        pool = fluid.layers.pool2d(
            input=conv,
            pool_size=2,
            pool_type='max',
            pool_stride=2,
            ceil_mode=True)
        return conv, pool
    else:
        return conv


class PyramidBox(object):
    def __init__(self,
                 data_shape=None,
```

```python
                        image=None,
                        face_box=None,
                        head_box=None,
                        gt_label=None,
                        use_transposed_conv2d=True,
                        is_infer=False,
                        sub_network=False):
    """
    TODO(qingqing): add comments.
    """
    self.data_shape = data_shape
    self.min_sizes = [16., 32., 64., 128., 256., 512.]
    self.steps = [4., 8., 16., 32., 64., 128.]
    self.use_transposed_conv2d = use_transposed_conv2d
    self.is_infer = is_infer
    self.sub_network = sub_network
    self.image = image
    self.face_box = face_box
    self.head_box = head_box
    self.gt_label = gt_label

    #基础网络是带 atrous 层的 VGG
    if is_infer:
        self._input()
    self._vgg()
    if sub_network:
        self._low_level_fpn()
        self._cpm_module()
        self._pyramidbox()
    else:
        self._vgg_ssd()

def _input(self):
    self.image = fluid.layers.data(
        name='image', shape=self.data_shape, dtype='float32')
    if not self.is_infer:
        self.face_box = fluid.layers.data(
            name='face_box', shape=[4], dtype='float32', lod_level=1)
        self.head_box = fluid.layers.data(
            name='head_box', shape=[4], dtype='float32', lod_level=1)
        self.gt_label = fluid.layers.data(
            name='gt_label', shape=[1], dtype='int32', lod_level=1)

def _vgg(self):
    self.conv1, self.pool1 = conv_block(self.image, 2, [64] * 2, [3] * 2)
    self.conv2, self.pool2 = conv_block(self.pool1, 2, [128] * 2, [3] * 2)

    #priorbox 的 min_size 是 16
    self.conv3, self.pool3 = conv_block(self.pool2, 3, [256] * 3, [3] * 3)
    #priorbox 的 min_size 是 32
```

```python
        self.conv4, self.pool4 = conv_block(self.pool3, 3, [512] * 3, [3] * 3)
        #priorbox 的 min_size 是 64
        self.conv5, self.pool5 = conv_block(self.pool4, 3, [512] * 3, [3] * 3)

        #对于论文中的 fc6 和 fc7, priorbox min_size 是 128
        self.conv6 = conv_block(
            self.pool5, 2, [1024, 1024], [3, 1], with_pool=False)
        #对于论文中的 conv6_1 和 conv6_2, priorbox min_size 是 256
        self.conv7 = conv_block(
            self.conv6, 2, [256, 512], [1, 3], [1, 2], with_pool=False)
        #对于论文中的 conv7_1 和 conv7_2, priorbox mini_size 是 512
        self.conv8 = conv_block(
            self.conv7, 2, [128, 256], [1, 3], [1, 2], with_pool=False)

    def _low_level_fpn(self):
        """
        Low-level feature pyramid network.
        """

        def fpn(up_from, up_to):
            ch = up_to.shape[1]
            b_attr = ParamAttr(learning_rate=2., regularizer=L2Decay(0.))
            conv1 = fluid.layers.conv2d(
                up_from, ch, 1, act='relu', bias_attr=b_attr)
            if self.use_transposed_conv2d:
                w_attr = ParamAttr(
                    learning_rate=0.,
                    regularizer=L2Decay(0.),
                    initializer=Bilinear())
                upsampling = fluid.layers.conv2d_transpose(
                    conv1,
                    ch,
                    output_size=None,
                    filter_size=4,
                    padding=1,
                    stride=2,
                    groups=ch,
                    param_attr=w_attr,
                    bias_attr=False,
                    use_cudnn=False)
            else:
                upsampling = fluid.layers.resize_bilinear(
                    conv1, out_shape=up_to.shape[2:])

            conv2 = fluid.layers.conv2d(
                up_to, ch, 1, act='relu', bias_attr=b_attr)
            if self.is_infer:
                upsampling = fluid.layers.crop(upsampling, shape=conv2)
            #逐元素相乘
            conv_fuse = upsampling * conv2
```

```python
            return conv_fuse

    self.lfpn2_on_conv5 = fpn(self.conv6, self.conv5)
    self.lfpn1_on_conv4 = fpn(self.lfpn2_on_conv5, self.conv4)
    self.lfpn0_on_conv3 = fpn(self.lfpn1_on_conv4, self.conv3)

def _cpm_module(self):
    """
    Context-sensitive Prediction Module
    """

    def cpm(input):
        #残差
        branch1 = conv_bn(input, 1024, 1, 1, 0, None)
        branch2a = conv_bn(input, 256, 1, 1, 0, act='relu')
        branch2b = conv_bn(branch2a, 256, 3, 1, 1, act='relu')
        branch2c = conv_bn(branch2b, 1024, 1, 1, 0, None)
        sum = branch1 + branch2c
        rescomb = fluid.layers.relu(x=sum)

        #ssh
        b_attr = ParamAttr(learning_rate=2., regularizer=L2Decay(0.))
        ssh_1 = fluid.layers.conv2d(rescomb, 256, 3, 1, 1, bias_attr=b_attr)
        ssh_dimred = fluid.layers.conv2d(
            rescomb, 128, 3, 1, 1, act='relu', bias_attr=b_attr)
        ssh_2 = fluid.layers.conv2d(
            ssh_dimred, 128, 3, 1, 1, bias_attr=b_attr)
        ssh_3a = fluid.layers.conv2d(
            ssh_dimred, 128, 3, 1, 1, act='relu', bias_attr=b_attr)
        ssh_3b = fluid.layers.conv2d(ssh_3a, 128, 3, 1, 1, bias_attr=b_attr)

        ssh_concat = fluid.layers.concat([ssh_1, ssh_2, ssh_3b], axis=1)
        ssh_out = fluid.layers.relu(x=ssh_concat)
        return ssh_out

    self.ssh_conv3 = cpm(self.lfpn0_on_conv3)
    self.ssh_conv4 = cpm(self.lfpn1_on_conv4)
    self.ssh_conv5 = cpm(self.lfpn2_on_conv5)
    self.ssh_conv6 = cpm(self.conv6)
    self.ssh_conv7 = cpm(self.conv7)
    self.ssh_conv8 = cpm(self.conv8)

def _l2_norm_scale(self, input, init_scale=1.0, channel_shared=False):
    from paddle.fluid.layer_helper import LayerHelper
    helper = LayerHelper("Scale")
    l2_norm = fluid.layers.l2_normalize(
        input, axis=1)  #l2 范数
    shape = [1] if channel_shared else [input.shape[1]]
    scale = helper.create_parameter(
        attr=helper.param_attr,
```

```python
            shape=shape,
            dtype=input.dtype,
            default_initializer=Constant(init_scale))
    out = fluid.layers.elementwise_mul(
        x=l2_norm, y=scale, axis=-1 if channel_shared else 1)
    return out

def _pyramidbox(self):
    """
    Get prior-boxes and pyramid-box
    """
    self.ssh_conv3_norm = self._l2_norm_scale(
        self.ssh_conv3, init_scale=10.)
    self.ssh_conv4_norm = self._l2_norm_scale(self.ssh_conv4, init_scale=8.)
    self.ssh_conv5_norm = self._l2_norm_scale(self.ssh_conv5, init_scale=5.)

    def permute_and_reshape(input, last_dim):
        trans = fluid.layers.transpose(input, perm=[0, 2, 3, 1])
        compile_shape = [
            trans.shape[0], np.prod(trans.shape[1:]) // last_dim, last_dim
        ]
        run_shape = fluid.layers.assign(
            np.array([0, -1, last_dim]).astype("int32"))
        return fluid.layers.reshape(
            trans, shape=compile_shape, actual_shape=run_shape)

    face_locs, face_confs = [], []
    head_locs, head_confs = [], []
    boxes, vars = [], []

    b_attr = ParamAttr(learning_rate=2., regularizer=L2Decay(0.))
    mbox_loc = fluid.layers.conv2d(
        self.ssh_conv3_norm, 8, 3, 1, 1, bias_attr=b_attr)
    face_loc, head_loc = fluid.layers.split(
        mbox_loc, num_or_sections=2, dim=1)
    face_loc = permute_and_reshape(face_loc, 4)
    if not self.is_infer:
        head_loc = permute_and_reshape(head_loc, 4)

    mbox_conf = fluid.layers.conv2d(
        self.ssh_conv3_norm, 8, 3, 1, 1, bias_attr=b_attr)
    face_conf3, face_conf1, head_conf3, head_conf1 = fluid.layers.split(
        mbox_conf, num_or_sections=[3, 1, 3, 1], dim=1)
    face_conf3_maxin = fluid.layers.reduce_max(
        face_conf3, dim=1, keep_dim=True)
    face_conf = fluid.layers.concat([face_conf3_maxin, face_conf1], axis=1)
    face_conf = permute_and_reshape(face_conf, 2)
    if not self.is_infer:
        head_conf3_maxin = fluid.layers.reduce_max(
            head_conf3, dim=1, keep_dim=True)
```

```python
        head_conf = fluid.layers.concat(
            [head_conf3_maxin, head_conf1], axis=1)
        head_conf = permute_and_reshape(head_conf, 2)

    face_locs.append(face_loc)
    face_confs.append(face_conf)
    if not self.is_infer:
        head_locs.append(head_loc)
        head_confs.append(head_conf)

    box, var = fluid.layers.prior_box(
        self.ssh_conv3_norm,
        self.image,
        min_sizes=[16.],
        steps=[4.] * 2,
        aspect_ratios=[1.],
        clip=False,
        flip=True,
        offset=0.5)
    box = fluid.layers.reshape(box, shape=[-1, 4])
    var = fluid.layers.reshape(var, shape=[-1, 4])
    boxes.append(box)
    vars.append(var)

    inputs = [
        self.ssh_conv4_norm, self.ssh_conv5_norm, self.ssh_conv6,
        self.ssh_conv7, self.ssh_conv8
    ]
    for i, input in enumerate(inputs):
        mbox_loc = fluid.layers.conv2d(input, 8, 3, 1, 1, bias_attr=b_attr)
        face_loc, head_loc = fluid.layers.split(
            mbox_loc, num_or_sections=2, dim=1)
        face_loc = permute_and_reshape(face_loc, 4)
        if not self.is_infer:
            head_loc = permute_and_reshape(head_loc, 4)

        mbox_conf = fluid.layers.conv2d(input, 6, 3, 1, 1, bias_attr=b_attr)
        face_conf1, face_conf3, head_conf = fluid.layers.split(
            mbox_conf, num_or_sections=[1, 3, 2], dim=1)
        face_conf3_maxin = fluid.layers.reduce_max(
            face_conf3, dim=1, keep_dim=True)
        face_conf = fluid.layers.concat(
            [face_conf1, face_conf3_maxin], axis=1)

        face_conf = permute_and_reshape(face_conf, 2)
        if not self.is_infer:
            head_conf = permute_and_reshape(head_conf, 2)

        face_locs.append(face_loc)
        face_confs.append(face_conf)
```

```python
            if not self.is_infer:
                head_locs.append(head_loc)
                head_confs.append(head_conf)

            box, var = fluid.layers.prior_box(
                input,
                self.image,
                min_sizes=[self.min_sizes[i + 1]],
                steps=[self.steps[i + 1]] * 2,
                aspect_ratios=[1.],
                clip=False,
                flip=True,
                offset=0.5)
            box = fluid.layers.reshape(box, shape=[-1, 4])
            var = fluid.layers.reshape(var, shape=[-1, 4])

            boxes.append(box)
            vars.append(var)

        self.face_mbox_loc = fluid.layers.concat(face_locs, axis=1)
        self.face_mbox_conf = fluid.layers.concat(face_confs, axis=1)

        if not self.is_infer:
            self.head_mbox_loc = fluid.layers.concat(head_locs, axis=1)
            self.head_mbox_conf = fluid.layers.concat(head_confs, axis=1)

        self.prior_boxes = fluid.layers.concat(boxes)
        self.box_vars = fluid.layers.concat(vars)

    def _vgg_ssd(self):
        self.conv3_norm = self._l2_norm_scale(self.conv3, init_scale=10.)
        self.conv4_norm = self._l2_norm_scale(self.conv4, init_scale=8.)
        self.conv5_norm = self._l2_norm_scale(self.conv5, init_scale=5.)

        def permute_and_reshape(input, last_dim):
            trans = fluid.layers.transpose(input, perm=[0, 2, 3, 1])
            compile_shape = [
                trans.shape[0], np.prod(trans.shape[1:]) // last_dim, last_dim
            ]
            run_shape = fluid.layers.assign(
                np.array([0, -1, last_dim]).astype("int32"))
            return fluid.layers.reshape(
                trans, shape=compile_shape, actual_shape=run_shape)

        locs, confs = [], []
        boxes, vars = [], []
        b_attr = ParamAttr(learning_rate=2., regularizer=L2Decay(0.))

        #conv3
```

```python
        mbox_loc = fluid.layers.conv2d(
            self.conv3_norm, 4, 3, 1, 1, bias_attr=b_attr)
        loc = permute_and_reshape(mbox_loc, 4)
        mbox_conf = fluid.layers.conv2d(
            self.conv3_norm, 4, 3, 1, 1, bias_attr=b_attr)
        conf1, conf3 = fluid.layers.split(
            mbox_conf, num_or_sections=[1, 3], dim=1)
        conf3_maxin = fluid.layers.reduce_max(conf3, dim=1, keep_dim=True)
        conf = fluid.layers.concat([conf1, conf3_maxin], axis=1)
        conf = permute_and_reshape(conf, 2)
        box, var = fluid.layers.prior_box(
            self.conv3_norm,
            self.image,
            min_sizes=[16.],
            steps=[4, 4],
            aspect_ratios=[1.],
            clip=False,
            flip=True,
            offset=0.5)
        box = fluid.layers.reshape(box, shape=[-1, 4])
        var = fluid.layers.reshape(var, shape=[-1, 4])

        locs.append(loc)
        confs.append(conf)
        boxes.append(box)
        vars.append(var)

        min_sizes = [32., 64., 128., 256., 512.]
        steps = [8., 16., 32., 64., 128.]
        inputs = [
            self.conv4_norm, self.conv5_norm, self.conv6, self.conv7, self.conv8
        ]
        for i, input in enumerate(inputs):
            mbox_loc = fluid.layers.conv2d(input, 4, 3, 1, 1, bias_attr=b_attr)
            loc = permute_and_reshape(mbox_loc, 4)

            mbox_conf = fluid.layers.conv2d(input, 2, 3, 1, 1, bias_attr=b_attr)
            conf = permute_and_reshape(mbox_conf, 2)
            box, var = fluid.layers.prior_box(
                input,
                self.image,
                min_sizes=[min_sizes[i]],
                steps=[steps[i]] * 2,
                aspect_ratios=[1.],
                clip=False,
                flip=True,
                offset=0.5)
            box = fluid.layers.reshape(box, shape=[-1, 4])
            var = fluid.layers.reshape(var, shape=[-1, 4])
```

```python
            locs.append(loc)
            confs.append(conf)
            boxes.append(box)
            vars.append(var)
    self.face_mbox_loc = fluid.layers.concat(locs, axis=1)
    self.face_mbox_conf = fluid.layers.concat(confs, axis=1)
    self.prior_boxes = fluid.layers.concat(boxes)
    self.box_vars = fluid.layers.concat(vars)

def vgg_ssd_loss(self):
    loss = fluid.layers.ssd_loss(
        self.face_mbox_loc,
        self.face_mbox_conf,
        self.face_box,
        self.gt_label,
        self.prior_boxes,
        self.box_vars,
        overlap_threshold=0.35,
        neg_overlap=0.35)
    loss = fluid.layers.reduce_sum(loss)
    loss.persistable = True
    return loss

def train(self):
    face_loss = fluid.layers.ssd_loss(
        self.face_mbox_loc,
        self.face_mbox_conf,
        self.face_box,
        self.gt_label,
        self.prior_boxes,
        self.box_vars,
        overlap_threshold=0.35,
        neg_overlap=0.35)
    face_loss.persistable = True
    head_loss = fluid.layers.ssd_loss(
        self.head_mbox_loc,
        self.head_mbox_conf,
        self.head_box,
        self.gt_label,
        self.prior_boxes,
        self.box_vars,
        overlap_threshold=0.35,
        neg_overlap=0.35)
    head_loss.persistable = True
    face_loss = fluid.layers.reduce_sum(face_loss)
    face_loss.persistable = True
    head_loss = fluid.layers.reduce_sum(head_loss)
    head_loss.persistable = True
    total_loss = face_loss + head_loss
```

```python
        total_loss.persistable = True
        return face_loss, head_loss, total_loss

    def infer(self, main_program=None):
        if main_program is None:
            test_program = fluid.default_main_program().clone(for_test=True)
        else:
            test_program = main_program.clone(for_test=True)
        with fluid.program_guard(test_program):
            face_nmsed_out = fluid.layers.detection_output(
                self.face_mbox_loc,
                self.face_mbox_conf,
                self.prior_boxes,
                self.box_vars,
                nms_threshold=0.3,
                nms_top_k=5000,
                keep_top_k=750,
                score_threshold=0.01)
        return test_program, face_nmsed_out
```

第 7 章

"天网"系统进阶——像素级物体分割

7.1 物体分割简介

我们先来看目标检测网络与物体分割网络输出的结果有怎样的区别,基于 PaddlePaddle 训练的 Faster R-CNN 模型预测结果如图 7-1 所示,基于 PaddlePaddle 训练的 Mask R-CNN 模型预测结果如图 7-2 所示。

图 7-1

图 7-2

从图 7-1 中可以看出,目标检测主要是检测一张图片中有哪些目标,并且使用方框标注出来，方框中包含的信息有目标所属类别。图 7-2 与图 7-1 的最大区别在于，图 7-2 除了把每一个物体的方框标注出来之外，还把每个方框中像素所属的类别也标记了出来。

7.2 语义分割与实例分割的关系

总体而言，目前的物体分割主要有两种——语义分割（Semantic Segmentation）和实例分割（Instance Segmentation）。二者的区别在于，语义分割是对图像中的每个像素都划分出对应的类别，即实现像素级别的分类。而每个类别的具体对象，即为实例。实例分割不但要进行像素级别的分类，还需在具体的类别基础上区别不同的实例。比如，对于图像中的多个人（甲、乙、丙），他们的语义分割结果都是人，而实例分割结果却是不同的对象。目标检测、语义分割和实例分割的区别如图 7-3 所示。

图 7-3

作为目标检测的更高级图像处理任务，语义分割和实例分割对卷积网络的架构设计提出了更高的要求。

7.3 语义分割

顾名思义，语义分割是将图像像素按照表达的语义进行分组/分割。

图像语义是指对图像内容的理解，例如，能够描绘出什么物体在哪里做了什么事情等。分割是指对图片中的每个像素点进行标注，标注属于哪一类别。以语义分割和实例分割为代表的图像分割技术在各领域都有广泛的应用，近年来在无人车驾驶技术中通过分割街景来避让行人，在车辆和医疗影像分析中用于辅助诊断等。语义分割在无人驾驶中的应用示例如图 7-4 所示。

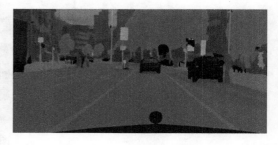

图 7-4

7.3.1 语义分割的任务描述

语义分割比较常见的任务，是为图像中每个像素指定一个类别标签（如汽车、建筑、地面、天空等），比如，把图像分为草地（浅绿）、人（红色）、树木（深绿）、天空（蓝色）等，并用不同的颜色来表示。因此，网络的输入当然是一张原始的 RGB 图像或者单通道的灰度图，但是输出不再是简单的分类类别或者目标定位，而是带有各个像素类别标签的并且与输入同分辨率的分割图像。简单来说，输入/输出都是图像，而且是同样大小的图像。从图像输入到输出的语义标签如图 7-5 所示。

图 7-5

类似于处理分类标签数据，对预测分类目标采用的是像素上的独热编码，即为每个分类类别创建一个输出通道。语义标签的独热编码如图 7-6 所示。

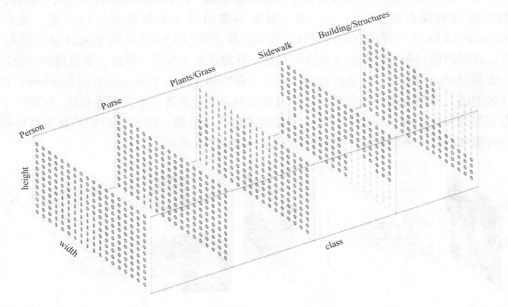

图 7-6

图 7-7 是将分割图添加到原始图像上的验证效果，这一步将语义标签与输入图像进行重叠。这里有个概念需要明确一下——掩码（mask），如 Mask R-CNN 中的掩码。掩码可以理解为我们将预测结果叠加到单个通道上时得到的分类区域。

图 7-7

总的来说，语义分割的任务就是输入图像经过深度学习算法得到带有语义标签的同样尺寸的输出图像。

7.3.2 全卷积网络

图像分割是基于图像分类和目标检测的更复杂的一种计算机视觉任务。简单而言，图像分割需要做到像素级别的分类，就是要对图像的每一个像素点进行分类。此前的诸如 AlexNet 和 VGG 这样的经典网络只能完成图像分类，而 R-CNN 和 YOLO 仅能完成分类+定位这样层级的任务，对于更细粒度的图像，分割显然不够用。因此，要做到像素级别的分类，必须对此前的网络结构进行改造，以全卷积网络（Fully Convolutional Network，FCN）为代表的语义分割网络的最大特点就是将经典网络的全连接层改为了卷积层，构造一个全部是卷积层的网络结构。总之，作为一种端到端的语义分割，FCN 以分割的真实目标作为标签进行像素级别的密集预测。FCN 的实现方式如图 7-8 所示。

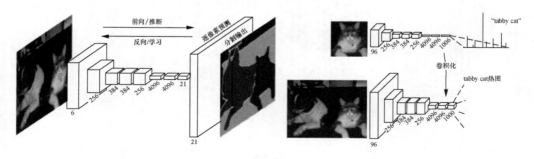

图 7-8

J. Long 等 (2015) 首先将 FCN 应用于图像分割的端到端训练。FCN 修改了 VGG6 等网络，使其具有非固定大小的输入，生成具有相同大小的分割图像，同时用卷积层替换所有全连接层。由于网络生成具有小尺寸和密集表示的多个特征映射，因此需要进行上采样以创建相同大小的特征。通过卷积层，在特征图上可以创建输出尺寸大于输入的特征。这样，整个网络是基于像素点的损失函数进行训练的。此外，J. Long 在网络设计中添加了跳跃连接，以将高层级特征映射表示与网络顶层更具体和密集的特征表示相结合。FCN 把 CNN 最后的全连接层换成了卷积层，这也是其名字的由来。全卷积网络可以高效地学习像素化任务（如语义分割），如图 7-9 所示。

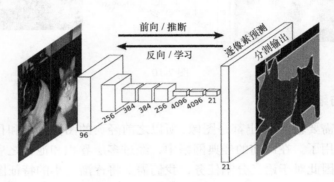

图 7-9

FCN 是对图像进行像素级分类的代表，率先给出了语义级别的图像分割方案。总体而言，FCN 遵循编码解码的网络结构模式，使用 AlexNet 作为网络的编码器，采用转置卷积对编码器最后一个卷积层输出的特征图进行上采样，直到特征图恢复到输入图像的分辨率，因此可以实现像素级别的图像分割。FCN 的一个好处是可输入任意尺寸的图像进行语义分割。

1. 卷积化

那么如何让网络做到像素级别的预测呢？此前的经典网络从图像输入开始就一直在做卷积和池化这样的下采样过程，卷积和池化后的全连接层使得网络可以完成分类和检测任务，但是分割任务的输出和输入一样也是像素级别的图像。为了保证输出大小，FCN 将经典网络中的全连接层改为了卷积层，因而构建了一个全是卷积层的卷积网络结构。这一步的修改称为卷积化，卷积化过程如图 7-10 所示。

由图 7-10 可以看出，将经典的分类网络的最后一个全连接层改为卷积层之后可以使得网络输出空间热图，再加上一些插值层即可让网络实现端到端的语义分割。

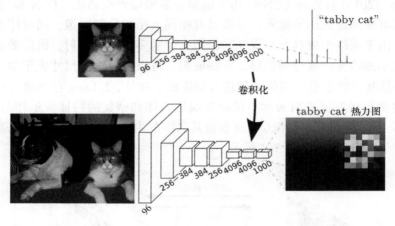

图 7-10

2. 网络结构与编码解码

因为语义分割需要输入/输出都是图像，所以之前经典的图像分类和目标检测网络在分割任务上就不大适用了。在此前的经典网络中，经过多层卷积和池化之后，输出的特征图尺寸会逐渐变小，因此对于语义分割任务，我们需要将逐渐变小的特征图还原到输入图像的大小。

为了实现上述目标，现有的语义分割等图像分割模型的一种通用做法就是采用编码和解码的网络结构，此前的多层卷积和池化的过程可以视作图像编码的过程，即不断下采样的过程。于是解码的过程就很好理解了，可以将解码理解为编码的逆运算，对编码的输出特征图进行不断上采样，逐渐得到一个与原始输入大小一致的全分辨率的分割图，如图 7-11 所示。语义分割的方法之一是使用全卷积，在设计一组卷积层时，要在网络中同时按顺序使用上采样和下采样，这样才能获得图像分割效果。

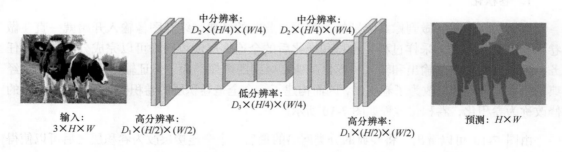

图 7-11

其中编码的过程在之前介绍了，就是卷积和池化的过程，如图 7-12 所示。

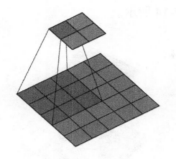

图 7-12

3. 上采样

仅仅将经典网络进行卷积化还远不可以在网络中实现像素级别的分类任务。在卷积化的基础上，FCN 的另一个关键在于上采样操作。从本质上讲，上采样就是下采样的一种逆操作，上采样目前通常使用三种方法：反卷积、反池化、插值法（一般采用双线性插值会更加平滑）。目前的过程有多种叫法：反卷积、解卷积或转置卷积（transpose convolution），本质是使用小于 1 的步长对原特征图进行填充（例如 0.5 的步长在 2×2 的特征图上就是填充为 4×4）。后使用原卷积矩阵的转置进行卷积操作。在池化层的上采样操作是反池化，池化下采样可以是取局部最大值来采样，因此池化上采样则通过为单个值分配更高的分辨率来达到扩充的目的，这样可以让经过下采样的特征图逐步恢复到输入像素时的尺寸。最大反池化的方法通常有最近邻法和"钉子"法。最大反池化的两种方法和最大池化如图 7-13 所示。

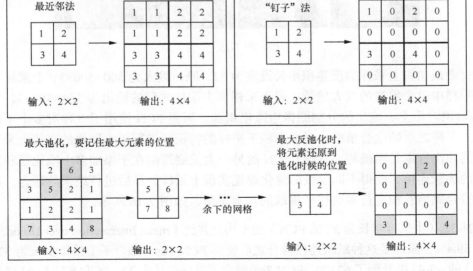

图 7-13

同理，反卷积的过程如图 7-14 所示。

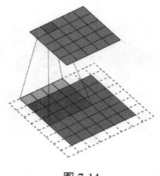

图 7-14

4. 融合

有了下采样、卷积化和上采样是不是就可以搭建一个语义分割系统了？虽然是可以的，但分割系统最后的效果极有可能变成了图 7-15 中第一幅图的这种情况。

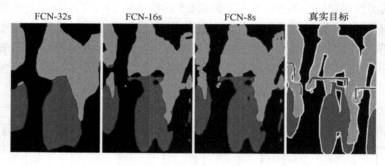

图 7-15

研究者最初将上采样的反卷积步长设定为 32，原始输入为 500×500×3，上采样步长等同于上采样中单个像素的放大倍数。经下采样和上采样之后的输出为 554×554×3，这就使得输入/输出对不上，输出的分割图像边缘很粗糙。因而 FCN 使用了一种对多个不同池化层进行上采样之后的融合策略。对全卷积下采样的特征图进行单一路线的直接上采样，最后得到的输出肯定是粗糙的。为此，FCN 的另一大关键策略在于添加多个池化层和反池化层之间的跳跃连接，使得不同层级的池化都能实现上采样，最后进行结果的融合，从理论上讲也符合此前卷积进行多层特征提取的基本思路，如图 7-16 所示。

FCN-32s（上采样步长为 32 的 FCN）的平均交并比（mean Intersection over Union, mIoU）原本为 59.4%，添加了这种跳跃连接融合之后使得 FCN-16s（融合了上采样步长为 32 和 16 的 FCN）的 mIoU 提升到了 62.4%，FCN-8s（融合了采样步长为 32、16 和 8 的 FCN）的 mIoU

提升到62.7%，可见这种融合方法对像素的修正效果非常显著。

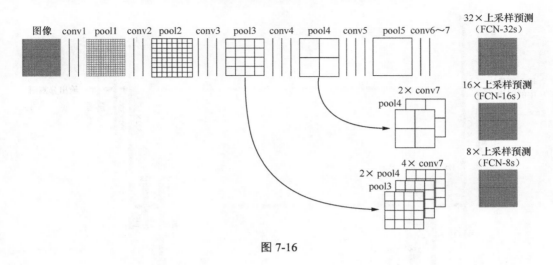

图 7-16

7.3.3 ParseNet

刘伟博士在2015年针对J. Long的FCN模型进行了改进。第一步，使用模型生成要素图，这些要素图被缩减为具有池化层的单个全局特征向量。使用$L2$欧几里得范数对该上下文向量进行归一化，并且将其取出（输出是输入的扩展版本）以生成具有与初始值相同大小的新特征映射。第二步，使用$L2$欧几里得范数对整个初始特征映射进行归一化。最后一步，连接前两个步骤生成的要素图。归一化有助于缩放连接的要素图值，从而获得更好的性能。ParseNet的实现效果如图7-17（a）~（d）所示，ParseNet网络结构如图7-17（e）所示。

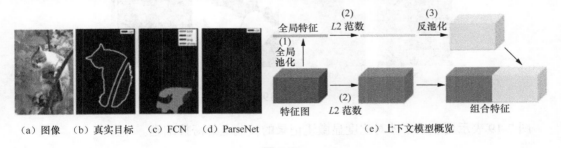

（a）图像　（b）真实目标　（c）FCN　（d）ParseNet　　　　（e）上下文模型概览

图 7-17

7.3.4 u-net

u-net同样是FCN的一种改进和发展，Ronneberger等人通过扩大网络解码器的容量来改进全卷积网络结构，并给编码和解码模块添加了收缩路径（contracting path）来实现更精准的像素边界定位。u-net 的结构如图 7-18 所示。

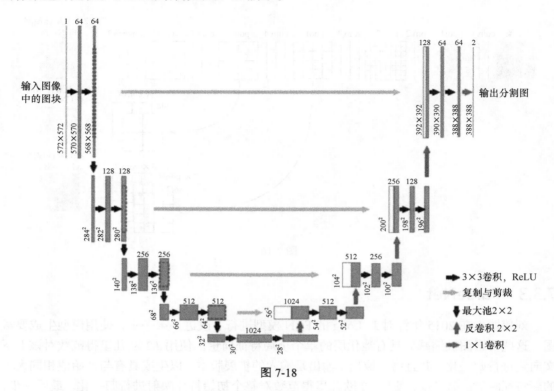

图 7-18

u-net 在海拉细胞分割任务上的效果如图 7-19 所示。

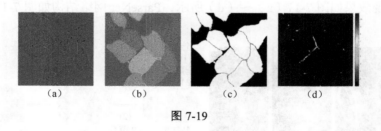

图 7-19

图 7-19 表示用差示干涉对比度显微镜记录的玻璃上的海拉细胞。

图 7-19（a）表示原始图像。图 7-19（b）表示覆盖真实目标的分割，用不同的颜色表示海拉细胞的不同实例。图 7-19（c）表示生成的分割掩码（白色对应前景，黑色对应背景）。图 7-19（d）表示用像素减损权重映射迫使网络学习边界像素。

近些年人工智能在医疗领域的应用越来越广泛，u-net 似乎就是其中的体现之一。u-net 在大量医学影像分割上的效果使得这种语义分割的网络架构非常流行，近年来在一些视觉比赛的冠军方案中也随处可见 u-net 的身影。

7.3.5　v-net

v-net 可以理解为 3D 版本的 u-net，适用于三维结构的医学影像分割。v-net 能够实现 3D 图像端到端的图像语义分割，加了一些像残差学习一样的技巧来进行网络改进，在总体结构上与 u-net 差异不大。v-net 网络结构如图 7-20 所示。

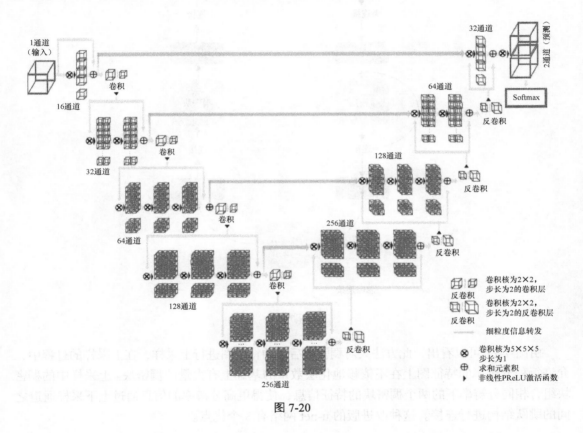

图 7-20

7.3.6　u-net 变体网络

除以上经典的语义分割网络模型之外，还有一些基于 u-net 的高级变体，比如，使用块（block）来代替编码/解码模块中堆栈的卷积层。Jegou 使用 DenseNet 的密集连接块并结合 u-net 的网络结构得到了 u-net 的一种变体网络。

这种 u-net 变体网络的结构如图 7-21 所示。

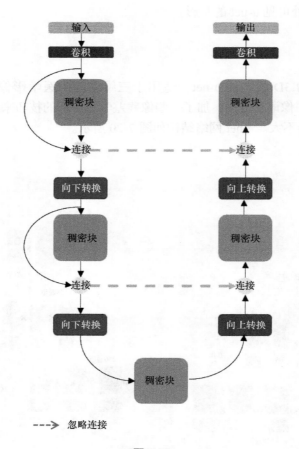

图 7-21

由图 7-21 可以看出，此方法只对稠密块后面的特征图进行上采样，在上采样的过程中，允许每种分辨率的特征图上在不依赖池化层数量的基础上有大量的稠密块。上采样中的稠密块组合相同分辨率下的两个稠密块的特征信息，使得更高分辨率的信息通过上下采样通道之间的跳跃结构进行连接。这种改进版的 u-net 网络有 3 个优点。

- 把 DenseNet 结构改为 FCN，用于分割，同时缓解了特征图数量的激增。
- 根据稠密块提出的上采样结构，比普通的上采样方式效果好很多。
- 该模型不需要预训练模型和后处理过程。

应用此网络结构的语义分割效果如图 7-22 所示。

图 7-22

7.3.7 PSPNet

H. Zhao 等（2016）开发了金字塔场景解析网络（Pyramid Scene Parsing Network，PSPNet），用于更好地学习场景的全局内容表示。PSPNet 使用具有扩张网络策略的特征提取器从输入图像中提取模式。把特征提供给金字塔池化模块以区分具有不同比例的模式。它们与 4 个不同的尺度合并，每个尺度对应于金字塔等级，并由 1×1 卷积层处理以减小它们的尺寸。这样，每个金字塔等级分析具有不同位置的图像的子区域。金字塔等级的输出被上采样并连接到初始特征图以最终包含局部和全局的上下文信息，并由卷积层处理以生成逐像素的预测。PSPNet 处理图像的流程如图 7-23 所示。

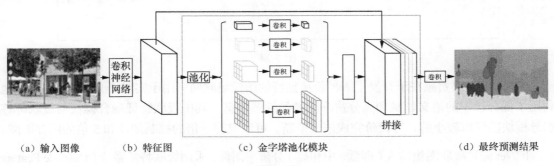

图 7-23

7.3.8 ICNet

H. Zhao 等（2018）针对高清图像的实时语义分割，提出了一个基于 PSPNet 的图像级联网络（Image Cascade Network, ICNet），解决了现实应用中基于像素标签推断需要大量计算的难题。ICNet 可以在单块 GPU 卡上实现实时推断，并且在 Cityscapes 和 CamVid 等数据验证方面有相对不错的效果。

当今基于深度学习的各种网络架构不断提升图像语义分割的性能，但是都距离工业界的实际应用有一定距离。像在 Cityscapes 数据集上取得不错效果的 ResNet 和 PSPNet 针对 1024×1024 的图像至少需要 1 秒的推断时间，远远不能满足自动驾驶、在线视频处理，甚至移动计算等领域实时的要求。在这样的背景下，ICNet 在不过多降低预测效果的基础上实现毫秒级响应以满足实时处理的要求。在 Cityscapes 数据集上，ICNet 的响应时间可以达到 33ms，处理能力达到 30.3f/s，mIoU 达到 70.6%，ICNet 在 Cityscapes 数据集上的结果评测表如图 7-24 所示。

Rank	Method	mIoU	Frame (f/s)	Time (ms)	Paper Title	Year	Paper	Code
1	PSPNet	81.2%	0.78	1288	Pyramid Scene Parsing Network	2016		
2	BiSeNet	74.7%	65.5		BiSeNet: Bilateral Segmentation Network for Real-time Semantic Segmentation	2018		
3	FRRN	71.8%	2.1	469	Full-Resolution Residual Networks for Semantic Segmentation in Street Scenes	2016		
4	ICNet	70.6%	30.3	33	ICNet for Real-Time Semantic Segmentation on High-Resolution Images	2017		
5	Dilation10	67.1%	0.25	4000	Multi-Scale Context Aggregation by Dilated Convolutions	2015		
6	FCN	65.3%	2	500	Fully Convolutional Networks for Semantic Segmentation	2016		
7	DeepLab	63.1%	0.25	4000	Semantic Image Segmentation with Deep Convolutional Nets and Fully Connected CRFs	2014		
8	CRF-RNN	62.5%	1.4	700	Conditional Random Fields as Recurrent Neural Networks	2015		
9	ENet	58.3%			ENet: A Deep Neural Network Architecture for Real-Time Semantic Segmentation	2016		
10	SegNet	57.0%	16.7	60	SegNet: A Deep Convolutional Encoder-Decoder Architecture for Image Segmentation	2015		

图 7-24

ICNet 的主要贡献在于开发了一种新颖独特的图像级联网络用于实时语义分割，它高效地利用了低分辨率的语义信息和高分辨率图像的细节信息。其中级联特征融合模块与级联标签引导模块能够以较小的计算代价完成语义推断，可以取得 5 倍的推断加速和 5 倍的内存缩减。

ICNet 需要级联图像输入（即低、中和高）分辨率图像，采用级联特征融合（Cascade Feature Fusion, CFF）单元并基于级联标签指导进行训练。具有全分辨率的输入图像通过 1/2 和 1/4

比例进行下采样，形成特征输入到中分辨率和高分辨率的分支，逐级提高精度。ICNet 的结构如图 7-25 所示。

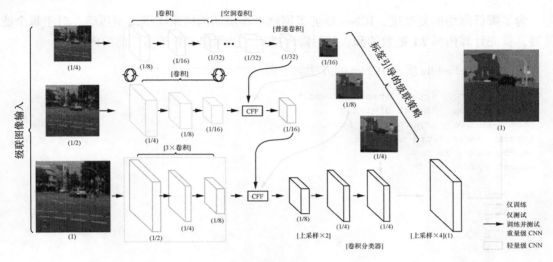

图 7-25

我们使用低分辨率输入进行语义提取，如上图顶部分支所示，使用下采样率为 8 的比例将 1/4 大小的图像输入 PSPNet，得到 1/32 分辨率的特征。为了获得高质量的分割效果，增加中高分辨率的特征提取有助于恢复局部细节信息并重新处理粗糙的特征。CFF 的作用就是引入中分辨率和高分辨率图像的特征，从而逐步提高精度，CFF 的结构如图 7-26 所示。

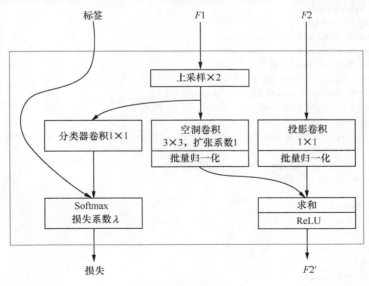

图 7-26

这样只有低分辨率的图像经过了最深的网络结构，而其他两个分支经过的层数都逐渐减少，从而提高了网络的速度。

为了降低网络的复杂度，ICNet 修剪了网络中每层的内核来实现模型压缩。对于每个滤波器，首先计算内核 $L1$ 范数的和，然后降序排列，仅保留部分排名靠前的内核。

通过 PaddlePaddle 实现 ICNet 的方法如下所示。

```python
from __future__ import absolute_import
from __future__ import division
from __future__ import print_function
import paddle.fluid as fluid
import numpy as np
import sys

def conv(input,
         k_h,
         k_w,
         c_o,
         s_h,
         s_w,
         relu=False,
         padding="VALID",
         biased=False,
         name=None):
    act = None
    tmp = input
    if relu:
        act = "relu"
    if padding == "SAME":
        padding_h = max(k_h - s_h, 0)
        padding_w = max(k_w - s_w, 0)
        padding_top = padding_h // 2
        padding_left = padding_w // 2
        padding_bottom = padding_h - padding_top
        padding_right = padding_w - padding_left
        padding = [
            0, 0, 0, 0, padding_top, padding_bottom, padding_left, padding_right
        ]
        tmp = fluid.layers.pad(tmp, padding)
    tmp = fluid.layers.conv2d(
        tmp,
        num_filters=c_o,
        filter_size=[k_h, k_w],
        stride=[s_h, s_w],
        groups=1,
        act=act,
        bias_attr=biased,
        use_cudnn=False,
        name=name)
```

```python
    return tmp

def atrous_conv(input,
                k_h,
                k_w,
                c_o,
                dilation,
                relu=False,
                padding="VALID",
                biased=False,
                name=None):
    act = None
    if relu:
        act = "relu"
    tmp = input
    if padding == "SAME":
        padding_h = max(k_h - s_h, 0)
        padding_w = max(k_w - s_w, 0)
        padding_top = padding_h // 2
        padding_left = padding_w // 2
        padding_bottom = padding_h - padding_top
        padding_right = padding_w - padding_left
        padding = [
            0, 0, 0, 0, padding_top, padding_bottom, padding_left, padding_right
        ]
        tmp = fluid.layers.pad(tmp, padding)

    tmp = fluid.layers.conv2d(
        input,
        num_filters=c_o,
        filter_size=[k_h, k_w],
        dilation=dilation,
        groups=1,
        act=act,
        bias_attr=biased,
        use_cudnn=False,
        name=name)
    return tmp

def zero_padding(input, padding):
    return fluid.layers.pad(input,
                            [0, 0, 0, 0, padding, padding, padding, padding])

def bn(input, relu=False, name=None, is_test=False):
    act = None
    if relu:
        act = 'relu'
    name = input.name.split(".")[0] + "_bn"
    tmp = fluid.layers.batch_norm(
        input, act=act, momentum=0.95, epsilon=1e-5, name=name)
    return tmp
```

```python
def avg_pool(input, k_h, k_w, s_h, s_w, name=None, padding=0):
    temp = fluid.layers.pool2d(
        input,
        pool_size=[k_h, k_w],
        pool_type="avg",
        pool_stride=[s_h, s_w],
        pool_padding=padding,
        name=name)
    return temp

def max_pool(input, k_h, k_w, s_h, s_w, name=None, padding=0):
    temp = fluid.layers.pool2d(
        input,
        pool_size=[k_h, k_w],
        pool_type="max",
        pool_stride=[s_h, s_w],
        pool_padding=padding,
        name=name)
    return temp

def interp(input, out_shape):
    out_shape = list(out_shape.astype("int32"))
    return fluid.layers.resize_bilinear(input, out_shape=out_shape)

def dilation_convs(input):
    tmp = res_block(input, filter_num=256, padding=1, name="conv3_2")
    tmp = res_block(tmp, filter_num=256, padding=1, name="conv3_3")
    tmp = res_block(tmp, filter_num=256, padding=1, name="conv3_4")

    tmp = proj_block(tmp, filter_num=512, padding=2, dilation=2, name="conv4_1")
    tmp = res_block(tmp, filter_num=512, padding=2, dilation=2, name="conv4_2")
    tmp = res_block(tmp, filter_num=512, padding=2, dilation=2, name="conv4_3")
    tmp = res_block(tmp, filter_num=512, padding=2, dilation=2, name="conv4_4")
    tmp = res_block(tmp, filter_num=512, padding=2, dilation=2, name="conv4_5")
    tmp = res_block(tmp, filter_num=512, padding=2, dilation=2, name="conv4_6")

    tmp = proj_block(
        tmp, filter_num=1024, padding=4, dilation=4, name="conv5_1")
    tmp = res_block(tmp, filter_num=1024, padding=4, dilation=4, name="conv5_2")
    tmp = res_block(tmp, filter_num=1024, padding=4, dilation=4, name="conv5_3")
    return tmp

def pyramis_pooling(input, input_shape):
    shape = np.ceil(input_shape // 32).astype("int32")
    h, w = shape
    pool1 = avg_pool(input, h, w, h, w)
    pool1_interp = interp(pool1, shape)
    pool2 = avg_pool(input, h // 2, w // 2, h // 2, w // 2)
    pool2_interp = interp(pool2, shape)
```

```python
    pool3 = avg_pool(input, h // 3, w // 3, h // 3, w // 3)
    pool3_interp = interp(pool3, shape)
    pool4 = avg_pool(input, h // 4, w // 4, h // 4, w // 4)
    pool4_interp = interp(pool4, shape)
    conv5_3_sum = input + pool4_interp + pool3_interp + pool2_interp + pool1_interp
    return conv5_3_sum

def shared_convs(image):
    tmp = conv(image, 3, 3, 32, 2, 2, padding='SAME', name="conv1_1_3_3_s2")
    tmp = bn(tmp, relu=True)
    tmp = conv(tmp, 3, 3, 32, 1, 1, padding='SAME', name="conv1_2_3_3")
    tmp = bn(tmp, relu=True)
    tmp = conv(tmp, 3, 3, 64, 1, 1, padding='SAME', name="conv1_3_3_3")
    tmp = bn(tmp, relu=True)
    tmp = max_pool(tmp, 3, 3, 2, 2, padding=[1, 1])

    tmp = proj_block(tmp, filter_num=128, padding=0, name="conv2_1")
    tmp = res_block(tmp, filter_num=128, padding=1, name="conv2_2")
    tmp = res_block(tmp, filter_num=128, padding=1, name="conv2_3")
    tmp = proj_block(tmp, filter_num=256, padding=1, stride=2, name="conv3_1")
    return tmp

def res_block(input, filter_num, padding=0, dilation=None, name=None):
    tmp = conv(input, 1, 1, filter_num // 4, 1, 1, name=name + "_1_1_reduce")
    tmp = bn(tmp, relu=True)
    tmp = zero_padding(tmp, padding=padding)
    if dilation is None:
        tmp = conv(tmp, 3, 3, filter_num // 4, 1, 1, name=name + "_3_3")
    else:
        tmp = atrous_conv(
            tmp, 3, 3, filter_num // 4, dilation, name=name + "_3_3")
    tmp = bn(tmp, relu=True)
    tmp = conv(tmp, 1, 1, filter_num, 1, 1, name=name + "_1_1_increase")
    tmp = bn(tmp, relu=False)
    tmp = input + tmp
    tmp = fluid.layers.relu(tmp)
    return tmp

def proj_block(input, filter_num, padding=0, dilation=None, stride=1,
               name=None):
    proj = conv(
        input, 1, 1, filter_num, stride, stride, name=name + "_1_1_proj")
    proj_bn = bn(proj, relu=False)

    tmp = conv(
        input, 1, 1, filter_num // 4, stride, stride, name=name + "_1_1_reduce")
    tmp = bn(tmp, relu=True)

    tmp = zero_padding(tmp, padding=padding)
    if padding == 0:
```

```python
            padding = 'SAME'
        else:
            padding = 'VALID'
        if dilation is None:
            tmp = conv(
                tmp,
                3,
                3,
                filter_num // 4,
                1,
                1,
                padding=padding,
                name=name + "_3_3")
        else:
            tmp = atrous_conv(
                tmp,
                3,
                3,
                filter_num // 4,
                dilation,
                padding=padding,
                name=name + "_3_3")

        tmp = bn(tmp, relu=True)
        tmp = conv(tmp, 1, 1, filter_num, 1, 1, name=name + "_1_1_increase")
        tmp = bn(tmp, relu=False)
        tmp = proj_bn + tmp
        tmp = fluid.layers.relu(tmp)
        return tmp

    def sub_net_4(input, input_shape):
        tmp = interp(input, out_shape=(input_shape // 32))
        tmp = dilation_convs(tmp)
        tmp = pyramis_pooling(tmp, input_shape)
        tmp = conv(tmp, 1, 1, 256, 1, 1, name="conv5_4_k1")
        tmp = bn(tmp, relu=True)
        tmp = interp(tmp, out_shape=np.ceil(input_shape / 16))
        return tmp

    def sub_net_2(input):
        tmp = conv(input, 1, 1, 128, 1, 1, name="conv3_1_sub2_proj")
        tmp = bn(tmp, relu=False)
        return tmp

    def sub_net_1(input):
        tmp = conv(input, 3, 3, 32, 2, 2, padding='SAME', name="conv1_sub1")
        tmp = bn(tmp, relu=True)
        tmp = conv(tmp, 3, 3, 32, 2, 2, padding='SAME', name="conv2_sub1")
        tmp = bn(tmp, relu=True)
        tmp = conv(tmp, 3, 3, 64, 2, 2, padding='SAME', name="conv3_sub1")
```

```
    tmp = bn(tmp, relu=True)
    tmp = conv(tmp, 1, 1, 128, 1, 1, name="conv3_sub1_proj")
    tmp = bn(tmp, relu=False)
    return tmp

def CCF24(sub2_out, sub4_out, input_shape):
    tmp = zero_padding(sub4_out, padding=2)
    tmp = atrous_conv(tmp, 3, 3, 128, 2, name="conv_sub4")
    tmp = bn(tmp, relu=False)
    tmp = tmp + sub2_out
    tmp = fluid.layers.relu(tmp)
    tmp = interp(tmp, input_shape // 8)
    return tmp

def CCF124(sub1_out, sub24_out, input_shape):
    tmp = zero_padding(sub24_out, padding=2)
    tmp = atrous_conv(tmp, 3, 3, 128, 2, name="conv_sub2")
    tmp = bn(tmp, relu=False)
    tmp = tmp + sub1_out
    tmp = fluid.layers.relu(tmp)
    tmp = interp(tmp, input_shape // 4)
    return tmp

def icnet(data, num_classes, input_shape):
    image_sub1 = data
    image_sub2 = interp(data, out_shape=input_shape * 0.5)

    s_convs = shared_convs(image_sub2)
    sub4_out = sub_net_4(s_convs, input_shape)
    sub2_out = sub_net_2(s_convs)
    sub1_out = sub_net_1(image_sub1)

    sub24_out = CCF24(sub2_out, sub4_out, input_shape)
    sub124_out = CCF124(sub1_out, sub24_out, input_shape)

    conv6_cls = conv(
        sub124_out, 1, 1, num_classes, 1, 1, biased=True, name="conv6_cls")
    sub4_out = conv(
        sub4_out, 1, 1, num_classes, 1, 1, biased=True, name="sub4_out")
    sub24_out = conv(
        sub24_out, 1, 1, num_classes, 1, 1, biased=True, name="sub24_out")

    return sub4_out, sub24_out, conv6_cls
```

7.3.9 DeepLab v3+

DeepLab v3+是 DeepLab 语义分割系列网络的最新作，其前作有 DeepLab v1、v2 和 v3。在最新作中，Liang-Chieh Chen 等人通过编码器—解码器进行多尺度信息的融合，同时保留了原来的空洞卷积和 ASSP（Atrous Spatial Pyramid Pooling）模块，挖掘不同尺度的卷积特征，提升分割效果，其骨干网络使用了 Xception 模型，提高了语义分割的健壮性和运行速率。DeepLab v3+在 Pascal VOC 上达到了 89.0%的 mIoU，在 Cityscape 上也取得了 82.1%的 mIoU。DeepLab v3+的基本结构如图 7-27 所示。

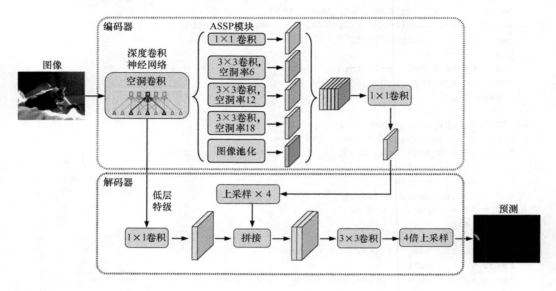

图 7-27

DeepLab v3+在主干网络之后连接了编码器和解码器，能够在扩大网络感受的同时获得更加高清的分割效果。

通过 PaddlePaddle 实现的 DeepLab v3+如下所示。

```
import absolute_import
from __future__ import division
from __future__ import print_function
import paddle
import paddle.fluid as fluid


import contextlib
import os
name_scope = ""


decode_channel = 48
encode_channel = 256
label_number = 19
```

```python
bn_momentum = 0.99
dropout_keep_prop = 0.9
is_train = True


op_results = {}


default_epsilon = 1e-3
default_norm_type = 'bn'
default_group_number = 32
depthwise_use_cudnn = False


bn_regularizer = fluid.regularizer.L2DecayRegularizer(regularization_coeff=0.0)
depthwise_regularizer = fluid.regularizer.L2DecayRegularizer(
    regularization_coeff=0.0)


@contextlib.contextmanager
def scope(name):
    global name_scope
    bk = name_scope
    name_scope = name_scope + name + '/'
    yield
    name_scope = bk


def check(data, number):
    if type(data) == int:
        return [data] * number
    assert len(data) == number
    return data


def clean():
    global op_results
    op_results = {}


def append_op_result(result, name):
    global op_results
    op_index = len(op_results)
    name = name_scope + name + str(op_index)
    op_results[name] = result
    return result


def conv(*args, **kargs):
    if "xception" in name_scope:
        init_std = 0.09
```

```python
        elif "logit" in name_scope:
            init_std = 0.01
        elif name_scope.endswith('depthwise/'):
            init_std = 0.33
        else:
            init_std = 0.06
        if name_scope.endswith('depthwise/'):
            regularizer = depthwise_regularizer
        else:
            regularizer = None


        kargs['param_attr'] = fluid.ParamAttr(
            name=name_scope + 'weights',
            regularizer=regularizer,
            initializer=fluid.initializer.TruncatedNormal(
                loc=0.0, scale=init_std))
        if 'bias_attr' in kargs and kargs['bias_attr']:
            kargs['bias_attr'] = fluid.ParamAttr(
                name=name_scope + 'biases',
                regularizer=regularizer,
                initializer=fluid.initializer.ConstantInitializer(value=0.0))
        else:
            kargs['bias_attr'] = False
        kargs['name'] = name_scope + 'conv'
        return append_op_result(fluid.layers.conv2d(*args, **kargs), 'conv')


def group_norm(input, G, eps=1e-5, param_attr=None, bias_attr=None):
    N, C, H, W = input.shape
    if C % G != 0:
        for d in range(10):
            for t in [d, -d]:
                if G + t <= 0: continue
                if C % (G + t) == 0:
                    G = G + t
                    break
            if C % G == 0:
                # print "use group size:", G
                break
    assert C % G == 0
    x = fluid.layers.group_norm(
        input,
        groups=G,
        param_attr=param_attr,
        bias_attr=bias_attr,
        name=name_scope + 'group_norm')
    return x


def bn(*args, **kargs):
```

```python
        if default_norm_type == 'bn':
            with scope('BatchNorm'):
                return append_op_result(
                    fluid.layers.batch_norm(
                        *args,
                        epsilon=default_epsilon,
                        momentum=bn_momentum,
                        param_attr=fluid.ParamAttr(
                            name=name_scope + 'gamma', regularizer=bn_regularizer),
                        bias_attr=fluid.ParamAttr(
                            name=name_scope + 'beta', regularizer=bn_regularizer),
                        moving_mean_name=name_scope + 'moving_mean',
                        moving_variance_name=name_scope + 'moving_variance',
                        **kargs),
                    'bn')
        elif default_norm_type == 'gn':
            with scope('GroupNorm'):
                return append_op_result(
                    group_norm(
                        args[0],
                        default_group_number,
                        eps=default_epsilon,
                        param_attr=fluid.ParamAttr(
                            name=name_scope + 'gamma', regularizer=bn_regularizer),
                        bias_attr=fluid.ParamAttr(
                            name=name_scope + 'beta', regularizer=bn_regularizer)),
                    'gn')
        else:
            raise "Unsupport norm type:" + default_norm_type


def bn_relu(data):
    return append_op_result(fluid.layers.relu(bn(data)), 'relu')


def relu(data):
    return append_op_result(
        fluid.layers.relu(
            data, name=name_scope + 'relu'), 'relu')


def seperate_conv(input, channel, stride, filter, dilation=1, act=None):
    with scope('depthwise'):
        input = conv(
            input,
            input.shape[1],
            filter,
            stride,
            groups=input.shape[1],
            padding=(filter // 2) * dilation,
```

```python
                dilation=dilation,
                use_cudnn=depthwise_use_cudnn)
        input = bn(input)
        if act: input = act(input)
    with scope('pointwise'):
        input = conv(input, channel, 1, 1, groups=1, padding=0)
        input = bn(input)
        if act: input = act(input)
    return input


def xception_block(input,
                   channels,
                   strides=1,
                   filters=3,
                   dilation=1,
                   skip_conv=True,
                   has_skip=True,
                   activation_fn_in_separable_conv=False):
    repeat_number = 3
    channels = check(channels, repeat_number)
    filters = check(filters, repeat_number)
    strides = check(strides, repeat_number)
    data = input
    results = []
    for i in range(repeat_number):
        with scope('separable_conv' + str(i + 1)):
            if not activation_fn_in_separable_conv:
                data = relu(data)
                data = seperate_conv(
                    data,
                    channels[i],
                    strides[i],
                    filters[i],
                    dilation=dilation)
            else:
                data = seperate_conv(
                    data,
                    channels[i],
                    strides[i],
                    filters[i],
                    dilation=dilation,
                    act=relu)
            results.append(data)
    if not has_skip:
        return append_op_result(data, 'xception_block'), results
    if skip_conv:
        with scope('shortcut'):
            skip = bn(
                conv(
```

```python
                        input, channels[-1], 1, strides[-1], groups=1, padding=0))
        else:
            skip = input
        return append_op_result(data + skip, 'xception_block'), results


def entry_flow(data):
    with scope("entry_flow"):
        with scope("conv1"):
            data = conv(data, 32, 3, stride=2, padding=1)
            data = bn_relu(data)
        with scope("conv2"):
            data = conv(data, 64, 3, stride=1, padding=1)
            data = bn_relu(data)
        with scope("block1"):
            data, _ = xception_block(data, 128, [1, 1, 2])
        with scope("block2"):
            data, results = xception_block(data, 256, [1, 1, 2])
        with scope("block3"):
            data, _ = xception_block(data, 728, [1, 1, 2])
        return data, results[1]


def middle_flow(data):
    with scope("middle_flow"):
        for i in range(16):
            with scope("block" + str(i + 1)):
                data, _ = xception_block(data, 728, [1, 1, 1], skip_conv=False)
    return data


def exit_flow(data):
    with scope("exit_flow"):
        with scope('block1'):
            data, _ = xception_block(data, [728, 1024, 1024], [1, 1, 1])
        with scope('block2'):
            data, _ = xception_block(
                data, [1536, 1536, 2048], [1, 1, 1],
                dilation=2,
                has_skip=False,
                activation_fn_in_separable_conv=True)
        return data


def dropout(x, keep_rate):
    if is_train:
        return fluid.layers.dropout(x, 1 - keep_rate) / keep_rate
    else:
        return x
```

```python
def encoder(input):
    with scope('encoder'):
        channel = 256
        with scope("image_pool"):
            image_avg = fluid.layers.reduce_mean(input, [2, 3], keep_dim=True)
            append_op_result(image_avg, 'reduce_mean')
            image_avg = bn_relu(
                conv(
                    image_avg, channel, 1, 1, groups=1, padding=0))
            image_avg = fluid.layers.resize_bilinear(image_avg, input.shape[2:])
        with scope("aspp0"):
            aspp0 = bn_relu(conv(input, channel, 1, 1, groups=1, padding=0))
        with scope("aspp1"):
            aspp1 = seperate_conv(input, channel, 1, 3, dilation=6, act=relu)
        with scope("aspp2"):
            aspp2 = seperate_conv(input, channel, 1, 3, dilation=12, act=relu)
        with scope("aspp3"):
            aspp3 = seperate_conv(input, channel, 1, 3, dilation=18, act=relu)
        with scope("concat"):
            data = append_op_result(
                fluid.layers.concat(
                    [image_avg, aspp0, aspp1, aspp2, aspp3], axis=1),
                'concat')
            data = bn_relu(conv(data, channel, 1, 1, groups=1, padding=0))
            data = dropout(data, dropout_keep_prop)
        return data


def decoder(encode_data, decode_shortcut):
    with scope('decoder'):
        with scope('concat'):
            decode_shortcut = bn_relu(
                conv(
                    decode_shortcut, decode_channel, 1, 1, groups=1, padding=0))
            encode_data = fluid.layers.resize_bilinear(
                encode_data, decode_shortcut.shape[2:])
            encode_data = fluid.layers.concat(
                [encode_data, decode_shortcut], axis=1)
            append_op_result(encode_data, 'concat')
        with scope("separable_conv1"):
            encode_data = seperate_conv(
                encode_data, encode_channel, 1, 3, dilation=1, act=relu)
        with scope("separable_conv2"):
            encode_data = seperate_conv(
                encode_data, encode_channel, 1, 3, dilation=1, act=relu)
        return encode_data


def deeplabv3p(img):
```

```
    global default_epsilon
    append_op_result(img, 'img')
    with scope('xception_65'):
        default_epsilon = 1e-3
        #输入流
        data, decode_shortcut = entry_flow(img)
        #中间流
        data = middle_flow(data)
        #输出流
        data = exit_flow(data)
    default_epsilon = 1e-5
    encode_data = encoder(data)
    encode_data = decoder(encode_data, decode_shortcut)
    with scope('logit'):
        logit = conv(
            encode_data, label_number, 1, stride=1, padding=0, bias_attr=True)
        logit = fluid.layers.resize_bilinear(logit, img.shape[2:])
    return logit
```

7.4 实例分割

7.4.1 实例分割概述

语义分割方式存在一些问题，比如，如果一个像素被标记为红色，那就代表这个像素所在的位置是一个人，但是如果有两个都是红色的像素，这种方式就无法判断它们是属于同一个人还是不同的人。也就是说，语义分割只能判断类别，无法区分个体。

相较于语义分割，实例分割不仅要实现像素级别的分类，还要在此基础上将同一类别的不同个体分割出来，即实现每个实例的分割。这对分割算法提出了更高的要求。基于之前积累的目标检测算法，可以实现语义分割。实例分割的基本思路就是在语义分割的基础上加上目标检测，先用目标检测算法对图像中的实例进行定位，再用语义分割方法对不同定位框中的目标物体进行标记，从而达到实例分割的目的。

实例分割方式有点类似于物体检测，不过物体检测一般输出的是边界框，实例分割输出的是一个掩码。实例分割和语义分割的不同之处在于，实例分割不需要对每个像素进行标记，它只需要找到感兴趣物体的轮廓即可。比如，图 7-28 中

图 7-28

的人就是感兴趣的物体。

该图的分割采用了一种称为 Mask R-CNN 的方法。我们可以看到每个人都有不同颜色的轮廓，因此我们可以区分出单个个体。实例分割算法也有一定的发展历史，但其中影响深远且地位重要的算法不多。下面以 Mask R-CNN 为例进行介绍。

7.4.2 Mask R-CNN

1. Mask R-CNN 简介

在此前的两阶段目标检测算法巅峰之作 Faster R-CNN 和语义分割算法基本框架 FCN 的基础上，2017 年，何恺明提出了两阶段图像实例分割算法 Mask R-CNN。除融会贯通此前的检测和分割算法之外，其最大的亮点在于提出了一种称为 RoIAlign 的使得像素对齐的层，这使得分割准确率变得极精确。Mask R-CNN 的整体结构如图 7-29 所示。

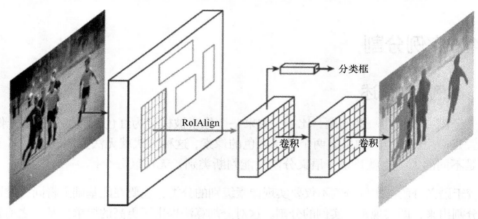

图 7-29

Faster R-CNN 在物体检测中已达到非常高的性能，Mask R-CNN 在此基础上更进一步——得到像素级别的检测结果。对于每一个目标物体，不仅给出其边界框，并且对边界框内的各个像素是否属于该物体进行标记。Mask R-CNN 同样为两阶段框架：第一阶段扫描图像并生成候选框；第二阶段根据候选框得到分类结果和边界框，同时在原有 Faster R-CNN 模型基础上添加分割分支，得到掩码结果，实现了掩码和类别预测关系的解耦。Mask R-CNN 的实现过程如图 7-30 所示。

总之，Mask R-CNN = Faster R-CNN + FCN + RoIAlign。其中 Faster R-CNN 用于快速准确地对目标进行检测定位，而 FCN 用于在 Faster R-CNN 的基础之上进行像素级的语义分割。因为 Faster R-CNN 中的兴趣区域池化之后存在的像素偏差问题，又提出了通过 RoIAlign 层来进行像素对齐，使得 Mask R-CNN 得以实现极高的分割准确率。Mask R-CNN 的结构如图 7-31 所示。

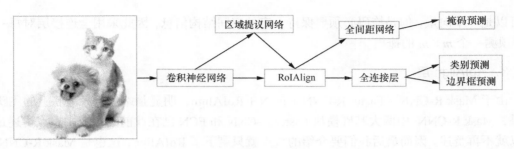

图 7-30

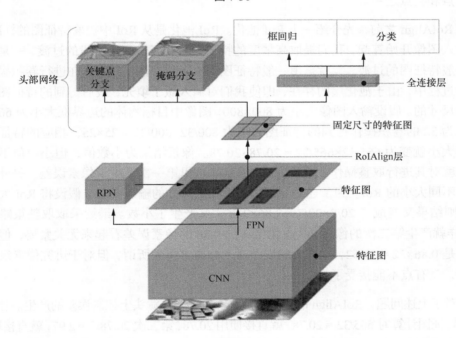

图 7-31

2. Mask R-CNN 的创新点

Mask R-CNN 的创新点如下。

（1）解决特征图与原始图像上的 RoI 不对齐问题：在 Faster R-CNN 中，没有设计网络的输入和输出的像素级别的对齐机制。为了解决特征不对齐的问题，通过 RoIAlign 层来解决这个问题，它能准确地保存空间位置，进而提高掩码的准确率。

（2）拆解掩码预测（mask prediction）和分类预测（class prediction）：该结构对每个类别独立地预测一个二值掩码，不依赖分类（classification）分支的预测结果。

（3）创造了掩码表示方式（mask representation）：有别于类别、框回归，这几个的输出都可以是一个向量，但是掩码必须要保持一定的空间结构信息，因此采用全连接层对每一个 RoI 预测一个 $m \times m$ 的掩模。

3．RoIAlign 层

由于 Mask R-CNN = Faster R-CNN + FCN + RoIAlign，明显是站在巨人肩膀上的飞跃性成果，Mask R-CNN 中两大基础模块 Faster R-CNN 和 FCN 已在此前的章节中重点讲述过，所以就不再赘述。因而最后我们要介绍的重点就只剩下了 RoIAlign，这也是 Mask R-CNN 最大的创新点和亮点之一。

在谈 RoIAlign 之前，先介绍一下 RoI 池化。RoI 池化是从 RoI 中提取特征图的标准操作。如果从输入图像开始算起，我们提取高精度的特征图需要经过两个阶段的过渡，一是由输入图像到一般特征图的过渡，二就是由一般特征图到 RoI 特征图的过渡。在进行卷积操作得到特征图的过程中，由于池化层的存在，即使我们对输入做了填充，最后得到的特征图一定是小于原图尺寸的。假设输入图像大小为 800×800，图像中目标物体的边界框大小为 665×665，使用步长为 32 的卷积操作得到的特征图大小为 800/32×800/32 = 25×25，相应的特征图上目标物体的大小就变为 665/32×665/32 = 20.78×20.78。像素结果为小数值，但小数值不方便操作，于是就对其进行取整操作，直接变成 20×20，这里第一次产生了像素误差。另外，特征图中也有不同大小的 RoI。为了迎合后面网络的相同尺寸的输入要求，假设将 RoI 大小统一为 7×7，则结果又变成了 20/7×20/7 = 2.86×2.86，又产生了小数。继续采取取整策略，假设取 2，这样就产生第二次的像素误差。第二次的 0.86 的像素误差看起来无关紧要，但对应到原图中就是 0.86×32 = 27.52，这样大的误差对于分类可能无所谓，但对于讲究像素级的实例分割而言，就有点不能接受了。

所以对于上述问题，RoIAlign 的解决方法是不取整，从源头上控制误差的产生。比如，在做第一次特征图计算时 665/32 = 20.78，就直接使用 20.78，第二次 20.78/7 = 2.97，就直接取 2.97。那么这些由计算产生的浮点数接下来如何处理呢？解决办法为双线性插值法。所谓双线性插值法就是用 20.78 这个像素值四周的整数像素值来对其进行估计的方法，如图 7-32 所示。

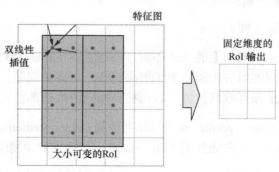

图 7-32

图 7-32 中大的虚线框为卷积后获得的特征图，黑色实线框为 RoI 特征图，假设最后目标输出大小为 2×2，那么就可以使用双线性插值法来估计图中的像素坐标点所对应的像素值。通过对灰色区域进行最大池化或平均池化操作最终即可获得 2×2 的输出，整个过程没有误差产生。这便是 Mask R-CNN 高精度分割准确率的由来。

图 7-33 展示了 Mask R-CNN 在像素级别的目标检测结果。

图 7-33

4．网络结构

为了验证 Mask R-CNN 方法的有效性，何恺明构造了多种不同结构的网络结构。具体来说，使用提取整个图像特征的不同卷积主干网络，并使识别边界框和预测掩模的不同 head 网络，如图 7-34 所示。

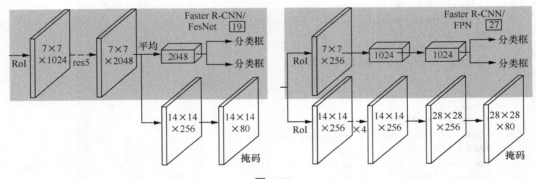

图 7-34

为了能产生对应的掩码，何恺明试验了图 7-34 左边的 Faster R-CNN/ResNet 和右边的

Faster R-CNN/FPN 结构。在下面的 PaddlePaddle 实现中使用 Faster R-CNN/ResNet 结构。

5. PaddlePaddle 实现

PaddlePaddle 实现如下。

```python
import paddle.fluid as fluid
from paddle.fluid.param_attr import ParamAttr
from paddle.fluid.initializer import Constant
from paddle.fluid.initializer import Normal
from paddle.fluid.initializer import MSRA
from paddle.fluid.regularizer import L2Decay
from config import cfg

class RCNN(object):
    def __init__(self,
                 add_conv_body_func=None,
                 add_roi_box_head_func=None,
                 mode='train',
                 use_pyreader=True,
                 use_random=True):
        self.add_conv_body_func = add_conv_body_func
        self.add_roi_box_head_func = add_roi_box_head_func
        self.mode = mode
        self.use_pyreader = use_pyreader
        self.use_random = use_random

    def build_model(self, image_shape):
        self.build_input(image_shape)
        body_conv = self.add_conv_body_func(self.image)
        #RPN
        self.rpn_heads(body_conv)
        #Fast R-CNN
        self.fast_rcnn_heads(body_conv)
        if self.mode != 'train':
            self.eval_bbox()
        #Mask R-CNN
        if cfg.MASK_ON:
            self.mask_rcnn_heads(body_conv)

    def loss(self):
        losses = []
        #Fast R-CNN 的损失
        loss_cls, loss_bbox = self.fast_rcnn_loss()
        #RPN 的损失
        rpn_cls_loss, rpn_reg_loss = self.rpn_loss()
        losses = [loss_cls, loss_bbox, rpn_cls_loss, rpn_reg_loss]
        rkeys = ['loss', 'loss_cls', 'loss_bbox', \
                 'loss_rpn_cls', 'loss_rpn_bbox',]
        if cfg.MASK_ON:
```

```python
            loss_mask = self.mask_rcnn_loss()
            losses = losses + [loss_mask]
            rkeys = rkeys + ["loss_mask"]
        loss = fluid.layers.sum(losses)
        rloss = [loss] + losses
        return rloss, rkeys

    def eval_mask_out(self):
        return self.mask_fcn_logits

    def eval_bbox_out(self):
        return self.pred_result

    def build_input(self, image_shape):
        if self.use_pyreader:
            in_shapes = [[-1] + image_shape, [-1, 4], [-1, 1], [-1, 1],
                         [-1, 3], [-1, 1]]
            lod_levels = [0, 1, 1, 1, 0, 0]
            dtypes = [
                'float32', 'float32', 'int32', 'int32', 'float32', 'int64'
            ]
            if cfg.MASK_ON:
                in_shapes.append([-1, 2])
                lod_levels.append(3)
                dtypes.append('float32')
            self.py_reader = fluid.layers.py_reader(
                capacity=64,
                shapes=in_shapes,
                lod_levels=lod_levels,
                dtypes=dtypes,
                use_double_buffer=True)
            ins = fluid.layers.read_file(self.py_reader)
            self.image = ins[0]
            self.gt_box = ins[1]
            self.gt_label = ins[2]
            self.is_crowd = ins[3]
            self.im_info = ins[4]
            self.im_id = ins[5]
            if cfg.MASK_ON:
                self.gt_masks = ins[6]
        else:
            self.image = fluid.layers.data(
                name='image', shape=image_shape, dtype='float32')
            self.gt_box = fluid.layers.data(
                name='gt_box', shape=[4], dtype='float32', lod_level=1)
            self.gt_label = fluid.layers.data(
                name='gt_label', shape=[1], dtype='int32', lod_level=1)
            self.is_crowd = fluid.layers.data(
                name='is_crowd', shape=[1], dtype='int32', lod_level=1)
            self.im_info = fluid.layers.data(
```

```python
                name='im_info', shape=[3], dtype='float32')
            self.im_id = fluid.layers.data(
                name='im_id', shape=[1], dtype='int64')
            if cfg.MASK_ON:
                self.gt_masks = fluid.layers.data(
                    name='gt_masks', shape=[2], dtype='float32', lod_level=3)

    def feeds(self):
        if self.mode == 'infer':
            return [self.image, self.im_info]
        if self.mode == 'val':
            return [self.image, self.im_info, self.im_id]
        if not cfg.MASK_ON:
            return [
                self.image, self.gt_box, self.gt_label, self.is_crowd,
                self.im_info, self.im_id
            ]
        return [
            self.image, self.gt_box, self.gt_label, self.is_crowd, self.im_info,
            self.im_id, self.gt_masks
        ]

    def eval_bbox(self):
        self.im_scale = fluid.layers.slice(
            self.im_info, [1], starts=[2], ends=[3])
        im_scale_lod = fluid.layers.sequence_expand(self.im_scale,
                                                    self.rpn_rois)
        boxes = self.rpn_rois / im_scale_lod
        cls_prob = fluid.layers.softmax(self.cls_score, use_cudnn=False)
        bbox_pred_reshape = fluid.layers.reshape(self.bbox_pred,
                                                 (-1, cfg.class_num, 4))
        decoded_box = fluid.layers.box_coder(
            prior_box=boxes,
            prior_box_var=cfg.bbox_reg_weights,
            target_box=bbox_pred_reshape,
            code_type='decode_center_size',
            box_normalized=False,
            axis=1)
        cliped_box = fluid.layers.box_clip(
            input=decoded_box, im_info=self.im_info)
        self.pred_result = fluid.layers.multiclass_nms(
            bboxes=cliped_box,
            scores=cls_prob,
            score_threshold=cfg.TEST.score_thresh,
            nms_top_k=-1,
            nms_threshold=cfg.TEST.nms_thresh,
            keep_top_k=cfg.TEST.detections_per_im,
            normalized=False)

    def rpn_heads(self, rpn_input):
```

```python
dim_out = rpn_input.shape[1]
rpn_conv = fluid.layers.conv2d(
    input=rpn_input,
    num_filters=dim_out,
    filter_size=3,
    stride=1,
    padding=1,
    act='relu',
    name='conv_rpn',
    param_attr=ParamAttr(
        name="conv_rpn_w", initializer=Normal(
            loc=0., scale=0.01)),
    bias_attr=ParamAttr(
        name="conv_rpn_b", learning_rate=2., regularizer=L2Decay(0.)))
self.anchor, self.var = fluid.layers.anchor_generator(
    input=rpn_conv,
    anchor_sizes=cfg.anchor_sizes,
    aspect_ratios=cfg.aspect_ratio,
    variance=cfg.variances,
    stride=cfg.rpn_stride)
num_anchor = self.anchor.shape[2]
#建议的分类分数
self.rpn_cls_score = fluid.layers.conv2d(
    rpn_conv,
    num_filters=num_anchor,
    filter_size=1,
    stride=1,
    padding=0,
    act=None,
    name='rpn_cls_score',
    param_attr=ParamAttr(
        name="rpn_cls_logits_w", initializer=Normal(
            loc=0., scale=0.01)),
    bias_attr=ParamAttr(
        name="rpn_cls_logits_b",
        learning_rate=2.,
        regularizer=L2Decay(0.)))
self.rpn_bbox_pred = fluid.layers.conv2d(
    rpn_conv,
    num_filters=4 * num_anchor,
    filter_size=1,
    stride=1,
    padding=0,
    act=None,
    name='rpn_bbox_pred',
    param_attr=ParamAttr(
        name="rpn_bbox_pred_w", initializer=Normal(
            loc=0., scale=0.01)),
    bias_attr=ParamAttr(
        name="rpn_bbox_pred_b",
```

```python
            learning_rate=2.,
            regularizer=L2Decay(0.)))

    rpn_cls_score_prob = fluid.layers.sigmoid(
        self.rpn_cls_score, name='rpn_cls_score_prob')

    param_obj = cfg.TRAIN if self.mode == 'train' else cfg.TEST
    pre_nms_top_n = param_obj.rpn_pre_nms_top_n
    post_nms_top_n = param_obj.rpn_post_nms_top_n
    nms_thresh = param_obj.rpn_nms_thresh
    min_size = param_obj.rpn_min_size
    eta = param_obj.rpn_eta
    self.rpn_rois, self.rpn_roi_probs = fluid.layers.generate_proposals(
        scores=rpn_cls_score_prob,
        bbox_deltas=self.rpn_bbox_pred,
        im_info=self.im_info,
        anchors=self.anchor,
        variances=self.var,
        pre_nms_top_n=pre_nms_top_n,
        post_nms_top_n=post_nms_top_n,
        nms_thresh=nms_thresh,
        min_size=min_size,
        eta=eta)
    if self.mode == 'train':
        outs = fluid.layers.generate_proposal_labels(
            rpn_rois=self.rpn_rois,
            gt_classes=self.gt_label,
            is_crowd=self.is_crowd,
            gt_boxes=self.gt_box,
            im_info=self.im_info,
            batch_size_per_im=cfg.TRAIN.batch_size_per_im,
            fg_fraction=cfg.TRAIN.fg_fractrion,
            fg_thresh=cfg.TRAIN.fg_thresh,
            bg_thresh_hi=cfg.TRAIN.bg_thresh_hi,
            bg_thresh_lo=cfg.TRAIN.bg_thresh_lo,
            bbox_reg_weights=cfg.bbox_reg_weights,
            class_nums=cfg.class_num,
            use_random=self.use_random)

        self.rois = outs[0]
        self.labels_int32 = outs[1]
        self.bbox_targets = outs[2]
        self.bbox_inside_weights = outs[3]
        self.bbox_outside_weights = outs[4]

        if cfg.MASK_ON:
            mask_out = fluid.layers.generate_mask_labels(
                im_info=self.im_info,
                gt_classes=self.gt_label,
                is_crowd=self.is_crowd,
```

```python
                gt_segms=self.gt_masks,
                rois=self.rois,
                labels_int32=self.labels_int32,
                num_classes=cfg.class_num,
                resolution=cfg.resolution)
        self.mask_rois = mask_out[0]
        self.roi_has_mask_int32 = mask_out[1]
        self.mask_int32 = mask_out[2]

def fast_rcnn_heads(self, roi_input):
    if self.mode == 'train':
        pool_rois = self.rois
    else:
        pool_rois = self.rpn_rois
    self.res5_2_sum = self.add_roi_box_head_func(roi_input, pool_rois)
    rcnn_out = fluid.layers.pool2d(
        self.res5_2_sum, pool_type='avg', pool_size=7, name='res5_pool')
    self.cls_score = fluid.layers.fc(input=rcnn_out,
                                     size=cfg.class_num,
                                     act=None,
                                     name='cls_score',
                                     param_attr=ParamAttr(
                                         name='cls_score_w',
                                         initializer=Normal(
                                             loc=0.0, scale=0.001)),
                                     bias_attr=ParamAttr(
                                         name='cls_score_b',
                                         learning_rate=2.,
                                         regularizer=L2Decay(0.)))
    self.bbox_pred = fluid.layers.fc(input=rcnn_out,
                                     size=4 * cfg.class_num,
                                     act=None,
                                     name='bbox_pred',
                                     param_attr=ParamAttr(
                                         name='bbox_pred_w',
                                         initializer=Normal(
                                             loc=0.0, scale=0.01)),
                                     bias_attr=ParamAttr(
                                         name='bbox_pred_b',
                                         learning_rate=2.,
                                         regularizer=L2Decay(0.)))

def SuffixNet(self, conv5):
    mask_out = fluid.layers.conv2d_transpose(
        input=conv5,
        num_filters=cfg.dim_reduced,
        filter_size=2,
        stride=2,
        act='relu',
        param_attr=ParamAttr(
```

```python
            name='conv5_mask_w', initializer=MSRA(uniform=False)),
        bias_attr=ParamAttr(
            name='conv5_mask_b', learning_rate=2., regularizer=L2Decay(0.)))
    act_func = None
    if self.mode != 'train':
        act_func = 'sigmoid'
    mask_fcn_logits = fluid.layers.conv2d(
        input=mask_out,
        num_filters=cfg.class_num,
        filter_size=1,
        act=act_func,
        param_attr=ParamAttr(
            name='mask_fcn_logits_w', initializer=MSRA(uniform=False)),
        bias_attr=ParamAttr(
            name="mask_fcn_logits_b",
            learning_rate=2.,
            regularizer=L2Decay(0.)))

    if self.mode != 'train':
        mask_fcn_logits = fluid.layers.lod_reset(mask_fcn_logits,
                                                  self.pred_result)
    return mask_fcn_logits

def mask_rcnn_heads(self, mask_input):
    if self.mode == 'train':
        conv5 = fluid.layers.gather(self.res5_2_sum,
                                     self.roi_has_mask_int32)
        self.mask_fcn_logits = self.SuffixNet(conv5)
    else:
        pred_res_shape = fluid.layers.shape(self.pred_result)
        shape = fluid.layers.reduce_prod(pred_res_shape)
        shape = fluid.layers.reshape(shape, [1, 1])
        ones = fluid.layers.fill_constant([1, 1], value=1, dtype='int32')
        cond = fluid.layers.equal(x=shape, y=ones)
        ie = fluid.layers.IfElse(cond)

        with ie.true_block():
            pred_res_null = ie.input(self.pred_result)
            ie.output(pred_res_null)
        with ie.false_block():
            pred_res = ie.input(self.pred_result)
            pred_boxes = fluid.layers.slice(
                pred_res, [1], starts=[2], ends=[6])
            im_scale_lod = fluid.layers.sequence_expand(self.im_scale,
                                                         pred_boxes)
            mask_rois = pred_boxes * im_scale_lod
            conv5 = self.add_roi_box_head_func(mask_input, mask_rois)
            mask_fcn = self.SuffixNet(conv5)
            ie.output(mask_fcn)
        self.mask_fcn_logits = ie()[0]
```

```python
def mask_rcnn_loss(self):
    mask_label = fluid.layers.cast(x=self.mask_int32, dtype='float32')
    reshape_dim = cfg.class_num * cfg.resolution * cfg.resolution
    mask_fcn_logits_reshape = fluid.layers.reshape(self.mask_fcn_logits,
                                    (-1, reshape_dim))

    loss_mask = fluid.layers.sigmoid_cross_entropy_with_logits(
        x=mask_fcn_logits_reshape,
        label=mask_label,
        ignore_index=-1,
        normalize=True)
    loss_mask = fluid.layers.reduce_sum(loss_mask, name='loss_mask')
    return loss_mask

def fast_rcnn_loss(self):
    labels_int64 = fluid.layers.cast(x=self.labels_int32, dtype='int64')
    labels_int64.stop_gradient = True
    loss_cls = fluid.layers.softmax_with_cross_entropy(
        logits=self.cls_score,
        label=labels_int64,
        numeric_stable_mode=True, )
    loss_cls = fluid.layers.reduce_mean(loss_cls)
    loss_bbox = fluid.layers.smooth_l1(
        x=self.bbox_pred,
        y=self.bbox_targets,
        inside_weight=self.bbox_inside_weights,
        outside_weight=self.bbox_outside_weights,
        sigma=1.0)
    loss_bbox = fluid.layers.reduce_mean(loss_bbox)
    return loss_cls, loss_bbox

def rpn_loss(self):
    rpn_cls_score_reshape = fluid.layers.transpose(
        self.rpn_cls_score, perm=[0, 2, 3, 1])
    rpn_bbox_pred_reshape = fluid.layers.transpose(
        self.rpn_bbox_pred, perm=[0, 2, 3, 1])

    anchor_reshape = fluid.layers.reshape(self.anchor, shape=(-1, 4))
    var_reshape = fluid.layers.reshape(self.var, shape=(-1, 4))

    rpn_cls_score_reshape = fluid.layers.reshape(
        x=rpn_cls_score_reshape, shape=(0, -1, 1))
    rpn_bbox_pred_reshape = fluid.layers.reshape(
        x=rpn_bbox_pred_reshape, shape=(0, -1, 4))
    score_pred, loc_pred, score_tgt, loc_tgt, bbox_weight = \
        fluid.layers.rpn_target_assign(
            bbox_pred=rpn_bbox_pred_reshape,
            cls_logits=rpn_cls_score_reshape,
            anchor_box=anchor_reshape,
```

```
                anchor_var=var_reshape,
                gt_boxes=self.gt_box,
                is_crowd=self.is_crowd,
                im_info=self.im_info,
                rpn_batch_size_per_im=cfg.TRAIN.rpn_batch_size_per_im,
                rpn_straddle_thresh=cfg.TRAIN.rpn_straddle_thresh,
                rpn_fg_fraction=cfg.TRAIN.rpn_fg_fraction,
                rpn_positive_overlap=cfg.TRAIN.rpn_positive_overlap,
                rpn_negative_overlap=cfg.TRAIN.rpn_negative_overlap,
                use_random=self.use_random)
        score_tgt = fluid.layers.cast(x=score_tgt, dtype='float32')
        rpn_cls_loss = fluid.layers.sigmoid_cross_entropy_with_logits(
            x=score_pred, label=score_tgt)
        rpn_cls_loss = fluid.layers.reduce_mean(
            rpn_cls_loss, name='loss_rpn_cls')

        rpn_reg_loss = fluid.layers.smooth_l1(
            x=loc_pred,
            y=loc_tgt,
            sigma=3.0,
            inside_weight=bbox_weight,
            outside_weight=bbox_weight)
        rpn_reg_loss = fluid.layers.reduce_sum(
            rpn_reg_loss, name='loss_rpn_bbox')
        score_shape = fluid.layers.shape(score_tgt)
        score_shape = fluid.layers.cast(x=score_shape, dtype='float32')
        norm = fluid.layers.reduce_prod(score_shape)
        norm.stop_gradient = True
        rpn_reg_loss = rpn_reg_loss / norm
        return rpn_cls_loss, rpn_reg_loss
```

第 8 章

从零开始了解 NLP 技术——word2vec

8.1 初识 NLP

在第 8 章中，我们将学习如何用 PaddlePaddle 以及深度学习技术来处理与自然语言相关的问题。

NLP 的作用主要是处理与自然语言相关的问题。宽泛地讲，所有和文本相关的问题、任务都可以被视为与自然语言处理相关的问题。比如，对于一个输入的句子"在某导演这几年的电影里，这算是最好的一部了"，以下需求都是与自然语言相关的任务。

- 把这句话切分成一个一个的词。
- 识别这句话里面有哪些命名实体。
- 知道这句话在表达一个正面情感还是一个负面情感。
- 把这句话翻译成其他的语言，比如英语。

经过对前几章的学习，相信读者已经熟练地掌握了如何用深度学习的方法处理与图像相关的问题，那么处理图像的方法是否可以照搬到处理自然语言的问题当中呢？不妨先来看看图像和自然语言之间有什么样的区别。

第一个区别是在自然语言处理任务当中，任务的输入都是离散的符号，而非一些数字，这与图像的输入有很大的区别。而深度神经网络只能以数字作为输入，因此对于文本处理任务需要采用特殊的技术，将离散的符号先映射成一组数字，如图 8-1 所示。

第二个区别是自然语言的句子通常都是变长的，而之前的图像处理技术中没有一个可以借鉴的方法，用于把变长句子压缩成等长的输入。自然语言任务处理的特点——离散输入与变长文本，如图 8-2 所示。

第三个区别是自然语言的句子通常都具有比较高的歧义性。比如，"咬死了猎人的狗"，对于这句话可以理解成：在描述一条狗，这条狗将猎人咬死了。而这句话也可以理解成猎人的狗被咬死了，自然语言任务处理的特点（高歧义性）如图 8-3 所示。因此在 NLP 任务中需要通过一些特殊的机制来处理自然语言歧义的问题。

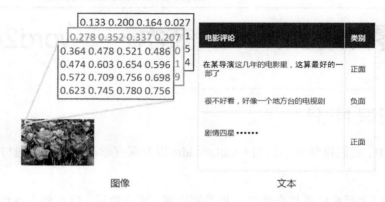

图 8-1

图 8-3

第四个区别是自然语言中通常具有长距离依赖的问题。比如，对于句子"张三家的狗咬死了带着狗闯到他家的猎人的狗"，如果某一个子任务是想知道句子中"他"指的是谁，对于人类来讲,很容易知道他指的是张三,但是在这个句子当中"张三"和"他"字中间隔了很多个字符,如何定位"他"指的是"张三"就是一个长距离依赖的问题。进一步地看,这个句子当中出现了 3 个"狗"字,这 3 个"狗"分别指代的是谁的狗?这个情景中一共有几条狗?要回答这些问题,我们需要对句子进行更复杂的分析。

那么综合以上 4 个方面,图像当中的深度学习技术是无法直接照搬到自然语言处理当中的,因此我们需要设计特殊的机制来处理与自然语言处理相关的任务。接下来的这 4 章将介绍如何用深度学习技术来处理与自然语言相关的问题。

对于自然语言处理任务,首先需要将离散的符号映射成数字的表示方式,这一步称为词向量映射,将在 8.2 节中介绍。有了词向量输入以后,便可以将与文本相关的自然语言处理任务抽象成以下 3 种输入/输出模式。

- 输入不定长,输出定长。典型的任务是文本分类、推荐系统、情感分析这样的任务,第 9 章和第 11 章将介绍这一类问题的解决方法。
- 输入不定长,输出也不定长,但是输入和输出的长度相等。典型的问题称为序列标注问题,第 10 章将重点介绍该主题。
- 输入不定长,输出也不定长,同时输入和输出不等长。典型的案例是机器翻译问题,第 12 章将详细介绍相关内容。

自然语言处理任务的 3 种输入/输出模式如图 8-4 所示。

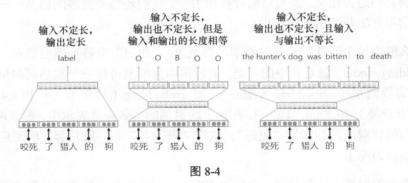

图 8-4

8.2 词向量简介

读者可以先思考在计算机里如何表示一个词的含义。在计算机里如果想表示一个图片是一个很简单的事情,图片是由一个个像素点构成的,每个像素点的数值的大小表示这个点的颜色。但是对于词来说,缺乏一种统一的表示方式。最简单最直接的想法就是把每一个词看作一个独立的符号。

例如，可以把"北京""上海""成交量""价格"这 4 个词看作 4 个独立的符号，把"北京"编码成 1，把"上海"编码成 2，把"成交量"编码成 3，把"价格"编码成 4，这就类似于身份证号和人的对应关系。从向量空间上来看，如果把每一个词编码成一个独立的符号，实际上就相当于把每一个词编码成一个独热码形式的向量，独热码向量的特点是，向量中大部分的数字是零，只有一个数字是 1，如 [0, 0, 0, 0 , 1, 0, 0]。如果用这样的方法表示单词，向量的宽度（维度）就是词表的大小。这种只有一个数字为 1 的独热码表示方式的问题也是显而易见的。如果我们把"旅馆"和"宾馆"分别用独热码方法表示：

旅馆[0, 0, 0, 0, 0, 0, 0 , 1, 0, 0, 0, 0, 0]

宾馆[0, 0, 1, 0, 0, 0, 0 , 0, 0, 0, 0, 0, 0]

这两个向量的差别是非常大的，而且没有任何的相关性，也没有办法做近似计算，这两个向量之间做任何的加减乘除等逻辑运算实际上都是没有意义的。

比如，在互联网广告系统里，如果用户输入的查询是"母亲节"，而有一个广告的关键词是"康乃馨"。虽然按照常理，我们知道这两个词之间是有联系的——母亲节通常应该送给母亲一束康乃馨，但是这两个词对应的独热码向量之间的距离度量，无论是欧氏距离还是余弦相似度（cosine similarity），由于其向量正交，都与这两个词毫无相关性。得出这种与我们相悖的结论的根本原因是每个词本身的信息量都太小。所以，仅仅给定两个词，不足以让我们准确判别它们是否相关。要想精确计算相关性，我们还需要更多的信息——从大量数据里通过机器学习方法归纳出来的知识。

应该怎么解决这个问题呢？在机器学习领域里，"知识"由各种模型表示，词向量模型（word embedding model）就是其中的一类。通过词向量模型可将一个独热码向量映射到一个维度更低的实数向量（embedding vector），如 embedding（母亲节）= [0.3,4.2,–1.5,⋯]，embedding（康乃馨）=[0.2,5.6,–2.3,⋯]。在这个映射到的实数向量表示中，希望两个语义（或用法）上相似的词对应的词向量"更像"，这样"母亲节"和"康乃馨"的对应词向量的余弦相似度就不再为零了。

词向量为词的向量表征的简称，也称为词嵌入。词向量是自然语言处理中常见的一个操作，是搜索引擎、广告系统、推荐系统等互联网服务背后常见的基础技术。在这些互联网服务里，经常要比较两个词或者两段文本之间的相关性。为了做这样的比较，往往先要把词表示成计算机适合处理的方式。

词向量就把词表示成一个稠密向量，词的含义就可以用稠密向量的数值表示。举个例子，把宾馆表示成[0.7,0.48]，把旅馆表示成[0.64,0.34]，把饭店表示成[0.32,0.12]，把餐厅表示成

[0.4,0.06]。把这 4 个词在二维空间里绘制出来，它们在二维空间中是有一定的分布关系的，如图 8-5 所示。

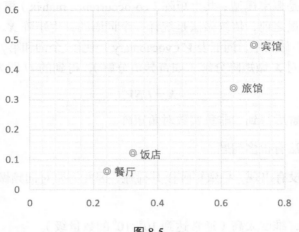

图 8-5

因为宾馆和旅馆的词义比较相似，所以它们都靠近这个图的右上角。因为餐厅和饭店的词义也比较相似，所以它们靠近图的左下角。

具体如何得到词向量会在 8.3 节介绍，现在介绍一下表示为词向量的优势。定性地看，词向量把词压缩成了一个稠密向量，所以词向量内部会存在一些线性关系，相同类别的词之间的距离其实是相近的。这说明使用词向量表示的一个词，是具有一定的语义信息的。从理性的角度来说，词向量主要的优势是可以把自然语言里的一个词汇变成一个可计算的数字，在这方面和独热码表示方法相比较，其优势分为两点。

（1）使用词向量表示后，向量维度比较小。在独热码向量里，每一个向量的维度是一个词典大小。词典大小等同于某个语言里所有词的总数。在英文中，需要有几十万个词汇才能正常表达大多数情况，所以在独热码中词典是非常大的。向量的维度变大了以后，在计算机里计算的复杂度会更高。而词向量通过把一个稀疏的、高维的信息转换成为一个稠密的低维信息，使得在计算机中计算的速度更快。

（2）在压缩成稠密信息之后，词向量在空间里的位置关系上表示了一定的语义，不同词向量之间具有一定的可比较性。比较方式常用的有两种。一种是最简单的欧氏距离，如同两点之间的直线距离，它的计算方法为通过叠加两点之间每一个维度差的平方值，再进行开方。欧氏距离可以表示这两个点之间的距离远近。第二个表示词向量相似度的方式是余弦距离。词向量中的两个点形成了两个向量，通过计算这两个向量之间的夹角来计算余弦距离。余弦值越大，表示这两个向量之间越相似；余弦值越小，表示它们就越不相似。如果两个向量完全重合，那么 $\cos 0°$ 的值为 1。

8.3 如何得到词向量模型

词向量模型可以是概率模型、共生矩阵（co-occurrence matrix）模型或神经元网络模型。在用神经网络求词向量之前，传统做法是统计一个词语的共生矩阵 X。X 是一个 $|V|\times|V|$ 大小的矩阵，X_{ij} 表示在所有语料中，词汇表 V（vocabulary）中第 i 个词和第 j 个词同时出现的次数，$|V|$ 为词汇表的大小。对 X 做矩阵分解（如奇异值分解），得到的 U 即为所有词的词向量。

$$X = USV^T$$

其中，S 为矩阵 X 分解后得到的非负实数对角矩阵。

但这样的传统做法有很多问题。

（1）由于很多词没有出现，导致矩阵极其稀疏，因此需要对词频做额外处理来达到好的矩阵分解效果。

（2）矩阵非常大，维度太高（通常达到 $10^6\times10^6$ 的数量级）。

（3）需要手动去掉停用词（如 although、a 等），不然这些频繁出现的词也会影响矩阵分解的效果。

基于神经网络的模型不需要计算和存储一个在全语料上统计产生的大表，而是通过学习语义信息得到词向量，因此能很好地解决以上问题。本章将展示基于神经网络训练词向量的细节，以及如何用 PaddlePaddle 训练一个词向量模型。

词向量理论中有一个假设"Distributional similarity"，它表示的意思是，相似的词总会出现在相似的上下文里。

更进一步地想象一下，如果一个相似的词可以出现在相似的上下文里，我们可以尝试把这个逻辑反过来：使用上下文来表示一个词的含义。相信读者在学习文字或者做英语阅读理解时也有这个体会。比如，我们在考试的时候看到一篇英文文章，如果根本不知道某一个词的含义，但是我们可以通过上下文来推断这个词大概是什么意思。英国语言学家 J.R. Firth 在 1957 年的时候说过一句话"You shall know a word by the company it keeps"，意思是说，如果想去理解一个词，不仅可以通过查词典的方式去理解它，而且可以从这个词的上下文和这个词经常一起出现的一些词去理解它的含义。举个例子，"对于多数公司、个人及政府而言，××账户是必备的"，通过上下文的语义可以得知，××部分可以是银行。如何用上下文表示一个词的含义？首先可以使用神经网络的模型，最直接的想法就是让词和它的上下文相互预测。相互预测的方法分为两种：第一个方法是给出这个词的上下文，并预测这个词是什么 p(wt|contest)；第二个方法就是给出这个词，并猜它附近的上下文中经常出现的一些词 p(wt|contest)。

在训练时尽可能使用更多的语料进行训练，可以让词在上下文中出现的次数更多，因为使用一两个上下文很难猜出这个词的全部语义。如果语料足够多，这个词的语义会表示得更清楚。当训练中词向量分类误差足够小的时候，也就学习词向量了。

8.4 词向量模型概览

下面介绍 3 个训练词向量的模型——N-Gram 模型、CBOW 模型和 Skip-Gram 模型，它们的中心思想都是通过上下文得到一个词出现的概率。对于 N-Gram 模型，本章会先介绍语言模型的概念，并用 PaddlePaddle 实现。CBOW 模型和 Skip-Gram 模型是近年来有名的神经元词向量模型，由 Tomas Mikolov 在 Google 研发，用它们做训练的效果都很好。

8.4.1 语言模型

在介绍词向量模型之前，先引入一个概念——语言模型。语言模型旨在为语句的联合概率函数 $P(w_1, \cdots, w_T)$ 建模，其中 w_i 表示句子中的第 i 个词。语言模型的目标是，希望模型对有意义的句子赋予大概率，对没意义的句子赋予小概率。这样的模型可以应用于很多领域，如机器翻译、语音识别、信息检索、词性标注、手写识别等，在这些领域中都希望得到一个连续序列的概率。以信息检索为例，当你在搜索 "how long is a football bame" 时（bame 是一个医学名词），搜索引擎会提示你是否希望搜索 "how long is a football game"，这是因为根据语言模型计算出 "how long is a football bame" 的概率很低，而与 bame 近似的、可能引起错误的词中，game 会使该句出现的概率最大。

对于语言模型的目标概率 $P(w_1, \cdots, w_T)$ 来说，如果假设文本中每个词都是相互独立的，则整句话的联合概率可以表示为其中所有词语条件概率的乘积，即：

$$P(w_1, \cdots, w_T) = \prod_{t=1}^{T} P(w_t)$$

然而，我们知道语句中的每个词出现的概率都与其前面的词紧密相关，所以实际上通常用条件概率表示语言模型：

$$P(w_1, \cdots, w_T) = \prod_{t=1}^{T} P(w_t | w_1, \cdots, w_{t-1})$$

8.4.2 N-Gram 模型

下面介绍几种训练词向量的神经网络。第一个网络是 N-Gram 模型，这个模型实际上是一个语言模型，它的原理是使用某个位置前文中所有的词，来预测这个位置出现的词的概率。

举个例子，"对于个人及政府而言，银行账户是必备的"，N-Gram 使用"对于个人及政府而言，银行账户是必备"这些词来预测最后"的"这个词。这实际上是个 6-Gram 模型，N-Gram 表示使用前文的 N 个词去预测后面的词，在这个例子里，通过预测"的"这个词，可以调整词向量的大小，如图 8-6 所示。

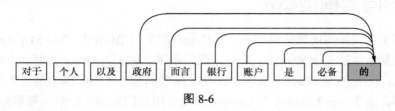

图 8-6

在这个例子里，也展示出了 N-Gram 的一些问题：实际上很多的词是没有语义的，比如，"啊""的"等语气助词。这些语气助词如何表示也是词向量的一个问题，词向量的一些其他知识会在 8.6 节中介绍。N-Gram 神经网络模型如图 8-7 所示。

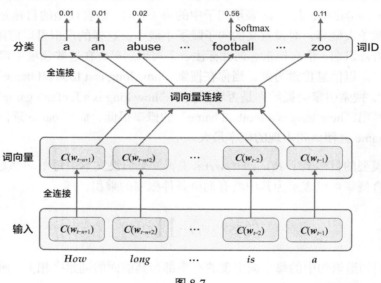

图 8-7

8.4.3 CBOW 模型

第二种训练词向量的模型是连续词袋（Continuous Bags Of Words，CBOW）模型。词袋（Bag Of Words，BOW）可以理解为把上下文的词全放在一个袋子里。词袋最简单的使用方法是把所有词的词向量拿出来进行求和，然后用得到的新的词向量去预测中间的一个词。同样这个例子"对于个人及政府而言，银行账户是必备的"，CBOW 的预测方式是使用"对于个人以及政府而言，账户是必备的"来预测"银行"这个词。CBOW 从周边的词去预测中间的词，如图 8-8 所示。

CBOW 使用上下文的宽度，即 CBOW 窗的大小，也就是 windows_size。当 $N=2$ 时，CBOW 模型如图 8-9 所示。

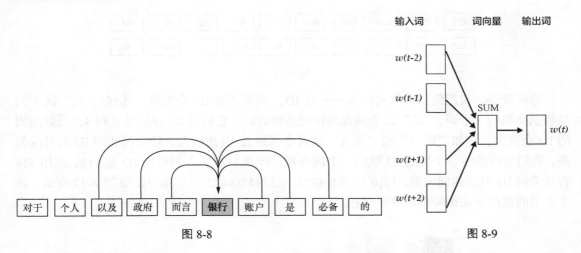

图 8-8　　　　　　　　　　　　　图 8-9

CBOW 的好处是对上下文词语的分布在词向量上进行了平滑，去掉了噪声，因此在小数据集上很有效。

8.4.4　Skip-Gram

上面介绍的模型都从上下文来预测一个词。Skip-Gram 模型反过来使用一个词去预测上下文。比如，使用"银行"去预测"对于个人以及政府而言，账户是必备的"这几个词，在这种情况下，需要一个词表达能力更强，所以这种 Skip-Gram 方法在大语料训练中的效果会更好。Skip-Gram 的方法如图 8-10 所示。

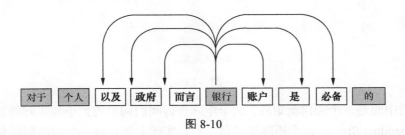

图 8-10

8.4.5　词 ID

如果想要将词输入神经网络中，还需要介绍一个词 ID 的概念。每个词在神经网络中都会表示成一个独一无二的 ID，词和词 ID 的对应关系叫词表。

比如，"对于个人以及政府而言，银行账户是必备的"，每个词都可以对应一个 ID，如图 8-11 所示。

图 8-11

通常来讲，我们使用词频来计算一个词 ID，高频词的 ID 会更短。比如，"的"这个词是特别高频的一个词，"是"这个词也是特别高频的词，它们的 ID 分别是 0 和 4；低频的词的 ID 会更大，比如"账户"和"而言"这两个词的 ID 会比较大。使用词和词 ID 的对应关系，我们可以给每一个词的 ID 赋值一个词向量。例如，"个人"对应的 ID 是 518，使用 518 查这个词 ID 对应的词向量，即[0.3745 0.4825 –0.3294 0.4823 ⋯ 0.3832]，如图 8-12 所示。以上介绍的这两步是很简单的映射过程。

图 8-12

神经网络在输入的过程中，实际上是不会直接输入一个词汇的，它输入的是一个 ID。那么 ID 如何映射到一个词向量上？靠的是神经网络里一个特殊的层，一般可以把它理解成一个查找表，如图 8-13 所示。

图 8-13

这个图的中间是一个词向量矩阵，这个矩阵告诉我们词表的大小和矩阵的宽度，即词嵌入宽度（Embedding Size）。这个矩阵里的每一行，实际上就是每一个词的词向量。在网络输入过程中，每一个词被转换成一个词 ID 之后，使用这个词 ID 把词向量矩阵的某一行取出来，就可以取出这个词。

相信读者知道了这个理论之后，都感觉有些好奇。每一个词向量的值具体是多少？我们如何编写程序去获得这个词向量？8.5 节会介绍使用 PaddlePaddle 训练 CBOW 模型并得到词向量的过程。

8.5 通过 PaddlePaddle 训练 CBOW 模型

8.5.1 CBOW 模型训练过程

整个词向量的训练过程如图 8-14 所示。

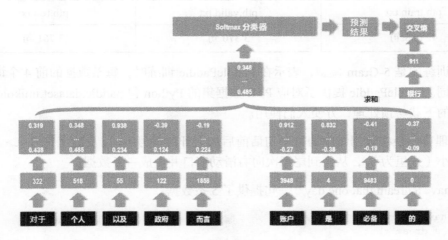

图 8-14

在图 8-14 下面的部分中，先将词转换成一个词 ID，然后通过这个词 ID 去查一个矩阵，最后可以获取到词向量。CBOW 模型使用它的上下文去预测中间的词，获取到上下文里每一个词的词向量之后，做一个最简单的求和操作就可以表示出上下文的语义。得到求过和的向量之后，直接通过一个 Softmax 分类器，可以得到一个归一化的概率，这也就是平常说的预测结果。

图 8-14 中这句话中间那个词是"银行"，"银行"的词 ID 是 911。通过将 Softmax 分类器得到的预测结果和真实结果进行比较，会产生一个损失，损失一般选用交叉熵函数去计算分类的误差。当把损失算出来之后，下面要做的是使整个模型的分类误差尽量小，进而调整每一个词的词向量，这样就可以学习每一个词的词向量了。

另一个与此相对的模型叫 Skip-Gram，它使用我们的输入词作为中间的词，然后取出词向量并进行多次的分类，进而去预测它的上下文中的词汇，最后的词向量表示与此类似。

在后面的内容里，我们会使用通用的神经网络学习框架 PaddlePaddle 计算出词向量。

8.5.2 数据预处理

首先介绍我们使用的一个数据集，本章使用宾州树库（Penn Treebank，PTB，经 Tomas Mikolov 预处理过的版本）数据集。PTB 数据集较小，训练速度快，应用于 Mikolov 的公开语言模型训练工具中。其统计情况如表 8-1 所示。

表 8-1　　　　　　　　　　　　PTB 数据集的统计情况

训练数据	验证数据	测试数据
ptb.train.txt	ptb.valid.txt	ptb.test.txt
42 068 句	3 370 句	3 761 句

本次训练的是 5-Gram 模型，表示在 PaddlePaddle 训练时，每条数据的前 4 个词用来预测第 5 个词。PaddlePaddle 提供了对应 PTB 数据集的 Python 包 paddle.dataset.imikolov，自动完成数据的下载与预处理，方便人们使用。

预处理首先会在数据集中的每一句话前后加上开始符号<s>以及结束符号<e>。然后依据窗口大小（这里为 5），从头到尾每次向右滑动窗口并生成一条数据。

如"I have a dream that one day" 一句提供了 5 条数据：

```
<s> I have a dream
I have a dream that
have a dream that one
a dream that one day
dream that one day <e>
```

最后，每个输入会按其单词在字典里的位置，转化成整数的索引序列，作为 PaddlePaddle 的输入。

8.5.3 编程实现

本模型配置中的 *N*-Gram 神经网络模型的结构如图 8-15 所示。

首先，加载所需要的包。

```
import paddle as paddle
import paddle.fluid as fluid
import six
import numpy
import math
```

```
from __future__ import print_function
```

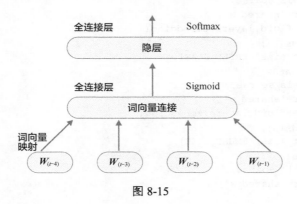

图 8-15

然后，定义参数。

```
EMBED_SIZE = 32          #向量维度
HIDDEN_SIZE = 256        #隐层大小
N = 5                    #N-Gram 大小，这里固定取 5
BATCH_SIZE = 100         #批大小
PASS_NUM = 100           #训练轮数

use_cuda = False         #如果用 GPU 训练，则设置为 True

word_dict = paddle.dataset.imikolov.build_dict()
dict_size = len(word_dict)
```

更大的 BATCH_SIZE 将使得训练更快收敛，但也会消耗更多内存。由于词向量计算规模较大，如果环境允许，请使用 GPU 进行训练，以更快得到结果。不同于之前的 PaddlePaddle v2 版本，在新的 Fluid 版本里，我们不必再手动计算词向量。PaddlePaddle 提供了一个内置的方法 fluid.layers.embedding，可以直接用它来构造 N-Gram 神经网络。

下面定义 N-Gram 神经网络结构。这个结构在训练和预测中都会使用到。因为词向量比较稀疏，所以传入参数 is_sparse == True，以加快稀疏矩阵的更新。

```
def inference_program(words, is_sparse):

    embed_first = fluid.layers.embedding(
        input=words[0],
        size=[dict_size, EMBED_SIZE],
        dtype='float32',
        is_sparse=is_sparse,
        param_attr='shared_w')
    embed_second = fluid.layers.embedding(
        input=words[1],
```

```
        size=[dict_size, EMBED_SIZE],
        dtype='float32',
        is_sparse=is_sparse,
        param_attr='shared_w')
    embed_third = fluid.layers.embedding(
        input=words[2],
        size=[dict_size, EMBED_SIZE],
        dtype='float32',
        is_sparse=is_sparse,
        param_attr='shared_w')
    embed_fourth = fluid.layers.embedding(
        input=words[3],
        size=[dict_size, EMBED_SIZE],
        dtype='float32',
        is_sparse=is_sparse,
        param_attr='shared_w')

    concat_embed = fluid.layers.concat(
        input=[embed_first, embed_second, embed_third, embed_fourth], axis=1)
    hidden1 = fluid.layers.fc(input=concat_embed,
                              size=HIDDEN_SIZE,
                              act='sigmoid')
    predict_word = fluid.layers.fc(input=hidden1, size=dict_size, act='softmax')
    return predict_word
```

基于以上的神经网络结构，定义训练方法。

```
def train_program(predict_word):
    # 'next_word'的定义必须放在 inference_program 的声明之后，
    #否则，rtrain program 输入数据的顺序就变成了[next_word, firstw, secondw,
    #thirdw, fourthw]，这是不正确的
    next_word = fluid.layers.data(name='nextw', shape=[1], dtype='int64')
    cost = fluid.layers.cross_entropy(input=predict_word, label=next_word)
    avg_cost = fluid.layers.mean(cost)
    return avg_cost

def optimizer_func():
    return fluid.optimizer.AdagradOptimizer(
        learning_rate=3e-3,
        regularization=fluid.regularizer.L2DecayRegularizer(8e-4))
```

现在我们可以开始训练了。如今的 Fluid 版本较以前简单了许多。我们有现成的训练和测试集——paddle.dataset.imikolov.train()和 paddle.dataset.imikolov.test()。两者都会返回一个读取器。在 PaddlePaddle 中，读取器是一个 Python 函数，每次调用，会读取下一条数据。它是 Python 的一个生成器。

paddle.batch 会先读入一个读取器，然后输出一个批次化的读取器。我们还可以在训练过程中输出每个批次参数的训练情况。

```python
def train(if_use_cuda, params_dirname, is_sparse=True):
    place = fluid.CUDAPlace(0) if if_use_cuda else fluid.CPUPlace()

    train_reader = paddle.batch(
        paddle.dataset.imikolov.train(word_dict, N), BATCH_SIZE)
    test_reader = paddle.batch(
        paddle.dataset.imikolov.test(word_dict, N), BATCH_SIZE)

    first_word = fluid.layers.data(name='firstw', shape=[1], dtype='int64')
    second_word = fluid.layers.data(name='secondw', shape=[1], dtype='int64')
    third_word = fluid.layers.data(name='thirdw', shape=[1], dtype='int64')
    forth_word = fluid.layers.data(name='fourthw', shape=[1], dtype='int64')
    next_word = fluid.layers.data(name='nextw', shape=[1], dtype='int64')

    word_list = [first_word, second_word, third_word, forth_word, next_word]
    feed_order = ['firstw', 'secondw', 'thirdw', 'fourthw', 'nextw']

    main_program = fluid.default_main_program()
    star_program = fluid.default_startup_program()

    predict_word = inference_program(word_list, is_sparse)
    avg_cost = train_program(predict_word)
    test_program = main_program.clone(for_test=True)

    sgd_optimizer = optimizer_func()
    sgd_optimizer.minimize(avg_cost)

    exe = fluid.Executor(place)

    def train_test(program, reader):
        count = 0
        feed_var_list = [
            program.global_block().var(var_name) for var_name in feed_order
        ]
        feeder_test = fluid.DataFeeder(feed_list=feed_var_list, place=place)
        test_exe = fluid.Executor(place)
        accumulated = len([avg_cost]) * [0]
        for test_data in reader():
            avg_cost_np = test_exe.run(
                program=program,
                feed=feeder_test.feed(test_data),
                fetch_list=[avg_cost])
            accumulated = [
                x[0] + x[1][0] for x in zip(accumulated, avg_cost_np)
            ]
            count += 1
        return [x / count for x in accumulated]

    def train_loop():
        step = 0
```

```
            feed_var_list_loop = [
                main_program.global_block().var(var_name) for var_name in feed_order
            ]
            feeder = fluid.DataFeeder(feed_list=feed_var_list_loop, place=place)
            exe.run(star_program)
            for pass_id in range(PASS_NUM):
                for data in train_reader():
                    avg_cost_np = exe.run(
                        main_program, feed=feeder.feed(data), fetch_list=[avg_cost])

                    if step % 10 == 0:
                        outs = train_test(test_program, test_reader)

                        print("Step %d: Average Cost %f" % (step, outs[0]))

                        #整个训练过程要花费几小时,如果平均损失低于5.8,
                        #我们就认为模型已经达到很好的效果,可以停止训练了
                        #注意,5.8是一个相对较高的值,为了获取更好的模型,可以将
                        #这里的阈值设为3.5,但训练时间也会更长
                        if outs[0] < 5.8:
                            if params_dirname is not None:
                                fluid.io.save_inference_model(params_dirname, [
                                    'firstw', 'secondw', 'thirdw', 'fourthw'
                                ], [predict_word], exe)
                            return
                    step += 1
                    if math.isnan(float(avg_cost_np[0])):
                        sys.exit("got NaN loss, training failed.")

            raise AssertionError("Cost is too large {0:2.2}".format(avg_cost_np[0]))

    train_loop()
```

- train_loop 将会开始训练。训练过程的日志如下。

```
Step 0: Average Cost 7.337213
Step 10: Average Cost 6.136128
Step 20: Average Cost 5.766995
...
```

8.5.4 模型应用

在模型训练后,我们可以用它做一些预测。

我们可以用训练过的模型,在得知之前的 *N*-Gram 后,预测下一个词。

```
def infer(use_cuda, params_dirname=None):
    place = fluid.CUDAPlace(0) if use_cuda else fluid.CPUPlace()

    exe = fluid.Executor(place)
```

```python
inference_scope = fluid.core.Scope()
with fluid.scope_guard(inference_scope):
    #使用 fluid.io.load_inference_model 获取 inference program、
    #feed 变量的名称 feed_target_names 和从 scope 中提取的对象 fetch_targets
    #[inferencer,feed_target_names
     fetch_targets] = fluid.io.load_inference_model(params_dirname, exe)

    #设置输入，用 4 个 LoD Tensor 来表示 4 个词语。这里每个词都有一个 ID，
    #用来查询 embedding 表，获取对应的词向量，因此其形状大小是[1]
    #recursive_sequence_lengths 设置的是基于长度的 LoD，因此都应该设为[[1]]
    #注意，recursive_sequence_lengths 是列表的列表
    data1 = [[211]]  # 'among'
    data2 = [[6]]    # 'a'
    data3 = [[96]]   # 'group'
    data4 = [[4]]    # 'of'
    lod = [[1]]

    first_word  = fluid.create_lod_tensor(data1, lod, place)
    second_word = fluid.create_lod_tensor(data2, lod, place)
    third_word  = fluid.create_lod_tensor(data3, lod, place)
    fourth_word = fluid.create_lod_tensor(data4, lod, place)

    assert feed_target_names[0] == 'firstw'
    assert feed_target_names[1] == 'secondw'
    assert feed_target_names[2] == 'thirdw'
    assert feed_target_names[3] == 'fourthw'

    #构造 feed 词典 {feed_target_name: feed_target_data}
    #预测结果包含在 results 之中
    results = exe.run(
        inferencer,
        feed={
            feed_target_names[0]: first_word,
            feed_target_names[1]: second_word,
            feed_target_names[2]: third_word,
            feed_target_names[3]: fourth_word
        },
        fetch_list=fetch_targets,
        return_numpy=False)

    print(numpy.array(results[0]))
    most_possible_word_index = numpy.argmax(results[0])
    print(most_possible_word_index)
    print([
        key for key, value in six.iteritems(word_dict)
        if value == most_possible_word_index
    ][0])
```

由于词向量矩阵本身比较稀疏，训练的过程如果要达到一定的精度，耗时会比较长。为了能简单看到效果，这里经过很少的训练就结束并得到预测结果。模型预测 among a group of 的下一个词是 the，这比较符合文法规律。如果训练时间更长，比如几小时，那么我们会得到的下一个预测结果是 workers。预测输出的格式如下所示。

```
[[0.03768077 0.03463154 0.00018074 ... 0.00022283 0.00029888 0.02967956]]
0
the
```

其中，第一行表示预测词在词典上的概率分布，第二行表示概率最大的词对应的 ID，第三行表示概率最大的词。

整个程序的入口很简单。

```python
def main(use_cuda, is_sparse):
    if use_cuda and not fluid.core.is_compiled_with_cuda():
        return

    params_dirname = "word2vec.inference.model"

    train(
        if_use_cuda=use_cuda,
        params_dirname=params_dirname,
        is_sparse=is_sparse)

    infer(use_cuda=use_cuda, params_dirname=params_dirname)

main(use_cuda=use_cuda, is_sparse=True)
```

8.6 小结

一个模型再完美，也会存在问题。业界有一句名言"All models are wrong some are useful"，意思是所有的模型都不是完全没有问题的，只有少部分的模型只是暂时有用而已。词向量模型也有它的局限性，局限性是它的基本原理导致的。它的基本原理就是本章开头说的"You shall know a word by the company it keeps"，一个词的语义是由它的上下文决定的。

这就会带来 3 个问题。第一个问题是词向量的训练语料和实际的语料是不一样的，不同的语料里某一个词的含义是会发生迁移的。第二个问题是词向量只体现了上下文的相似性。第三个问题是在中文或者其他语言中有一些没有意义的语气词，比如"的""啊"，而这些语气词实际上也会学出来一个词向量，但是词向量不太可能准确地表示它的语义。

在训练语料和实际语料不同的情况下，相同的词实际上是有不同含义的。这里展示了一个比较简单的实验，使用微博的语料和维基百科的语料训练出来了两个词向量的矩阵。然后去找与"强大"这个词相似的词。因为维基百科中的内容表述得比较正式，所以在维基百科的语料里和"强大"比较相似的词是"庞大""更大""良好""危险"。因为微博是一个比较娱乐化的一个平台，所以在它的语料中和"强大"比较相似的词比较有意思，比如，胜利的胜。可以看出，如果我们把在维基百科里训练出来的"强大"直接用到微博里，肯定是有问题的。所以，词向量在语义的表示上还是有一定局限性的。

本章介绍了词向量、语言模型和词向量的关系，以及如何通过训练神经网络模型获得词向量。相信读者通过这一章学会了在机器学习和神经网络中怎样表示一个词的含义，也学会了如何迈出自然语言处理的第一步。

在信息检索中，可以根据向量间的余弦夹角，来判断查询和文档关键词这二者间的相关性。

在句法分析和语义分析中，训练好的词向量可以用来初始化模型，以得到更好的效果。

在文档分类中，有了词向量之后，可以用聚类的方法将文档中的同义词进行分组，也可以用 N-Gram 来预测下一个词。

第 9 章

feed 流最懂你——个性化推荐

9.1 引言

这些年来，深度学习技术席卷了语音、图像、自然语言处理等领域，与此同时，以深度学习为代表的人工智能技术正在悄无声息地进入推荐领域。不管是电商、电影，还是新闻 feed 流，有人存在的地方就有个性化推荐。人们往往喜欢花两小时去看一部电影，却不愿意花 20 分钟去挑选一部电影，这就是个性化推荐存在的意义。

个性化推荐系统的本质是信息过滤系统（Information Filtering System）的子集，它通过用户关于物品的"评分"或"偏好"数据进行信息过滤。举一个例子，现在大部分手机的应用里面都有个性化的内容，在百度提出千人千面策略后，在手机百度的主页中可以看到，它会主动向你推荐一些你经常浏览的内容，或者猜测你会喜欢的个性化的内容，这样每个人看到的百度主页都是不一样的。如果你是一个比较喜欢体育的人，百度通过对用户画像的建模，以及对一些历史行为的挖掘，会精确地匹配你有哪些信息需求，百度通过这样一种个性化推荐内容分发的服务来满足每个人的要求。

我们为什么需要推荐系统呢？我们可以回想一下自己上一次去书店是什么时间，距离现在有多久了。随着电子书阅读器和移动终端的普及，人们去实体书店的次数很少了，其中有一个重要的原因是书店的书实在太多了，有时候漫步在书店里，很难找到一本自己感兴趣的书。在网络技术不断发展和电子商务规模不断扩大的背景下，商品数量和种类快速增长，用户需要花费大量时间才能找到自己想买的商品，这就是信息超载问题。为了解决这个难题，个性化推荐系统（Recommender System）应运而生。

在很多其他应用或者系统中，个性化推荐方法是处理新用户冷启动处理问题的一个常见策略。例如，当新用户刚进入豆瓣 FM 时，豆瓣会随机推荐一些歌曲，用户在使用豆瓣 FM 时一定会对豆瓣进行一些反馈，如对一首歌曲进行删除，或者喜欢并收藏某首歌曲，或者一首歌播放了不到 10s 就切换到了下一首。豆瓣 FM 通过这些用户交互的数据，来调整推荐模型的策略，从而为每个人定制出一个最适合的模型。

虽然推荐系统和搜索引擎都是人们用来获取信息的主要方式，但它们之间是不同的。推荐系统不需要用户准确地描述出自己的需求，而根据用户的历史行为进行建模，主动提供满足用户兴趣和需求的信息。所以推荐系统和搜索引擎最重要的一个区别就是，前者的实现是一个信息找人的过程，而不是人找信息。例如，我最近在亚马逊的网店里买了一本书《腾讯传》，它描述的是一个互联网企业如何成长的故事。亚马逊知道我买这本书之后，它会为我推荐一些类似的书，比如说《百度传》（虚构）或者同一个作者写的其他图书。推荐系统更适用于用户没有明确的需求或者用户的需求无法描述出来的情况。其实在生活中推荐系统和搜索引擎在很多的业务场景上是相辅相成的。例如，在百度上搜索周杰伦的时候，在搜索页内会推荐周杰伦的很多歌曲，如《告白气球》。

9.2 推荐网络模型设计

本章的主要内容是完成一个电影推荐网络的模型设计，同时会介绍电影推荐是一个什么样的任务，具有什么样的效果以及模型中的一些重要的组件。

1994 年，明尼苏达大学推出了 GroupLens 系统，这是个性化推荐系统成为一个相对独立的研究方向的标志。该系统首次提出了基于协同过滤来完成推荐任务的思想，此后，基于该模型的协同过滤推荐引领了个性化推荐系统十几年的发展方向。

传统的个性化推荐系统方法主要如下。

- 协同过滤推荐（Collaborative Filtering Recommendation）：该方法是应用最广泛的技术之一，需要收集和分析用户的历史行为、活动和偏好。它通常可以分为两个子类——基于用户（User-Based）的推荐和基于物品（Item-Based）的推荐。该方法的优点是不依赖机器来分析物品的内容特征，因此它无须理解物品本身也能够准确地推荐诸如电影之类的复杂物品。缺点是对于没有任何行为的新用户，存在冷启动的问题，同时也存在用户与商品之间的交互数据不够多造成的稀疏问题。值得一提的是，社交网络或地理位置等上下文信息都可以融合到协同过滤中去。

- 基于内容的过滤推荐（Content-Based Filtering Recommendation）：该方法利用商品的内容描述，抽象出有意义的特征，通过计算用户的兴趣和商品描述之间的相似度，来向用户推荐。优点是简单直接，不需要依据其他用户对商品的评价，而是通过商品属性进行商品相似度度量，从而推荐给用户所感兴趣商品的相似商品。缺点是对于没有任何行为的新用户，同样存在冷启动的问题。

- 组合推荐（Hybrid Recommendation）：运用不同的输入和技术共同进行推荐，以弥补各种推荐技术的缺点。

下面首先介绍在个性化推荐中业界领先的 YouTube 是如何做的，然后介绍使用 PaddlePaddle 实现的融合推荐模型。

9.2.1　YouTube 的深度神经网络个性化推荐系统

YouTube 是世界上最大的视频上传、分享和发现网站之一。YouTube 个性化推荐系统为超过 10 亿用户从不断增长的视频库中推荐个性化的内容。整个系统由两个神经网络组成——候选生成网络（Candidate Generation Network）和排序网络（Ranking Network）。候选生成网络从百万量级的视频库中生成上百个候选项，排序网络对候选项进行打分排序，输出排名最高的数十个结果。YouTube 个性化推荐系统结构如图 9-1 所示。

图 9-1

1．候选生成网络

候选生成网络将推荐问题建模为一个类别数极大的分类问题：对于一个 YouTube 用户，使用其观看历史（视频 ID）、搜索词记录，人口学信息（如地理位置、用户登录设备），二值特征（如性别、是否登录），以及连续特征（如用户年龄）等，对视频库中所有视频进行多分类，得到每一类别的分类结果（即每一个视频的推荐概率），最终输出概率较高的几百个视频。

首先，将观看历史及搜索词记录这类历史信息映射为向量后，取平均值，得到定长表示。然后，输入人口学特征以优化新用户的推荐效果，并将二值特征和连续特征归一化到[0, 1]范围。接下来，将所有特征表示拼接为一个向量，输入非线性多层感知器并进行处理。最后，训练时将 MLP 的输出传递给 Softmax 分类器，以做分类，预测时计算用户的综合特征（MLP 的输出）与所有视频的相似度，取得分最高的 k 个作为候选生成网络的筛选结果。图 9-2 展示了候选生成网络结构。

对于一个用户 U，预测此刻用户要观看的视频 ω 为视频 i 的概率公式为

$$P(\omega = i | u) = \frac{e^{v_i u}}{\sum_{j \in V} e^{v_j u}}$$

其中，u 为用户 U 的特征表示，v 为视频库集合，v_i 为视频库中第 i 个视频的特征表示。u 和 v_i 为长度相等的向量，两者点积可以通过全连接层实现。

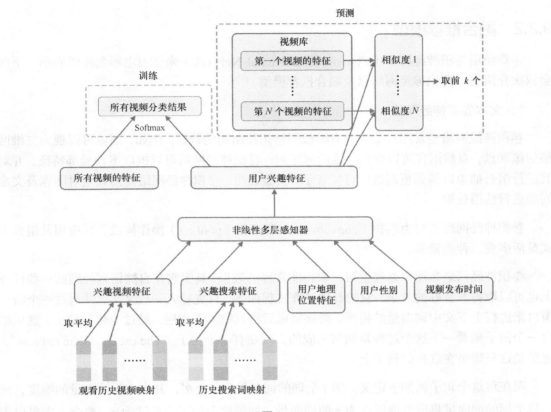

图 9-2

考虑到 Softmax 分类器的类别数非常多,为了保证一定的计算效率,需要做到如下两点。

(1)在训练阶段,使用负样本类别采样将实际计算的类别数缩小至数千。

(2)在推荐(预测)阶段,忽略 Softmax 的归一化计算(不影响结果),将类别打分问题简化为点积(dot product)空间中的最近邻(nearest neighbor)搜索问题,取与 u 最近的 k 个视频作为生成的候选项。

2. 排序网络

排序网络的结构类似于候选生成网络,但是它的目标是对候选项进行更细致的打分排序。与传统广告排序中的特征抽取方法类似,这里也构造了大量用于视频排序的相关特征(如视频 ID、上次观看时间等)。这些特征的处理方式和候选生成网络类似,不同之处是排序网络的顶部是一个加权逻辑回归(weighted logistic regression),它对所有候选视频进行打分,从高到低排序后将分数较高的一些视频返回给用户。

9.2.2 融合推荐模型

本章使用卷积神经网络（Convolutional Neural Network）来学习电影名称的表示。下面会依次介绍文本卷积神经网络以及融合推荐模型。

1. 文本卷积神经网络

卷积神经网络经常用来处理具有类似网格拓扑结构的数据。例如，图像可以视为二维网格的像素点，自然语言可以视为一维的词序列。卷积神经网络可以提取多种局部特征，并对其进行组合抽象以得到更高级的特征表示。实验表明，卷积神经网络能高效地对图像及文本问题进行建模处理。

卷积神经网络主要由卷积（convolution）和池化（pooling）操作构成，其应用及组合方式灵活多变，种类繁多。

卷积神经网络在图像处理上可以取得非常好的效果，其实它在自然语言处理的一些任务上也可以取得非常好的效果。它的具体计算流程如下。首先输入一段文本，并通过一个滑动窗口来进行上下文中词向量的拼接。拼接完成后将其输入卷积层，经过池化后输出。这里结合一个例子来看一下这个过程是如何完成的。现在有一个句子"The cat sat on the red mat"，意思是这只猫坐在红色的毯子上。

现在对这个句子做如下定义：第 i 个词的词向量为 $\boldsymbol{x}_i \in \boldsymbol{R}^k$，其中 k 为词向量的维度，所以每个词的词向量将展开成维度为 k 的词向量。如果这个句子的长度为 n，整个文本可以表示为一个 n 行 k 列的矩阵，如图 9-3 所示。

展开后，进行上下文的词向量拼接，这里规定一个词窗口 H，可以用这个词窗口在这个词向量矩阵上滑动，这样就会生成一组序列。当滑动窗口大小为 2 时，这个例子中滑动窗口得到的新序列是 [[The cat]、[cat sat]、[sat on]、[on the]、[the red]、[red mat]、[mat, 0]]，如图 9-4 中加粗部分所示。当然，最后越界的时候可以用零来填充。

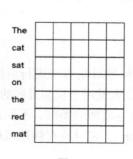

图 9-3

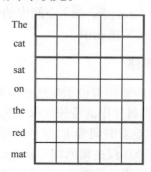

图 9-4

假设待处理句子的长度为 n，其中第 i 个词的词向量为 $x_i \in \mathbb{R}^k$，k 为维度大小。

首先，进行词向量的拼接操作：将每 h 个词拼接起来形成一个大小为 h 的词窗口，记为 $x_i{:}i{+}h{-}1$，它表示词序列 $x_i, x_i{+}1, \cdots, x_i{+}h{-}1$ 的拼接。其中，i 表示词窗口中第一个词在整个句子中的位置，取值范围从 1 到 $n{-}h{+}1$，$x_i{:}i{+}h{-}1 \in \mathbb{R}^k$。

此外，这里还给出了一个数学定义，记为 $x_i{:}i{+}h{-}1$，它表示这段文本里词序列 $x_i, x_i{+}1, \cdots, x_i{+}h{-}1$ 的拼接。当然，词向量大小也可以是不同的。

接下来进行卷积操作，把卷积核 $w \in \mathbb{R}^k$ 应用于包含 h 个词的窗口 $x_i{:}i{+}h{-}1$，得到特征 $c_i = f(wx_i{:}i{+}h{-}1+b)$，其中 $b \in \mathbb{R}$ 为偏置项（bias），f 为非线性激活函数，如 sigmoid。将卷积核应用于句子中所有的词窗口 $x_1{:}h, x_2{:}h{+}1, \cdots, x_n{-}h{+}1{:}n$，产生一个特征图（feature map）。

$$c = [c_1, c_2, \cdots, c_n - h + 1], c \in \mathbb{R}^{n-h+1}$$

图 9-5 中是 4 个卷积和运算的结果，也就是说，它有 4 个特征图。

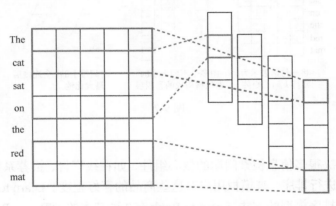

图 9-5

刚刚讲述的是卷积层的操作，在卷积层之后数据进入池化层，在池化层需要得到此卷积核对应的整句话的特征 $\hat{c}$，它是特征图中所有元素的最大值。在池化层的每一个特征图里取最大的元素构成这句话最终的向量拼接，对特征图采用时间维度上的最大池化操作，得到此卷积核对应的整句话的特征 $\hat{c}$，$\hat{c} = \max(c)$。

如图 9-6 所示，之前有 4 个特征图提取出来了，将其中每一个取最大值之后，又拼出了一个最终的向量表示。

最后就是网络的输出层，因为这个网络的任务是文本分类，可以使用全连接层或将它输入 Softmax 中进行多分类，如图 9-7 所示。同时在这层网络里可以添加一些技巧，如 dropout。实验表明，对于文本分类的任务，在这层网络中加一些技巧会对模型生成质量有

2%～4%的提升。

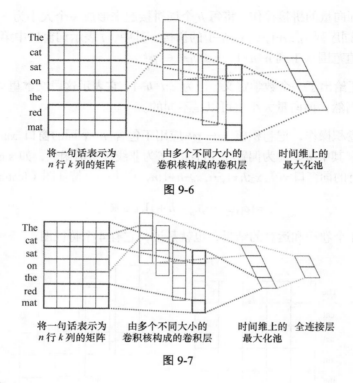

图 9-6

图 9-7

2．学习排序

排序程序是解决很多信息检索问题的核心组件，如在线广告、推荐系统等。在推荐系统中，对所有的商品进行排序，来模拟用户对这些商品的喜好程度。Learn to Rank 是一种使用机器学习技术构造排序模型的方法。Learn to Rank 有 3 种基本的策略——Pointwise、Pairwise、Listwise。下面从输入的角度分析一下这 3 个方法。

在 Pointwise 方法中排序可以被建模为一个分类或者回归的问题，它的输入是单个商品的特征向量，它的输出是这一段查询和每个商品的相关度。它的优点很明显，就是模型非常简单，但简单必然有它的代价，就是它没有考虑商品和商品之间的联系，而商品和商品之间的联系是一个很重要的特征。Pointwise 方法完全从单文档的分类角度计算，没有考虑文档之间的相对顺序。而且它假设相关度是查询无关的，只要查询的相关度相同，它们就被划分到同一个级别中，属于同一类。然而，实际上，相关度是和查询相关的，因此 Pointwise 方法具有一定的局限性。

Pairwise 方法是目前比较流行的方法，效果也非常不错。它的主要思想是将排序问题形式化为二元分类问题。它的输入是一些具有偏序关系的商品对，输出是这一对商品的偏好值。

比如，输入商品 A 和 B。如果 A 排在 B 前面，那么模型将输出标记为 1；反之，标记为-1。这样得到很多商品对的偏序排序后，可以根据这些偏序排序来得到整个商品库的相对顺序。但 Pairwise 方法只考虑了两件商品的相对顺序，没有考虑它们出现在搜索结果列表中的位置。排在前面的文档更重要，如果出现在前面的文档判断错误，惩罚要明显高于排在后面的文档判断错误。因此需要引入位置因素，每个文档在结果列表中的位置具有不同的权重，越排在前面权重越大，如果排错顺序，它受到的惩罚也越大。

Listwise 方法的输入是查询的所有商品，它的输出是一个已经排好序的列表或者排列。Listwise 方法与上述两种方法不同，它将每个查询对应的所有搜索结果列表作为一个训练样例。Listwise 方法根据训练样例训练并得到最优评分函数 F。对于新的查询，评分函数 F 对每个文档打分，然后根据得分由高到低排序，得到最终的排序结果。

这里简单地介绍了一下 Learn to Rank 的几种方法，让读者了解一下可融合模型的方法。如果感兴趣，可以继续阅读微软刘铁岩博士的论文"Learning to rank for information retrieval"。

3. 融合推荐模型概览

在电影个性化推荐系统中，融合推荐模型如图 9-8 所示。

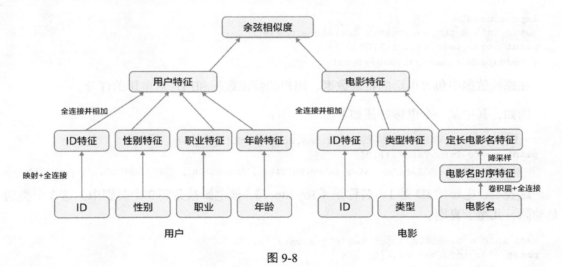

图 9-8

使用用户特征和电影特征作为神经网络的输入。

用户特征融合了 4 个属性信息，分别是用户 ID、性别、职业和年龄。

电影特征融合了 3 个属性信息，分别是电影 ID、电影类型 ID 和电影名称。

对于用户特征，首先将用户 ID 映射到维度大小为 256 的向量表示方式，输入全连接层，并对其他 3 个属性也做类似的处理，然后将 4 个属性的特征表示分别全连接并相加。

对于电影特征，首先将电影 ID 以类似用户 ID 的方式进行处理，电影类型 ID 以向量的形式直接输入全连接层，电影名称用文本卷积神经网络得到其定长向量表示，然后将 3 个属性的特征表示分别全连接并相加。

得到用户和电影的向量表示后，计算二者的余弦相似度作为个性化推荐系统的打分，最后，用该相似度打分和用户真实打分的差值的平方作为该回归模型的损失函数。

9.3 电影推荐实验

9.3.1 数据介绍与下载

我们以 MovieLens 数据集为例进行介绍。该数据集包含了 6 000 位用户对 4 000 部电影的 1 000 000 条评价（评分范围 1~5 分，均为整数），由 GroupLens Research 实验室搜集整理。

PaddlePaddle 在 API 中提供了自动加载数据的模块。数据模块为 paddle.dataset.movielens。

```
import paddle
movie_info = paddle.dataset.movielens.movie_info()
print movie_info.values()[0]
# help(paddle.dataset.movielens)
```

在原始数据中包含电影的特征数据、用户的特征数据和用户对电影的评分。

例如，其中某一个电影特征如下。

```
movie_info = paddle.dataset.movielens.movie_info()
print movie_info.values()[0]
<MovieInfo id(1), title(Toy Story ), categories(['Animation', "Children's", 'Comedy'])>
```

这表示，电影的 ID 是 1，名称是《Toy Story》，该电影被分到 3 个类别中。这 3 个类别是动画、儿童、喜剧。

```
user_info = paddle.dataset.movielens.user_info()
print user_info.values()[0]
<UserInfo id(1), gender(F), age(1), job(10)>
```

这表示，该用户 ID 是 1，女性，年龄比 18 岁还年轻。职业 ID 是 10。

其中，年龄使用下列分布。

- 1: "Under 18"。

- 18: "18-24"。

- 25: "25-34"。
- 35: "35-44"。
- 45: "45-49"。
- 50: "50-55"。
- 56: "56+"。

职业从下面几种选项中选择。

- 0: "other" or not specified。
- 1: "academic/educator"。
- 2: "artist"。
- 3: "clerical/admin"。
- 4: "college/grad student"。
- 5: "customer service"。
- 6: "doctor/health care"。
- 7: "executive/managerial"。
- 8: "farmer"。
- 9: "homemaker"。
- 10: "K-12 student"。
- 11: "lawyer"。
- 12: "programmer"。
- 13: "retired"。
- 14: "sales/marketing"。
- 15: "scientist"。
- 16: "self-employed"。
- 17: "technician/engineer"。
- 18: "tradesman/craftsman"。

- 19: "unemployed"。
- 20: "writer"。

而对于每一条训练/测试数据,均为 <用户特征> + <电影特征> + 评分。

例如,我们获得的第一条训练数据如下。

```
train_set_creator = paddle.dataset.movielens.train()
train_sample = next(train_set_creator())
uid = train_sample[0]
mov_id = train_sample[len(user_info[uid].value())]
print "User %s rates Movie %s with Score %s"%(user_info[uid], movie_info[mov_
    id], train_sample[-1])
User <UserInfo id(1), gender(F), age(1), job(10)> rates Movie <MovieInfo id(1193),
    title(One Flew Over the Cuckoo's Nest ), categories(['Drama'])> with Score [5.0]
```

即用户 1 对电影 1193 的评价为 5 分。

9.3.2 模型配置说明

下面我们开始根据输入数据的形式配置模型。首先,导入所需的库函数并定义全局变量。IS_SPARSE 表示模型中是否使用稀疏更新。PASS_NUM 表示训练次数。

```
from __future__ import print_function
import math
import sys
import numpy as np
import paddle
import paddle.fluid as fluid
import paddle.fluid.layers as layers
import paddle.fluid.nets as nets

IS_SPARSE = True
BATCH_SIZE = 256
PASS_NUM = 20
```

然后,为用户特征综合模型定义模型配置。

```
def get_usr_combined_features():
    """network definition for user part"""

    USR_DICT_SIZE = paddle.dataset.movielens.max_user_id() + 1

    uid = layers.data(name='user_id', shape=[1], dtype='int64')

    usr_emb = layers.embedding(
        input=uid,
        dtype='float32',
```

```python
        size=[USR_DICT_SIZE, 32],
        param_attr='user_table',
        is_sparse=IS_SPARSE)

usr_fc = layers.fc(input=usr_emb, size=32)

USR_GENDER_DICT_SIZE = 2

usr_gender_id = layers.data(name='gender_id', shape=[1], dtype='int64')

usr_gender_emb = layers.embedding(
    input=usr_gender_id,
    size=[USR_GENDER_DICT_SIZE, 16],
    param_attr='gender_table',
    is_sparse=IS_SPARSE)

usr_gender_fc = layers.fc(input=usr_gender_emb, size=16)

USR_AGE_DICT_SIZE = len(paddle.dataset.movielens.age_table)
usr_age_id = layers.data(name='age_id', shape=[1], dtype="int64")

usr_age_emb = layers.embedding(
    input=usr_age_id,
    size=[USR_AGE_DICT_SIZE, 16],
    is_sparse=IS_SPARSE,
    param_attr='age_table')

usr_age_fc = layers.fc(input=usr_age_emb, size=16)

USR_JOB_DICT_SIZE = paddle.dataset.movielens.max_job_id() + 1
usr_job_id = layers.data(name='job_id', shape=[1], dtype="int64")

usr_job_emb = layers.embedding(
    input=usr_job_id,
    size=[USR_JOB_DICT_SIZE, 16],
    param_attr='job_table',
    is_sparse=IS_SPARSE)

usr_job_fc = layers.fc(input=usr_job_emb, size=16)

concat_embed = layers.concat(
    input=[usr_fc, usr_gender_fc, usr_age_fc, usr_job_fc], axis=1)

usr_combined_features = layers.fc(input=concat_embed, size=200, act="tanh")

return usr_combined_features
```

如上述代码所示，对于每个用户，我们输入 4 维特征。其中包括 user_id、gender_id、age_id、job_id。这几维特征均是简单的整数值。为了方便后续神经网络处理这些特征，我们借鉴 NLP 中的语言模型，将这几维离散的整数值，转换成向量并取出，分别形成 usr_emb、usr_gender_emb、usr_age_emb、usr_job_emb。

接下来，把所有的用户特征输入一个全连接层中。将所有特征融合为一个 200 维的特征。

进而，我们对每一个电影特征做类似的变换，网络配置如下。

```python
def get_mov_combined_features():
    """network definition for item(movie) part"""

    MOV_DICT_SIZE = paddle.dataset.movielens.max_movie_id() + 1

    mov_id = layers.data(name='movie_id', shape=[1], dtype='int64')

    mov_emb = layers.embedding(
        input=mov_id,
        dtype='float32',
        size=[MOV_DICT_SIZE, 32],
        param_attr='movie_table',
        is_sparse=IS_SPARSE)

    mov_fc = layers.fc(input=mov_emb, size=32)

    CATEGORY_DICT_SIZE = len(paddle.dataset.movielens.movie_categories())

    category_id = layers.data(
        name='category_id', shape=[1], dtype='int64', lod_level=1)

    mov_categories_emb = layers.embedding(
        input=category_id, size=[CATEGORY_DICT_SIZE, 32], is_sparse=IS_SPARSE)

    mov_categories_hidden = layers.sequence_pool(
        input=mov_categories_emb, pool_type="sum")

    MOV_TITLE_DICT_SIZE = len(paddle.dataset.movielens.get_movie_title_dict())

    mov_title_id = layers.data(
        name='movie_title', shape=[1], dtype='int64', lod_level=1)

    mov_title_emb = layers.embedding(
        input=mov_title_id, size=[MOV_TITLE_DICT_SIZE, 32], is_sparse=IS_SPARSE)

    mov_title_conv = nets.sequence_conv_pool(
        input=mov_title_emb,
        num_filters=32,
        filter_size=3,
        act="tanh",
        pool_type="sum")
```

```
    concat_embed = layers.concat(
        input=[mov_fc, mov_categories_hidden, mov_title_conv], axis=1)

    mov_combined_features = layers.fc(input=concat_embed, size=200, act="tanh")

    return mov_combined_features
```

电影名称（title）是一个整数序列。整数代表的是某个词在索引序列中的下标。这个序列会被送入 sequence_conv_pool 层，这个层会在时间维度上使用卷积和池化。因此，输出的长度固定，尽管输入的序列长度各不相同。

最后，定义一个 inference_program，使用余弦相似度计算用户特征与电影特征的相似性。

```
def inference_program():
    """the combined network"""

    usr_combined_features = get_usr_combined_features()
    mov_combined_features = get_mov_combined_features()

    inference = layers.cos_sim(X=usr_combined_features, Y=mov_combined_features)
    scale_infer = layers.scale(x=inference, scale=5.0)

    return scale_infer
```

进而，定义一个 train_program 来使用 inference_program 计算出的结果，在标记数据的帮助下计算误差。我们还定义了一个 optimizer_func 来定义优化器。

```
def train_program():
    """define the cost function"""

    scale_infer = inference_program()

    label = layers.data(name='score', shape=[1], dtype='float32')
    square_cost = layers.square_error_cost(input=scale_infer, label=label)
    avg_cost = layers.mean(square_cost)

    return [avg_cost, scale_infer]


def optimizer_func():
    return fluid.optimizer.SGD(learning_rate=0.2)
```

9.3.3 训练模型

1. 定义训练环境

为了定义训练环境，可以指定训练是发生在 CPU 还是 GPU 上。

```
use_cuda = False
place = fluid.CUDAPlace(0) if use_cuda else fluid.CPUPlace()
```

2. 定义数据提供器

下一步是为训练和测试定义数据提供器。提供器读入一个大小为 BATCH_SIZE 的数据。paddle.dataset.movielens.train 每次会在乱序化后提供一个大小为 BATCH_SIZE 的数据，乱序化的大小为 buf_size。

```
train_reader = paddle.batch(
    paddle.reader.shuffle(
        paddle.dataset.movielens.train(), buf_size=8192),
    batch_size=BATCH_SIZE)

test_reader = paddle.batch(
    paddle.dataset.movielens.test(), batch_size=BATCH_SIZE)
```

3. 提供数据

feed_order 用来定义每条产生的数据和 paddle.layer.data 之间的映射关系。比如，movielens.train 产生的第一列的数据对应的是 user_id 这个特征。

```
feed_order = [
    'user_id', 'gender_id', 'age_id', 'job_id', 'movie_id', 'category_id',
    'movie_title', 'score'
]
```

4. 构建训练程序以及测试程序

分别构建训练程序和测试程序，并引入训练优化器。

```
main_program = fluid.default_main_program()
star_program = fluid.default_startup_program()
[avg_cost, scale_infer] = train_program()

test_program = main_program.clone(for_test=True)
sgd_optimizer = optimizer_func()
sgd_optimizer.minimize(avg_cost)
exe = fluid.Executor(place)

def train_test(program, reader):
    count = 0
    feed_var_list = [
        program.global_block().var(var_name) for var_name in feed_order
    ]
    feeder_test = fluid.DataFeeder(
    feed_list=feed_var_list, place=place)
    test_exe = fluid.Executor(place)
    accumulated = 0
    for test_data in reader():
```

```
                avg_cost_np = test_exe.run(program=program,
                                            feed=feeder_test.feed(test_data),
                                            fetch_list=[avg_cost])
        accumulated += avg_cost_np[0]
        count += 1
    return accumulated / count
```

5. 构建训练主循环并开始训练

我们根据上面定义的训练次数（PASS_NUM）和一些别的参数，来进行训练循环，并且每次循环都进行一次测试。当测试结果足够好时，退出训练并保存训练好的参数。

```
#指定保存参数的路径
params_dirname = "recommender_system.inference.model"

from paddle.utils.plot import Ploter
train_prompt = "Train cost"
test_prompt = "Test cost"

plot_cost = Ploter(train_prompt, test_prompt)

def train_loop():
    feed_list = [
        main_program.global_block().var(var_name) for var_name in feed_order
    ]
    feeder = fluid.DataFeeder(feed_list, place)
    exe.run(star_program)

    for pass_id in range(PASS_NUM):
        for batch_id, data in enumerate(train_reader()):
            outs = exe.run(program=main_program,
                           feed=feeder.feed(data),
                           fetch_list=[avg_cost])
            out = np.array(outs[0])

            test_avg_cost = train_test(test_program, test_reader)

            plot_cost.append(train_prompt, batch_id, outs[0])
            plot_cost.append(test_prompt, batch_id, test_avg_cost)
            plot_cost.plot()

            if batch_id == 20:
                if params_dirname is not None:
                    fluid.io.save_inference_model(params_dirname, [
                        "user_id", "gender_id", "age_id", "job_id",
                        "movie_id", "category_id", "movie_title"
                    ], [scale_infer], exe)
                return
            print('EpochID {0}, BatchID {1}, Test Loss {2:0.2}'.format(
                pass_id + 1, batch_id + 1, float(test_avg_cost)))
```

```
        if math.isnan(float(out[0])):
            sys.exit("got NaN loss, training failed.")
```

通过 train_loop()开始训练。

9.3.4 应用模型

1．生成测试数据

使用 create_lod_tensor(data, lod, place) 的 API 来生成细节层次的张量。data 是一个序列，data 的每个元素是一个表示索引号的序列。lod 是细节层次的信息，对应于 data。比如，data = [[10, 2, 3], [2, 3]] 意味着它包含两个序列，长度分别是 3 和 2。于是相应地 lod = [[3, 2]]，它表明其包含一层细节信息，意味着 data 有两个序列，长度分别是 3 和 2。

在这个预测例子中，我们试着预测用户 ID 为 1 的用户对于电影《Hunchback of Notre Dame》的评分。

```
infer_movie_id = 783
infer_movie_name = paddle.dataset.movielens.movie_info()[infer_movie_id].title
user_id = fluid.create_lod_tensor([[1]], [[1]], place)
gender_id = fluid.create_lod_tensor([[1]], [[1]], place)
age_id = fluid.create_lod_tensor([[0]], [[1]], place)
job_id = fluid.create_lod_tensor([[10]], [[1]], place)
movie_id = fluid.create_lod_tensor([[783]], [[1]], place)
category_id = fluid.create_lod_tensor([[10, 8, 9]], [[3]], place)
movie_title = fluid.create_lod_tensor([[1069, 4140, 2923, 710, 988]], [[5]],
                                    place)  # 'hunchback','of','notre','dame','the'
```

2．构建预测过程并测试

与训练过程类似，我们需要构建一个预测过程。其中，params_dirname 是之前用来存放训练过程中的各个参数的地址。

```
place = fluid.CUDAPlace(0) if use_cuda else fluid.CPUPlace()
exe = fluid.Executor(place)

inference_scope = fluid.core.Scope()
```

3．测试

现在我们可以进行预测了。我们要提供的 feed_order 应该和训练过程一致。

```
with fluid.scope_guard(inference_scope):
    [inferencer, feed_target_names,
    fetch_targets] = fluid.io.load_inference_model(params_dirname, exe)

    results = exe.run(inferencer,
```

```
                        feed={
                            'user_id': user_id,
                            'gender_id': gender_id,
                            'age_id': age_id,
                            'job_id': job_id,
                            'movie_id': movie_id,
                            'category_id': category_id,
                            'movie_title': movie_title
                        },
                        fetch_list=fetch_targets,
                        return_numpy=False)
predict_rating = np.array(results[0])
print("Predict Rating of user id 1 on movie \"" + infer_movie_name +
        "\" is " + str(predict_rating[0][0]))
print("Actual Rating of user id 1 on movie \"" + infer_movie_name +
        "\" is 4.")
```

9.4 小结

本章介绍了传统的个性化推荐系统方法和 YouTube 的深度神经网络个性化推荐系统，并以电影推荐为例，使用 PaddlePaddle 训练了一个个性化推荐神经网络模型。个性化推荐系统几乎涵盖了电商系统、社交网络、广告推荐、搜索引擎等领域，而在图像处理、自然语言处理等领域已经发挥重要作用的深度学习技术，也将会在个性化推荐系统领域大放异彩。

第 10 章

让机器读懂你的心——情感分析技术

10.1 情感分析及其作用

文本情感分析是用自然语言处理、文本挖掘以及计算机语言学等方法来识别、提取原素材中的主观信息的任务。情感分析的目的是找出说话者/作者在某些话题上或者针对一个文本的观点和态度。

情感分析任务中的原素材可以是一句话、一个段落，也可以是一个文档。情绪状态可以是正面和负面两类，比如满意和不满意两类。也可以分成更多种类，比如积极、消极、中性这 3 种。面向文本的情感分类最基本的任务是判断一段文本所表达的态度是正向还是负向。稍微复杂一点的任务有对文本态度进行分级，比如分成 1 级到 5 级。基于这样的一些任务，产生了许多情感分析系统和应用。比如现在很多网站上的用户评论都是带情感色彩的，对这些评论进行情感分析，将用户评论分成正面和负面评论，就可以用来分析用户对这一产品的整体使用感受。目前可见的情感分析应用场景十分广泛，在电影、购物、旅游、社交、金融等网站以及机器人技术上都有应用。下面我们来看一些具体的例子。

针对用户的电影评论，情感分析可以从评论中识别用户对电影的评价。这里给出了一些用户对电影的评论，如图 10-1 所示。

电影评论	类别
在***这几年的电影里，这算最好的一部的了	正面
很不好看，好像一个地方台的电视剧	负面
圆方镜头全程炫技，色调背景美则美矣，但剧情拖沓，口音不伦不类，一直努力却始终无法入戏	负面
剧情四星。但是圆镜视角加上婺源的风景非常有中国写意山水画的感觉	正面

图 10-1

图 10-1 中第一条信息"在***这几年的电影里，这算最好的一部的了"，通过情感分析预测可以识别这是一个正面评论。这一条信息下面还有一些其他评论，在右边通过情感分析，

预测了这条评论是正面或负面类别。通过情感分析获得用户对电影的评价后，不但可以用于研究电影本身的口碑，而且可以用来给用户推荐电影。

图 10-2 是一个购物网站中展示用户评价的页面，显示了用户对购买商品发表的评论。

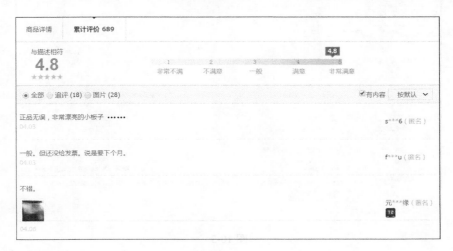

图 10-2

网站可以识别这些评论是表扬还是批评，并基于所有评论给出用户对商品的满意度，其中 5 分表示非常满意，1 分表示非常不满意。该商品的综合评价是 4.8 分，虽然一般网站都会让用户自己来打这个分数，但是这个打分是可以通过情感分析来实现的。

除根据用户评论获取用户对商品的整体评价之外，还可以从评论中分析用户对商品的更细粒度属性的情感倾向。图 10-3 展示的是一个旅游网站的用户评论区。

网站在给出了用户对酒店的整体评分的同时，还给出了酒店位置、设施、服务和卫生几个属性上的评分，这样可以方便用户更加细粒度地了解一个酒店的优劣情况。

除根据社区的用户评论来获得一个产品的口碑之外，还可以通过更多的数据来分析产品。图 10-4 是百度口碑中针对一款汽车的一个情感分析，通过分析 548 篇媒体文章，获得这款汽车的 347 个正向评价和 129 个中立评价，72 个负向评价，并且将评价指数反映在时间序列上，可以看到最近一段时间关于该汽车的评价总体偏好。

情感分析还可以应用在社交、金融等领域，例如对股票市场进行分析。股票市场的波动与投资者对上市公司盈利能力的看法关系比较大。人们在社区、公开媒体上讨论股票的情况，在一定程度上也反映了大家对经济行业的预期和信心。同时股票价格的波动也会受消费者群体的信心以及民意的影响，目前许多研究机构开始将情感分析技术应用于股票分析及预测系统中。例如在搜客 VC 投资社区上，用户可以对股票进行讨论交流。网站搜集这些用户的舆情和民意信息，通过情感分析，对股市的涨跌可以进行预测。图 10-5 是 2017 年 AMD 的股票案例，它反映了股票市场与股东信心的关系。

图 10-3

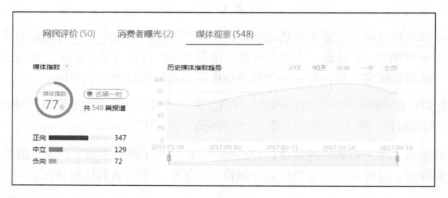

图 10-4

图 10-5

图 10-5 左边第一幅图是一个量价 K 线图。中间这张图是按照时间序列展示的评论热度统计图，反映了该股票随着时间变化的关注度情况。右边这张图是基于这些评论数据给出的情感分析变化图，按照时间序列给出了看涨和看跌的情感信息。从右图中的形势可以看出，89%的人看涨，11%的人看跌，并且这一段时间看涨和看跌的趋势都是相对稳定的。

除在电商平台和社交网络的广泛应用之外，情感分析技术还被引入对话机器人领域。例如百度的度秘机器人拥有情感陪伴能力，在陪用户聊天的时候，可以根据用户的输入，理解用户当前的情绪状况、感知用户喜好，据此来回复用户从而提升用户体验，这样可以更好地陪伴用户。前面讲到的这些电影网站、购物网站、金融领域的情感分析应用都是面向文本处理的情感分析问题，称为文本情感分类。

10.2 模型设计

针对文本情感分类的研究方法主要有两类，分别是基于情感词典及规则的方法和基于深度学习的方法。

基于情感词典及规则的方法是一种无监督的学习方法。首先，制订一系列的情感词、否定词的词典集合规则。然后，对文本进行一些段落的拆分和句法分析，以计算情感值。最后，以计算的情感值作为文本的情感倾向依据。

基于深度学习的方法多数将问题转化为一个文本分类问题。比如，对目标情感进行分类，再对训练文本进行人工标注，然后进行有监督的机器学习。深度学习方法相对于基于词典及规则的方法的劣势是需要依赖语料标注，而优势是可以实现端到端的情感分类。

本节主要讨论机器学习方法，讲述如何通过 PaddlePaddle 用文本分类的方法来解决文本情感分类问题。使用 PaddlePaddle 构建的系统还可以应用到文本分类中的其他问题里，比如文档分类、垃圾邮件过滤等问题。在前面的章节中，我们已经学习过图像分类，从刚刚的电影评论的例子中可以看到，文本分类和图像分类的主要区别是在输入数据与模型构建上，相对于图像分类的输入来说，文本输入是离散的符号。所以本节会引入第 8 章中讲到的模型，以将文本输入的离散表示转换成连续表示。

在模型构建上，图像分类一般通过 CNN 模型来获得图像特征表示。而文本分类中除 CNN 模型之外，RNN 模型也广泛地使用。传统的文本分类方法一般是用词袋（Bag-of-Words，BOW）方法来获得文本特征表示，然后再通过线性模型来分类。但 BOW 方法会忽略其中的词顺序语法和句法信息，仅仅将一段文本看作一个词集合。因此 BOW 方法并不能充分表示文本的语义信息，特别是情感分类里面，BOW 方法的缺陷更明显。展示 BOW 方法的缺陷的两个例子如图 10-6 所示。

图 10-6 中“这部电影糟糕透了”和“一个乏味、空洞、没有内涵的作品”两个句子在情感分析中具有很高的语义相似度，但是它们的 BOW 相似度为 0。又例如“一个空洞、没有内涵的作品”和“一个不空洞且有内涵的作品”这两个句子的 BOW 相似度很高，但实际上它们的意思完全不一样。目前很多文本分类任务中都引入了 CNN 和 RNN 模型来克服 BOW 的缺陷。文本 CNN 模型在第 9 章中已经讲过，本章讲解循环神经网络（Recurrent Neural Network，RNN）模型，如图 10-7（a）所示。

BOW相似度为0

句子1：这部电影糟糕透了

句子2：一个乏味、空洞、没有内涵的作品

BOW相似度很高

句子1：一个空洞、没有内涵的作品

句子2：一个不空洞而且有内涵的作品

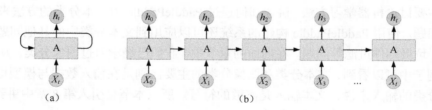

图 10-6

在长文本的输入的情感分类任务上，用 RNN 模型可以获得更好的特征表示。RNN 是指一种能对序列数据进行建模的重要模型，循环两个字表达了模型的核心思想，即上一时刻的输出作为下一时刻的输入。这种循环反馈能够形成复杂的历史，并且可以证明 RNN 是图灵完备的。自然语言是一种典型的序列数据，可以把一个句子看成词的序列，然后通过 RNN 模型刻画出一句话中词汇与词汇之间的前后关联。RNN 在自然语言处理任务、语言模型语义角色标注、图文生成对话、机器翻译等方面都有重要的应用。

循环神经网络对输入序列按时间展开后的结构如图 10-7（b）所示，其中第 t 时刻网络读入第 t 个输入 X_t 以及前一时刻隐层状态值 $h(t-1)$，然后计算本时刻隐层状态 h_t。重复这一步骤，直至遍历完整个序列的所有时刻。前面我们也看到 RNN 展开之后等价于一个层数等于输入序列长度的前馈神经网络。如果输入序列有 100 个时间步，就相当于 100 层的前馈网络。这样当输入序列很长的时候，某一时刻的依赖信息与对应信息之间的距离就会很远。

图 10-7

理论上来说，RNN 是有能力处理任意长的依赖的。然而，当这种距离增大的时候，RNN 将这样的信息连接起来的能力就变得越来越弱了。这种长期依赖问题还会导致梯度消失和梯度爆炸的问题。在长反馈层中大于 1 的数连乘会越乘越大，极端时就趋向于无穷了，这就会引起梯度爆炸。小于 1 的数连乘会越乘越小，极端时趋向于零，就引起了梯度消失。梯度消失问题也会使得循环神经网络中后面时刻的信息总是掩盖前面时刻的信息，为了解决简单 RNN 里面的长距离依赖和梯度消失的问题，便有了长短期记忆（Long Short Term Memory，

LSTM）网络。相比于简单循环神经网络，LSTM 引入了门控的思想，通过门控单元可以给深层的网络引入一些捷径，增强了其处理长距离依赖问题的能力，同时缩短了梯度的传播路径，来保证梯度在整个网络中可以顺畅地传递下去。LSTM 网络的结构如图 10-8 所示。

这些捷径是可以通过网络自己学习得到的，类似的设计还有门控循环神经网络单元，其设计更简洁一些。这些改进虽然各有不同，但是它们的宏观描述与简单的循环神经网络一样（如图 10-7 所示），即隐状态依据当前输入及前一时刻的隐状态来改变，不断地循环这一过程直至输入处理完毕。对于正常序列的循环神经网络，h_t 中包含了 t 时刻之前的输入信息，也就是上文信息。为了得到下文信息，可以使用反向循环神经网络，也就是将输入进行逆序处理。一般深层神经网络往往能够得到更加抽象的和高级的特征表示。在本章之后的实验中，我们构建了一个基于 LSTM 的栈式双向循环神经网络，来对时序数据进行建模。基于 LSTM 的栈式双向循环神经网络结构如图 10-9 所示。

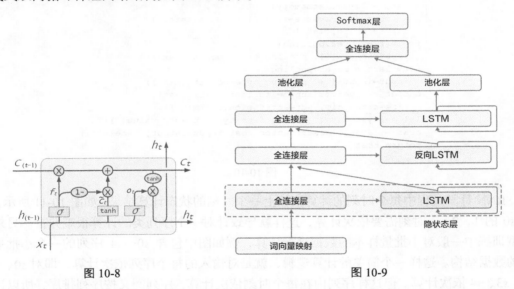

图 10-8   图 10-9

图 10-9 中的模型包含了 3 层 LSTM 网络。第一层和第三层 LSTM 网络是正向循环神经网络。第二层 LSTM 网络为反向循环神经网络。另外对于最高层的 LSTM 网络的输出，我们使用时间维度上的最大池化操作，就可以得到整个输入文本的一个定长的向量表示。这一个表示充分融合了文本的上下文信息，并且对文本进行了深层次的抽象。最后我们将这个文本特征表示连接到 Softmax 层来构建分类模型，用 PaddlePaddle 来构建栈式双向 LSTM 网络的方式，如图 10-10 所示。

图 10-10 中第一部分的数据层和词向量层将文本输入数据转换成词向量表示。第二部分通过一个全连接层和一个 LSTM 层来构建一个 LSTM 网络。这里 PaddlePaddle 中将基于 LSTM 的循环神经网络的计算，拆分成了一个全连接网络和一个 LSTM 网络来实现。第三部

分通过循环构建反向和正向的 LSTM 网络来加深模型。第四部分使用一个池化层来获得文本的特征表示，最后再连接到一个全连接层，来实现分类。第 12 章还会介绍另一种栈式双向神经网络。

```
def stacked_lstm_net(input_dim,
                     class_dim=2,
                     emb_dim=128,
                     hid_dim=512,
                     stacked_num=3):
    data = layer.data("word")
    emb = layer.embedding(input=data, size=emb_dim)
    fc1 = layer.fc(input=emb, size=hid_dim, act=linear)
    lstm1 = layer.lstmemory(input=fc1, act=relu)
    inputs = [fc1, lstm1]
    for i in range(2, stacked_num + 1):
        fc = layer.fc(input=inputs, size=hid_dim, act=linear)
        lstm = layer.lstmemory(
            input=fc, reverse=(i % 2) == 0, act=relu)
        inputs = [fc, lstm]
    fc_last = layer.pooling(
        input=inputs[0], pooling_type=pooling.Max())
    lstm_last = layer.pooling(
        input=inputs[1], pooling_type=pooling.Max())
    output = layer.fc(input=[fc_last, lstm_last],
        size=class_dim, act=activation.Softmax())
    lbl = layer.data("label", data_type.integer_value(2))
    cost = layer.classification_cost(input=output, label=lbl)
    return cost
```

图 10-10

RNN 计算过程中每个时刻的计算依赖上一个时刻的状态计算结果。如图 10-11 所示，针对 s0 的 1、2、3 时刻需要依次计算，这样就导致针对一个序列类的计算很难并行。另外，模型训练中一般对小批量样本的数据进行计算，例如图中包含 s0～s4 序列的一个小批量样本的数据结构。这样一个简单的计算逻辑，就是对输入的每个序列依次计算，即对 s0、s1、s2、s3、s4 依次计算。但这样序列内在每个时刻依次计算，序列间又按序列排序，所以计算效率会比较低，尤其是在一些小批量样本比较大的场景下，如何实现序列模型的并行计算，是解决 RNN 模型训练的主要问题。

图 10-11 展示的是列优先的序列结构。可以看出，虽然 RNN 模型在针对单个序列的计算上很难并行，但针对多个序列的计算上是容易实现并行的。比如，在图中每个序列的第一个时刻，单元 1、4、11、17、23 是可以并行计算的。但是因为 1、4、11、17、23 单元在内存中不是连续存储的，所以比较难实现一个高效的算法。从 CPU 的 SMD 指令到 GPU，都是通过对连续内存的相同运算来实现数据并行计算的。但是原始输入数据结构一般不是计算友好的结构，比如，在输入是小批量样本的序列数据结构中，每个序列在内存中是连续存储的，这样也只能按序列排序计算。所以需要一种转换，将原始的输入数据结构转换成一种计

算上更友好的数据结构。比如执行相同运算的单元，在内存上是连续存储的。这里我们引入一种 SequenceToBatch 的转换：将输入的多个序列中相同时刻的数据合并到一批中，并且每批在内存中是连续存储的，这样相同时刻的运算就合并到了一批的计算里面。对于这样一种转换后的数据结构，就比较容易使用 AVX 或 GPU 来实现针对每批数据的并行计算，这样整个小批量样本序列数据就可以用更少的迭代次数来完成计算，这种数据结构称为行优先批量结构，如图 10-12 所示。

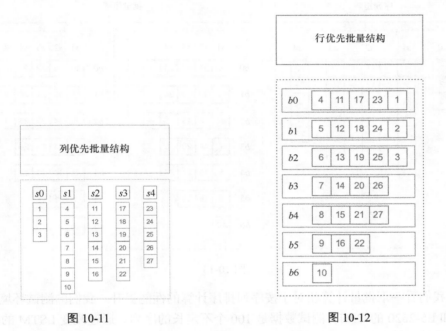

图 10-11　　　　　　　　　　　　　　图 10-12

在图 10-12 中，从 $b0$、$b1$、$b2$、$b3$、$b4$、$b5$ 到 $b6$ 只需要 7 次计算，而针对原始数据按序列排序的计算需要 27 次迭代计算。我们将原始的小批量样本输入数据（只包含多个不定长的序列的数据结构）称为序列矩阵，其中每个序列在内存中是连续存储的。将转换后用于 RNN 模型计算的数据结构称为批量矩阵。其中每个序列相同时刻的数据在内存中是连续存储的。比如第一批包含序列 s 到序列 t 的第一个时刻，要把序列矩阵转换成批量矩阵的数据结构，需要先计算序列中每个时刻对应到批数据结构中的位置。PaddlePaddle 中设计了一个 sequenceToBatch 的逻辑来实现这个功能。

sequenceToBatch 的实现逻辑如下。首先根据每个序列的起始位置，计算每个序列的长度，然后对序列进行排序，接着计算每批数据，每批数据的长度等于包含当前时刻的序列个数。比如，某一批应该包含 $s0$~$s4$ 这 5 个序列的第 0 时刻，正向遍历序列的所有时刻，即可获得该批中每个单元对应到序列中每个时刻的索引向量。获得 seq2batch 的索引向量后，就可以将原始的序列矩阵转换成一个批量矩阵的形式。时序的 RNN 计算中有时会使用反向循环神经网络来获得上下文信息。稍微变换 sequenceToBatch，还可以得到一个针对反向 RNN 的批数据结构，这样就可以用变换后的批数据来解决 RNN 训练中对于不定长序列的计算性能问题，通过将原始不定长的序列数据转换成批数据结构，避免了对原始数据进行填充的改变，如图 10-13 所示。

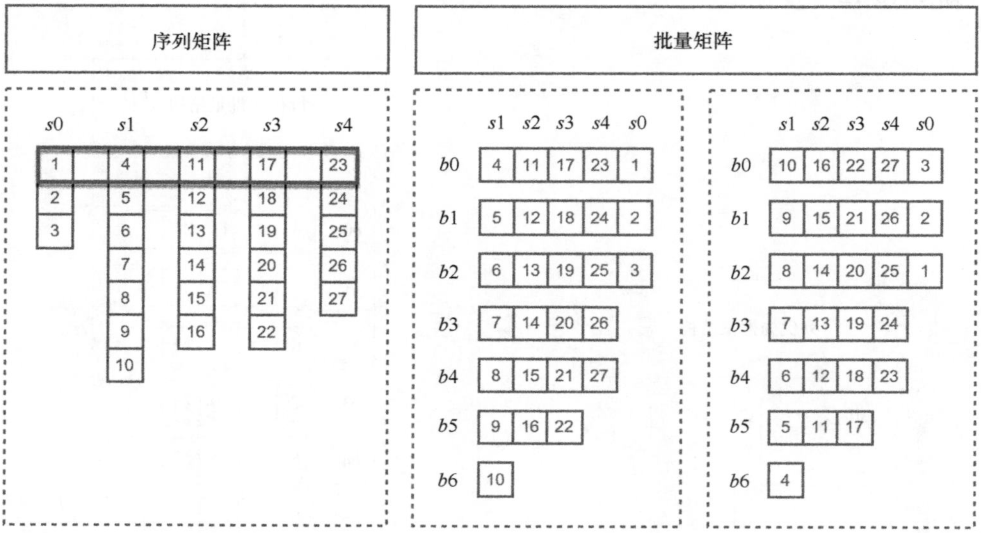

图 10-13

最后我们看一下批量计算相对于按序列排序计算的性能提升。我们的测试环境是 K20X 的 GPU 和 E5-2620 的 CPU，测试数据是 100 个不定长的序列。通过改变 LSTM 的帧大小，观察批量计算的加速效果。对于 LSTM 的正向计算，CPU 下批量计算相对于按序列排序的计算可以获得几倍的性能加速比，GPU 下可以获得几十倍的性能加速比。对于反向计算，CPU 和 GPU 下也同样可以获得几倍到几十倍的性能加速比。

10.3 情感分析实验

我们进行一个端对端的短文本分类实验。该实验采用 IMDB 情感分析数据集，IMDB 数据集的训练集和测试集分别包含 25 000 个已标注过的电影评论。其中，负面评论的得分小于或等于 4，正面评论的得分大于或等于 7，满分 10 分。数据集目录结构如下。

```
aclImdb
|- test
   |-- neg
   |-- pos
```

```
|- train
   |-- neg
   |-- pos
```

PaddlePaddle 在 dataset/imdb.py 中实现了 IMDB 数据集的自动下载和读取,并提供了读取字典、训练数据、测试数据等 API。

1. 配置模型

在该实验中,我们实现了两种文本分类算法,分别基于第 9 章介绍过的文本卷积神经网络,以及栈式双向 LSTM 神经网络。导入要用到的库和定义全局变量。

```python
from __future__ import print_function
import paddle
import paddle.fluid as fluid
import numpy as np
import sys
import math

CLASS_DIM = 2         #情感分类的类别数
EMB_DIM = 128         #词向量的维度
HID_DIM = 512         #隐层的维度
STACKED_NUM = 3       #栈式双向 LSTM 神经网络的层数
BATCH_SIZE = 128      #批的大小
```

2. 构建文本卷积神经网络

将待构建的神经网络命名为 convolution_net,示例代码如下。需要注意的是,fluid.nets.sequence_conv_pool 包含卷积和池化两个操作。

```python
#文本卷积神经网络
def convolution_net(data, input_dim, class_dim, emb_dim, hid_dim):
    emb = fluid.layers.embedding(
        input=data, size=[input_dim, emb_dim], is_sparse=True)
    conv_3 = fluid.nets.sequence_conv_pool(
        input=emb,
        num_filters=hid_dim,
        filter_size=3,
        act="tanh",
        pool_type="sqrt")
    conv_4 = fluid.nets.sequence_conv_pool(
        input=emb,
        num_filters=hid_dim,
        filter_size=4,
        act="tanh",
        pool_type="sqrt")
    prediction = fluid.layers.fc(
        input=[conv_3, conv_4], size=class_dim, act="softmax")
    return prediction
```

网络的输入 input_dim 表示的是词典的大小，class_dim 表示类别数。这里，使用 sequence_conv_pool API 实现了卷积和池化操作。

3. 构建栈式双向 LSTM 神经网络

构建栈式双向 LSTM 神经网络 stacked_lstm_net 的代码片段如下。

```python
#栈式双向 LSTM
def stacked_lstm_net(data, input_dim, class_dim, emb_dim, hid_dim, stacked_num):

    #计算词向量
    emb = fluid.layers.embedding(
        input=data, size=[input_dim, emb_dim], is_sparse=True)

    #全连接层
    fc1 = fluid.layers.fc(input=emb, size=hid_dim)
    #LSTM 层
    lstm1, cell1 = fluid.layers.dynamic_lstm(input=fc1, size=hid_dim)

    inputs = [fc1, lstm1]

    #其余的所有栈结构
    for i in range(2, stacked_num + 1):
        fc = fluid.layers.fc(input=inputs, size=hid_dim)
        lstm, cell = fluid.layers.dynamic_lstm(
            input=fc, size=hid_dim, is_reverse=(i % 2) == 0)
        inputs = [fc, lstm]

    #池化层
    fc_last = fluid.layers.sequence_pool(input=inputs[0], pool_type='max')
    lstm_last = fluid.layers.sequence_pool(input=inputs[1], pool_type='max')

    #全连接层
    prediction = fluid.layers.fc(
        input=[fc_last, lstm_last], size=class_dim, act='softmax')
    return prediction
```

以上的栈式双向 LSTM 神经网络抽象出了高级特征，并把其映射到和分类类别数同样大小的向量上。最后一个全连接层的 "Softmax" 激活函数用来计算输入属于某个类别的概率。

此处可以调用 convolution_net 或 stacked_lstm_net 的任何一个网络结构进行训练和学习，这里以 convolution_net 为例。接下来，定义推断程序（inference_program）。推断程序使用 convolution_net 来对 fluid.layer.data 的输入进行预测。

```python
def inference_program(word_dict):
    data = fluid.layers.data(
        name="words", shape=[1], dtype="int64", lod_level=1)
```

```
    dict_dim = len(word_dict)
    net = convolution_net(data, dict_dim, CLASS_DIM, EMB_DIM, HID_DIM)
    # net = stacked_lstm_net(data, dict_dim, CLASS_DIM, EMB_DIM, HID_DIM, STACKED_NUM)
    return net
```

这里定义了 training_program。它使用了从 inference_program 返回的结果来计算误差。同时定义了优化函数 optimizer_func。

因为是有监督的学习，所以训练集的标签也在 fluid.layers.data 中定义了。在训练过程中，交叉熵在 fluid.layer.cross_entropy 中作为损失函数。

在测试过程中，分类器会计算各个输出的概率。第一个返回的数值规定为 cost。

```
def train_program(prediction):
    label = fluid.layers.data(name="label", shape=[1], dtype="int64")
    cost = fluid.layers.cross_entropy(input=prediction, label=label)
    avg_cost = fluid.layers.mean(cost)
    accuracy = fluid.layers.accuracy(input=prediction, label=label)
    return [avg_cost, accuracy]    #返回平均 cost 和准确率 acc

#优化函数
def optimizer_func():
    return fluid.optimizer.Adagrad(learning_rate=0.002)
```

4. 定义训练环境

定义训练是在 CPU 上还是在 GPU 上。

```
use_cuda = False   #在 CPU 上进行训练
place = fluid.CUDAPlace(0) if use_cuda else fluid.CPUPlace()
```

5. 定义数据提供器

下一步是为训练和测试定义数据提供器。提供器读入一个大小为 BATCH_SIZE 的数据。paddle.dataset.imdb.word_dict 每次会在乱序化后提供一个大小为 BATCH_SIZE 的数据，乱序化的大小为 buf_size。

注意，读取 IMDB 的数据可能会花费几分钟的时间，请耐心等待。

```
print("Loading IMDB word dict....")
word_dict = paddle.dataset.imdb.word_dict()

print ("Reading training data....")
train_reader = paddle.batch(
    paddle.reader.shuffle(
        paddle.dataset.imdb.train(word_dict), buf_size=25000),
    batch_size=BATCH_SIZE)
print("Reading testing data....")
```

```
test_reader = paddle.batch(
    paddle.dataset.imdb.test(word_dict), batch_size=BATCH_SIZE)
```

word_dict 是一个字典序列，是词和标签的对应关系，运行下一行可以看到具体内容。

```
word_dict
```

每行是如（'limited': 1726）的对应关系，该行表示单词 limited 所对应的标签是 1726。

6．构造训练器

训练器需要一个训练程序和一个训练优化函数。

```
exe = fluid.Executor(place)
prediction = inference_program(word_dict)
[avg_cost, accuracy] = train_program(prediction)#训练程序
sgd_optimizer = optimizer_func()#训练优化函数
sgd_optimizer.minimize(avg_cost)
```

该函数用来计算训练中模型在测试数据集上的结果。

```
def train_test(program, reader):
    count = 0
    feed_var_list = [
        program.global_block().var(var_name) for var_name in feed_order
    ]
    feeder_test = fluid.DataFeeder(feed_list=feed_var_list, place=place)
    test_exe = fluid.Executor(place)
    accumulated = len([avg_cost, accuracy]) * [0]
    for test_data in reader():
        avg_cost_np = test_exe.run(
            program=program,
            feed=feeder_test.feed(test_data),
            fetch_list=[avg_cost, accuracy])
        accumulated = [
            x[0] + x[1][0] for x in zip(accumulated, avg_cost_np)
        ]
        count += 1
    return [x / count for x in accumulated]
```

7．提供数据并构建主训练循环

feed_order 用来定义每条产生的数据和 fluid.layers.data 之间的映射关系。比如，imdb.train 产生的第一列的数据对应的是 words 这个特征。我们在训练主循环里显示了每一步的输出，以观察训练情况。

```
params_dirname = "understand_sentiment_conv.inference.model"

feed_order = ['words', 'label']
pass_num = 1   #训练循环的轮数
```

```python
#程序主循环部分
def train_loop(main_program):
    #启动前面构建的训练器
    exe.run(fluid.default_startup_program())

    feed_var_list_loop = [
        main_program.global_block().var(var_name) for var_name in feed_order
    ]
    feeder = fluid.DataFeeder(
        feed_list=feed_var_list_loop, place=place)

    test_program = fluid.default_main_program().clone(for_test=True)

    #训练循环
    for epoch_id in range(pass_num):
        for step_id, data in enumerate(train_reader()):
            #运行训练器
            metrics = exe.run(main_program,
                              feed=feeder.feed(data),
                              fetch_list=[avg_cost, accuracy])

            #测试结果
            avg_cost_test, acc_test = train_test(test_program, test_reader)
            print('Step {0}, Test Loss {1:0.2}, Acc {2:0.2}'.format(
                step_id, avg_cost_test, acc_test))

            print("Step {0}, Epoch {1} Metrics {2}".format(
                step_id, epoch_id, list(map(np.array,
                                            metrics))))

            if step_id == 30:
                if params_dirname is not None:
                    fluid.io.save_inference_model(params_dirname, ["words"],
                                                  prediction, exe)#保存模型
                return
```

8. 开始训练

最后,我们启动训练主循环来开始训练。训练时间较长,为了更快地返回结果,可以通过调整损耗值范围或者训练步数,以降低准确率为代价来缩短训练时间。

```
train_loop(fluid.default_main_program())
```

9. 构建预测器

和训练过程一样,我们需要创建一个预测过程,并使用训练得到的模型和参数来进行预测,params_dirname 用来存放训练过程中的各个参数。

```
place = fluid.CUDAPlace(0) if use_cuda else fluid.CPUPlace()
```

```
exe = fluid.Executor(place)
inference_scope = fluid.core.Scope()
```

10. 生成测试用输入数据

为了进行预测，我们任意选取 3 个评论。首先，把评论中的每个词对应到 word_dict 中的 id。如果词典中没有这个词，则设为 unknown。然后，用 create_lod_tensor 来创建细节层次的张量，关于该函数的详细解释请参照 API 文档。

```
reviews_str = [
    'read the book forget the movie', 'this is a great movie', 'this is very bad'
]
reviews = [c.split() for c in reviews_str]

UNK = word_dict['<unk>']
lod = []
for c in reviews:
    lod.append([word_dict.get(words, UNK) for words in c])

base_shape = [[len(c) for c in lod]]

tensor_words = fluid.create_lod_tensor(lod, base_shape, place)
```

11. 应用模型并进行预测

现在可以对每一条评论进行正面或者负面的预测。

```
with fluid.scope_guard(inference_scope):

    [inferencer, feed_target_names,
     fetch_targets] = fluid.io.load_inference_model(params_dirname, exe)

    assert feed_target_names[0] == "words"
    results = exe.run(inferencer,
                      feed={feed_target_names[0]: tensor_words},
                      fetch_list=fetch_targets,
                      return_numpy=False)
    np_data = np.array(results[0])
    for i, r in enumerate(np_data):
        print("Predict probability of ", r[0], " to be positive and ", r[1],
              " to be negative for review \'", reviews_str[i], "\'")
```

第 11 章

NLP 技术深入理解——语义角色标注

11.1 引言

自然语言分析技术大致分为 3 个层面——词法分析、句法分析和语义分析。语义角色标注 SRL（Semantic Role Labeling）是实现浅层语义分析的一种方式。在一个句子中，谓词是对主语的陈述或说明，指出"做什么""是什么"或"怎么样，代表了一个事件的核心，与谓词搭配的名词称为论元。语义角色是指论元在动词所指事件中担任的角色。主要有施事者（Agent）、受事者（Patient）、客体（Theme）、经验者（Experiencer）、受益者（Beneficiary）、工具（Instrument）、地点（Location）、目标（Goal）和来源（Source）等。

请看下面的例子，"遇到"是谓词（Predicate，通常简写为"Pred"），"小明"是施事者（Agent），"小红"是受事者（Patient），"昨天"是事件发生的时间（Time），"公园"是事情发生的地点（Location）。

[小明]Agent[昨天]Time[晚上]Time 在[公园]Location[遇到]Predicate 了[小红]Patient。

语义角色标注以句子的谓词为中心，不对句子所包含的语义信息进行深入分析。只分析句子中各成分与谓词之间的关系，即句子的谓词（Predicate）-论元（Argument）结构，并用语义角色来描述这些结构关系，是许多自然语言理解任务（如信息抽取、篇章分析、深度问答等）的一个重要中间步骤。在研究中通常假定谓词是固定的，所要做的就是找出给定谓词的各个论元和它们的语义角色。

传统的 SRL 系统大多建立在句法分析基础之上，通常包括 5 个流程。

（1）构建一棵句法分析树，例如，图 11-1 是对上面例子进行依存句法分析得到的一棵句法树。

（2）从句法树上识别出给定谓词的候选论元。

（3）剪除候选论元。一个句子中的候选论元可能很多，候选论元剪除就是从大量的候选项中剪除那些最不可能成为论元的候选项。

（4）识别论元，这个过程是从上一步剪除之后的候选中判断哪些是真正的论元，通常当作一个二分类问题来解决。

（5）对第（4）步的结果，通过多分类得到论元的语义角色标签。

依存句法分析树示例如图 11-1 所示。

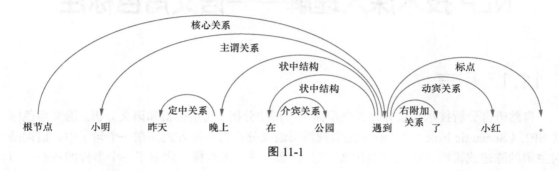

图 11-1

从以上步骤可以看到，句法分析是基础，并且后续步骤常常会构造一些人工特征，这些特征往往也来自句法分析。然而，完全句法分析需要确定句子所包含的全部句法信息，并确定句子各成分之间的关系，是一个非常困难的任务。目前技术下的句法分析准确率并不高，句法分析的细微错误都会导致 SRL 的错误。为了降低问题的复杂度，同时获得一定的句法结构信息，"浅层句法分析"的思想应运而生。浅层句法分析也称为部分句法分析（partial parsing）或语块划分（chunking）。和完全句法分析得到一颗完整的句法树不同，浅层句法分析只需要识别句子中某些结构相对简单的独立成分，例如，动词短语，这些识别出来的结构称为语块。为了回避"无法获得准确率较高的句法树"所带来的困难，一些研究也提出了基于语块（chunk）的 SRL 方法。基于语块的 SRL 方法将 SRL 作为一个序列标注问题来解决。序列标注任务一般都会采用 BIO 表示方式来定义序列标注的标签集。我们先介绍这种表示方法。在 BIO 表示法中，B 代表语块的开始，I 代表语块的中间，O 代表语块结束。通过 B、I、O 标记将不同的语块赋予不同的标签，例如，对于一个由角色 A 拓展得到的语块组，将它所包含的第一个语块赋予标签 B-A，将它所包含的其他语块赋予标签 I-A，不属于任何论元的语块赋予标签 O。

我们继续以上面的这句话为例，BIO 方法表示如图 11-2 所示。

从上面的例子可以看到，根据序列标注结果，直接得到论元的语义角色标注结果，是一个相对简单的过程。这种简单性体现在以下方面。

（1）依赖浅层句法分析，降低了句法分析的要求和难度。

输入序列	小明	昨天	晚上	在	公园	遇到	了	小红	。
语块	B-NP	B-NP	I-NP	B-PP	B-NP	B-VP		B-NP	
标注序列	B-Agent	B-Time	I-Time	O	B-Location	B-Predicate	O	B-Patient	O
角色	Agent	Time	Time		Location	Predicate	O	Patient	

图 11-2

（2）没有了剪除候选论元这一步骤。

（3）论元的识别和论元标注是同时实现的。

这种一体化处理论元识别和论元标注的方法，简化了流程，降低了错误累积的风险，往往能够取得更好的结果。

11.2 模型概览

序列建模中的重要模型之一是循环神经网络（Recurrent Neural Network，RNN）。RNN 在自然语言处理任务中有着广泛的应用。RNN 不同于前馈神经网络（Feed-forward Neural Network），RNN 能够处理输入之间前后关联的问题。LSTM 网络是 RNN 的一种重要变种，常用来学习长序列中蕴含的长距离依赖关系，在第 10 章中已经介绍过。这一章中我们依然利用 LSTM 网络来解决 SRL 问题。

11.2.1 栈式循环神经网络

深层网络有助于形成层次化特征，网络上层在下层已经学习到的初级特征基础上，形成更复杂的高级特征。尽管 LSTM 网络沿时间轴展开后等价于一个非常"深"的前馈网络，但由于 LSTM 网络共享各个时间步参数，因此 $t-1$ 时刻到 t 时刻的状态映射始终只经过了一次非线性映射。也就是说，单层 LSTM 网络对状态转移的建模是"浅"的。堆叠多个 LSTM 单元，令前一个 LSTM 单元 t 时刻的输出，成为下一个 LSTM 单元 t 时刻的输入，帮助我们构建起一个深层网络，我们把它称为第一个版本的栈式循环神经网络。深层网络提高了模型拟合复杂模式的能力，能够更好地建模跨不同时间步的模式。

然而，训练一个深层 LSTM 网络并非易事。纵向堆叠多个 LSTM 单元可能遇到梯度在纵向深度上传播受阻的问题。通常，堆叠 4 层 LSTM 单元可以正常训练，当层数达到 4~8 时，会出现性能衰减，这时必须考虑一些新的结构以保证梯度纵向顺畅传播，这是训练深层 LSTM 网络必须解决的问题。我们可以借鉴 LSTM 网络解决"梯度消失、梯度爆炸"问题的思路之一：在记忆单元（Memory Cell）这条信息传播的路线上没有非线性映射，当梯度反向传播时既不会衰减也不会爆炸。因此，深层 LSTM 模型也可以在纵向上添加一条保证梯度顺畅传播的路径。

一个 LSTM 单元完成的运算可以分为 3 部分。

（1）输入到隐层的映射：每个时间步输入信息 x 会首先经过一个矩阵映射，再作为遗忘门、输入门、记忆单元、输出门的输入。注意，这一次映射没有引入非线性激活。

（2）隐层到隐层的映射：这一步是 LSTM 计算的主体，包括遗忘门、输入门、记忆单元更新、输出门的计算。

（3）隐层到输出的映射：通常简单地对隐层向量进行激活，我们在第一个版本的栈式网络的基础上，加入一条新的路径，除上一层 LSTM 输出之外，将浅层 LSTM 的输入到隐层的映射作为一个新的输入，同时加入一个线性映射去学习一个新的变换。

最终得到的 LSTM 栈式循环神经网络结构如图 11-3 所示。

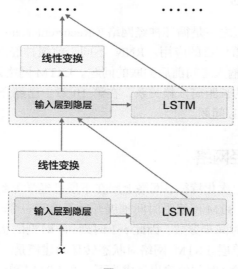

图 11-3

11.2.2 双向循环神经单元

在 LSTM 网络中，t 时刻的隐层向量编码了到 t 时刻为止所有输入的信息，但 t 时刻的 LSTM 网络可以看到历史信息，无法看到未来信息。在绝大多数自然语言处理任务中，我们几乎总是能拿到整个句子。这种情况下，如果能够像获取历史信息一样，得到未来的信息，对完成序列学习任务会有很大的帮助。

为了克服这一缺陷，我们可以设计一种双向循环网络单元（Bidirectional Recurrent Neural Unit），它的思想简单明了：对上一节的栈式循环神经网络进行一个小小的修改，堆叠多个 LSTM 单元，让每一层 LSTM 单元分别以正向、反向、正向……的顺序学习上一层的输出序列。于是，从第 2 层开始，t 时刻的 LSTM 单元便总是可以看到历史信息和未来的信息。基于 LSTM 的双向循环神经网络结构如图 11-4 所示。

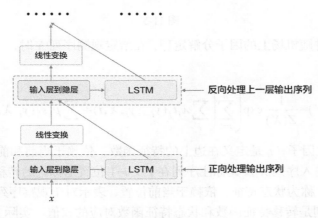

图 11-4

需要说明的是，这种双向 RNN 结构和 Bengio 等人在机器翻译任务中使用的双向 RNN 结构并不相同，第 12 章会介绍一种栈式双向循环神经网络。

11.2.3 条件随机场

使用神经网络模型解决问题的思路通常是：浅层网络学习输入的特征表示，网络的最后一层在特征的基础上完成最终的任务。在 SRL 任务中，深层 LSTM 网络学习输入的特征表示，条件随机场（Conditional Random Field，CRF）在特征的基础上完成序列标注，处于整个网络的末端。

CRF 是一种概率化结构模型，可以看作一个概率无向图模型，节点表示随机变量，边表示随机变量之间的概率依赖关系。简单来讲，CRF 学习条件概率 $P(X|Y)$，其中 $X=(x_1, x_2,\cdots,x_n)$ 是输入序列，$Y=(y_1,y_2,\cdots,y_n)$ 是标记序列。解码过程是对于给定 X 序列求解令 $P(Y|X)$ 最大的 Y 序列，即 $Y=\arg\max P(Y|X)$。

序列标注任务只需要考虑输入和输出都是一个线性序列，并且由于我们只将输入序列作为条件，不做任何条件独立假设，因此输入序列的元素之间并不存在图结构。总之，在序列标注任务中使用的是图 11-5 所示的定义在链式图上的 CRF，称为线性链条件随机场（Linear Chain Conditional Random Field）。

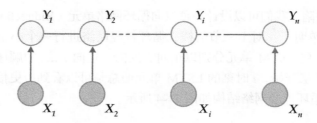

图 11-5

根据线性链条件随机场上的因子分解定理，在给定观测序列 X 时，一个特定标记序列 Y 的概率可以定义为

$$P(T|X) = \frac{1}{Z(X)} \exp\left(\sum_{i=1}^{n}\left(\sum_{j}\lambda_j t_j(y_{i-1}, y_i, X, i) + \sum_{k}\mu_k s_k(y_i, X, i)\right)\right)$$

其中，$Z(X)$ 是归一化因子；t_j 是定义在边上的特征函数，依赖于当前和前一个位置，称为转移特征，表示对于输入序列 X 及其标注序列在 i 及 $i-1$ 位置上标记的转移概率；s_k 是定义在节点上的特征函数，称为状态特征，依赖于当前位置，表示对于观察序列 X 及其 i 位置的标记概率；λ_j 与 μ_k 分别是转移特征函数和状态特征函数对应的权值。实际上，t 和 s 可以用相同的数学形式表示，再对转移特征和状态特在各个位置 i 求和，有

$$f_k(Y, X) = \sum_{i=1}^{n} f_k(y_{i-1}, y_i, X, i)$$

把 f 统称为特征函数，于是 $P(Y|X)P(Y|X)$ 可表示为

$$P(Y|X, W) = \frac{1}{Z(X)} \exp \sum_{k} \omega_k f_k(Y, X)$$

ω 是特征函数对应的权值，是 CRF 模型要学习的参数。在训练时，对于给定的输入序列和对应的标记序列集合 $D = [(X_1, Y_1), (X_2, Y_2), \cdots, (X_N, Y_N)]$，通过正则化的极大似然估计，求解如下优化目标：

$$L(\lambda, D) = -\log\left(\prod_{m=1}^{N} p(Y_m|X_m, W)\right) + C\frac{1}{2}\|W\|^2$$

这个优化目标可以通过反向传播算法和整个神经网络一起求解。在解码时，对于给定的输入序列 X，通过解码算法（通常有维特比算法）求出令条件概率 $\bar{P}(Y|X)$ 最大的输出序列 $\bar{Y}$。

11.2.4 深度双向 LSTM SRL 模型

在 SRL 任务中，输入是"谓词"和"一句话"，目标是从这句话中找到谓词的论元，并标注论元的语义角色。如果一个句子有 n 个谓词，这个句子会被处理 n 次。一个最直接的模型可按如下流程构建。

（1）构造输入。

（2）以输入 1 作为谓词，以输入 2 作为句子。

（3）将输入 1 扩展成和输入 2 一样长的序列，用独热方式表示。

（4）独热方式的谓词序列和句子序列通过词表，转换为实向量表示的词向量序列。

（5）将步骤（2）中的两个词向量序列作为双向 LSTM 网络的输入，学习输入序列的特征表示。

（6）CRF 以步骤（3）中模型学习到的特征为输入，以标记序列为监督信号，实现序列标注。

可以尝试上面这种方法。这里提出一些改进，引入两个简单但对提高系统性能非常有效的特征。

- 谓词上下文。上面的方法中，只用到了谓词的词向量来表达谓词的所有信息。这种方法不够强大，如果谓词在句子中出现多次，可能会引起一定的歧义。从经验出发，谓词前后若干个词构成的一个小片段，能够提供更丰富的信息，帮助消解歧义。于是，我们把这样的经验也添加到模型中，为每个谓词同时抽取一个"谓词上下文"片段，也就是从这个谓词前后各取 n 个词构成的一个窗口片段。
- 谓词上下文区域标记。为句子中的每一个词引入一个 0-1 二值变量，表示它们是否在"谓词上下文"片段中。

修改后的模型搭建流程如下。

（1）构造输入。

（2）以输入 1 作为句子序列，以输入 2 作为谓词序列，以输入 3 作为谓词上下文，从句子中抽取这个谓词前后各 n 个词，构成谓词上下文，用独热方式表示，以输入 4 作为谓词上下文区域标记，标记句子中每一个词是否在谓词上下文中。

（3）将输入 2~3 均扩展为和输入 1 一样长的序列。

（4）输入 1~4 均通过词表取词向量转换为实向量表示的词向量序列，其中输入 1 和 3 共享同一个词表，输入 2 和 4 各自有词表。

（5）第（2）步的 4 个词向量序列作为双向 LSTM 模型的输入，LSTM 模型学习输入序列的特征表示，得到新的特性表示序列。

（6）CRF 以第（3）步中 LSTM 网络学习到的特征为输入，以标记序列为监督信号，完成序列标注。

图 11-6 是 SRL 任务上深度为 4 的深层双向 LSTM 模型示意图。

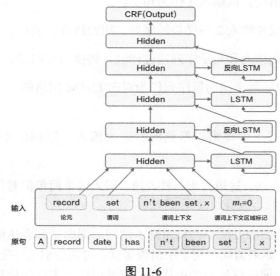

图 11-6

11.3 使用 PaddlePaddle 实现 SRL 任务

与基于语块的 SRL 方法类似，在本实验中我们也将 SRL 看作一个序列标注问题。与历史做法不同的是，我们只依赖输入文本序列，不依赖任何额外的语法解析结果或复杂的人造特征，利用深度神经网络构建一个端到端学习的 SRL 系统。我们以 CoNLL-2005 共享任务中 SRL 任务的公开数据集为例，完成下面的任务：给定一句话和这句话里的一个谓词，通过序列标注的方式，从句子中找到谓词对应的论元，同时标注它们的语义角色。

CoNLL-2005 SRL 任务的训练数据集在比赛之后并非免费进行公开。目前，能够获取到的只有测试集。在本实验中，我们以测试集中的 WSJ 数据作为训练集。但是，由于测试集中样本的数量远远不够，如果希望训练一个可用的神经网络 SRL 系统，请考虑付费获取全部数据。

11.3.1 数据预处理

原始数据中同时包括了词性标注、命名实体识别、语法解析树等多种信息。本实验中，我们使用 test.wsj 文件夹中的数据进行训练和测试，并只会用到 words 文件夹（文本序列）和 props 文件夹（标注结果）下的数据。本实验使用的数据目录如下。

```
conll05st-release/
└── test.wsj
    ├── props   #标注结果
    └── words   #输入文本序列
```

标注信息源自宾州树库和 PropBank 的标注结果。PropBank 标注结果的标签和本章一开始示例中使用的标注结果标签不同，但原理是相同的。

原始数据需要进行数据预处理才能被 PaddlePaddle 处理。预处理包括下面几个步骤。

（1）将文本序列和标记序列合并到一条记录中。

（2）一个句子如果有 n 个谓词，这个句子会被处理 n 次，变成 n 条独立的训练样本，每个样本包含一个不同的谓词。

（3）抽取谓词上下文，构造谓词上下文区域标记。

（4）构造以 BIO 法表示的标记。

（5）依据词典获取词对应的整数索引。

预处理完成之后，一条训练样本数据包含 9 个字段，分别是句子序列、谓词、谓词上下文（占 5 个字段）、谓词上下区域标志、标注序列。表 11-1 是一条训练样本的示例。

表 11-1　训练样本示例

句子序列	谓词	谓词上下文（窗口 =5）	谓词上下文区域标记	标注序列
A	set	n't been set . ×	0	B-A1
record	set	n't been set . ×	0	I-A1
date	set	n't been set . ×	0	I-A1
has	set	n't been set . ×	0	O
n't	set	n't been set . ×	1	B-AM-NEG
been	set	n't been set . ×	1	O
set	set	n't been set . ×	1	B-V
.	set	n't been set . ×	1	O

除数据之外，PaddlePaddle 同时提供了以下词典资源（见表 11-2）。

表 11-2　　　　　　　　　　　　　PaddlePaddle 提供的词典资源

文件名称	说明
word_dict	输入句子的词典，共计 44068 个词
label_dict	标记的词典，共计 106 个标记
predicate_dict	谓词的词典，共计 3162 个词
emb	一个训练好的词表，32 维

我们在英文维基百科上训练语言模型得到了一系列词向量，来初始化 SRL 模型。在 SRL 模型训练过程中，词向量不再更新。训练语言模型的语料共有 9.95 亿个标记，词典大小控制为 490 万个词。CoNLL 2005 训练语料中有 5% 的词不在这 490 万个词中，我们将它们全部看作未登录词，用<unk>表示。

11.3.2　进行 PaddlePaddle 实验

1. 获取词典并显示词典大小

通过以下代码获取词典并显示词典大小。

```python
from __future__ import print_function

import math, os
import numpy as np
import paddle
import paddle.dataset.conll05 as conll05
import paddle.fluid as fluid
import six
import time

with_gpu = os.getenv('WITH_GPU', '0') != '0'

word_dict, verb_dict, label_dict = conll05.get_dict()
word_dict_len = len(word_dict)
label_dict_len = len(label_dict)
pred_dict_len = len(verb_dict)

print('word_dict_len: ', word_dict_len)
print('label_dict_len: ', label_dict_len)
print('pred_dict_len: ', pred_dict_len)
```

2. 模型配置说明

定义输入数据维度及模型超参数。

```
mark_dict_len = 2        #谓词上下文区域标志的维度，是一个 0-1 二值特征，因此维度为 2
```

```
word_dim = 32              #词向量维度
mark_dim = 5               #谓词上下文区域通过词表被映射到一个实向量,这个是相邻的维度
hidden_dim = 512           #LSTM 隐层向量的维度是 512 / 4
depth = 8                  #栈式 LSTM 神经网络的深度
mix_hidden_lr = 1e-3       #linear_chain_crf 层的基础学习率

IS_SPARSE = True           #是否以稀疏方式更新模型
PASS_NUM = 10              #训练轮数
BATCH_SIZE = 10            #批大小

embedding_name = 'emb'
```

这里需要特别说明的是,参数 hidden_dim = 512 实际指定了 LSTM 隐层向量的维度为 128(即 512÷4)。

如前所述,我们用基于英文维基百科训练好的词向量来初始化序列输入、谓词上下文等 6 个特征的模型层参数,在训练中不更新。

```
#这里加载 PaddlePaddle 保存的二进制参数
def load_parameter(file_name, h, w):
    with open(file_name, 'rb') as f:
        f.read(16)
        return np.fromfile(f, dtype=np.float32).reshape(h, w)
```

3. 训练模型

我们根据网络拓扑结构和模型参数进行训练,在构造时还需指定优化方法。这里使用最基本的 SGD 方法(momentum 设置为 0),同时设定了学习率、正则等,定义训练过程的超参数如下。

```
use_cuda = False #在 CPU 上执行训练
save_dirname = "label_semantic_roles.inference.model" #训练得到的模型参数保存在文件中
is_local = True
```

4. 数据输入层定义

定义模型输入特征的格式,包括句子序列、谓词、谓词上下文的 5 个特征和谓词上下区域标志。

```
#句子序列
word = fluid.layers.data(
    name='word_data', shape=[1], dtype='int64', lod_level=1)

#谓词
predicate = fluid.layers.data(
    name='verb_data', shape=[1], dtype='int64', lod_level=1)

#谓词上下文的 5 个特征
```

```python
ctx_n2 = fluid.layers.data(
    name='ctx_n2_data', shape=[1], dtype='int64', lod_level=1)
ctx_n1 = fluid.layers.data(
    name='ctx_n1_data', shape=[1], dtype='int64', lod_level=1)
ctx_0 = fluid.layers.data(
    name='ctx_0_data', shape=[1], dtype='int64', lod_level=1)
ctx_p1 = fluid.layers.data(
    name='ctx_p1_data', shape=[1], dtype='int64', lod_level=1)
ctx_p2 = fluid.layers.data(
    name='ctx_p2_data', shape=[1], dtype='int64', lod_level=1)

#谓词上下区域标志
mark = fluid.layers.data(
    name='mark_data', shape=[1], dtype='int64', lod_level=1)
```

5. 定义网络结构

首先，定义模型输入层并导入预训练数据。

```python
#预训练谓词和谓词上下文区域标志
predicate_embedding = fluid.layers.embedding(
    input=predicate,
    size=[pred_dict_len, word_dim],
    dtype='float32',
    is_sparse=IS_SPARSE,
    param_attr='vemb')

mark_embedding = fluid.layers.embedding(
    input=mark,
    size=[mark_dict_len, mark_dim],
    dtype='float32',
    is_sparse=IS_SPARSE)

#预训练句子序列和谓词上下文
word_input = [word, ctx_n2, ctx_n1, ctx_0, ctx_p1, ctx_p2]
#因为词向量是预训练好的，这里不再训练 embedding 表，
#参数属性 trainable 设置成 False，阻止了 embedding 表在训练过程中被更新
emb_layers = [
    fluid.layers.embedding(
        size=[word_dict_len, word_dim],
        input=x,
        param_attr=fluid.ParamAttr(
            name=embedding_name, trainable=False)) for x in word_input
]
#加入谓词和谓词上下区域标志的预训练结果
emb_layers.append(predicate_embedding)
emb_layers.append(mark_embedding)
```

然后，定义 8 个 LSTM 单元以"正向/反向"的顺序对所有输入序列进行学习。

```python
#共有 8 个 LSTM 单元被训练，每个单元的方向为从左到右或从右到左，
```

```python
#由参数`is_reverse`确定
#第一层的栈结构
hidden_0_layers = [
    fluid.layers.fc(input=emb, size=hidden_dim, act='tanh')
    for emb in emb_layers
]

hidden_0 = fluid.layers.sums(input=hidden_0_layers)

lstm_0 = fluid.layers.dynamic_lstm(
    input=hidden_0,
    size=hidden_dim,
    candidate_activation='relu',
    gate_activation='sigmoid',
    cell_activation='sigmoid')

#用直连的边来堆叠 L-LSTM、R-LSTM
input_tmp = [hidden_0, lstm_0]

#其余的栈结构
for i in range(1, depth):
    mix_hidden = fluid.layers.sums(input=[
        fluid.layers.fc(input=input_tmp[0], size=hidden_dim, act='tanh'),
        fluid.layers.fc(input=input_tmp[1], size=hidden_dim, act='tanh')
    ])

    lstm = fluid.layers.dynamic_lstm(
        input=mix_hidden,
        size=hidden_dim,
        candidate_activation='relu',
        gate_activation='sigmoid',
        cell_activation='sigmoid',
        is_reverse=((i % 2) == 1))

    input_tmp = [mix_hidden, lstm]

#取最后一个栈式 LSTM 的输出和这个 LSTM 单元的输入,向隐层映射,
#经过一个全连接层映射到标记字典的维度,来学习 CRF 的状态特征
feature_out = fluid.layers.sums(input=[
    fluid.layers.fc(input=input_tmp[0], size=label_dict_len, act='tanh'),
    fluid.layers.fc(input=input_tmp[1], size=label_dict_len, act='tanh')
])

#标注序列
target = fluid.layers.data(
    name='target', shape=[1], dtype='int64', lod_level=1)

#学习 CRF 的转移特征
crf_cost = fluid.layers.linear_chain_crf(
    input=feature_out,
```

```
        label=target,
        param_attr=fluid.ParamAttr(
            name='crfw', learning_rate=mix_hidden_lr))

avg_cost = fluid.layers.mean(crf_cost)

#使用最基本的 SGD 优化方法(momentum 设置为 0)
sgd_optimizer = fluid.optimizer.SGD(
    learning_rate=fluid.layers.exponential_decay(
        learning_rate=0.01,
        decay_steps=100000,
        decay_rate=0.5,
        staircase=True))

sgd_optimizer.minimize(avg_cost)
```

前面提到 CoNLL-2005 训练集要付费,这里我们使用测试集进行训练。conll05.test()每次产生一条样本,包含 9 个特征,乱序和分批后作为训练的输入。

```
crf_decode = fluid.layers.crf_decoding(
    input=feature_out, param_attr=fluid.ParamAttr(name='crfw'))

train_data = paddle.batch(
    paddle.reader.shuffle(
        paddle.dataset.conll05.test(), buf_size=8192),
    batch_size=BATCH_SIZE)

place = fluid.CUDAPlace(0) if use_cuda else fluid.CPUPlace()
```

通过 feeder 来指定每一个数据和 data_layer 的对应关系。下面的 feeder 表示在 conll05.test()产生的数据中第 0 列对应的 data_layer 是 word。

```
feeder = fluid.DataFeeder(
    feed_list=[
        word, ctx_n2, ctx_n1, ctx_0, ctx_p1, ctx_p2, predicate, mark, target
    ],
    place=place)
exe = fluid.Executor(place)
```

6. 开始训练

通过以下代码开始训练。

```
main_program = fluid.default_main_program()

exe.run(fluid.default_startup_program())
embedding_param = fluid.global_scope().find_var(
    embedding_name).get_tensor()
embedding_param.set(
```

```python
        load_parameter(conll05.get_embedding(), word_dict_len, word_dim),
        place)

start_time = time.time()
batch_id = 0
for pass_id in six.moves.xrange(PASS_NUM):
    for data in train_data():
        cost = exe.run(main_program,
                       feed=feeder.feed(data),
                       fetch_list=[avg_cost])
        cost = cost[0]

        if batch_id % 10 == 0:
            print("avg_cost: " + str(cost))
            if batch_id != 0:
                print("second per batch: " + str((time.time(
                ) - start_time) / batch_id))
            if float(cost) < 60.0:
                if save_dirname is not None:
                    fluid.io.save_inference_model(save_dirname, [
                        'word_data', 'verb_data', 'ctx_n2_data',
                        'ctx_n1_data', 'ctx_0_data', 'ctx_p1_data',
                        'ctx_p2_data', 'mark_data'
                    ], [feature_out], exe)
                break

        batch_id = batch_id + 1
```

7. 应用模型

训练完成之后，需要依据某个关心的性能指标选择最优的模型进行预测，可以简单地选择测试集上标记错误最少的那个模型。以下给出一个使用训练后的模型进行预测的示例。

首先，设置预测过程的参数。

```python
use_cuda = False #在 CPU 上进行预测
save_dirname = "label_semantic_roles.inference.model" #调用训练好的模型进行预测

place = fluid.CUDAPlace(0) if use_cuda else fluid.CPUPlace()
exe = fluid.Executor(place)
```

设置输入，用 LoD Tensor 来表示输入的词序列，这里每个词的形状 base_shape 都是[1]，因为每个词都是用一个 ID 来表示的。假如基于长度的 LoD 是[[3, 4, 2]]，这是一个单层的 LoD，那么构造出的 LoD Tensor 就包含 3 个序列，其长度分别为 3、4 和 2。

注意，LoD 是个列表的列表。

```python
lod = [[3, 4, 2]]
base_shape = [1]
```

```python
#构造假数据作为输入,整数随机数的范围是[low, high]
word = fluid.create_random_int_lodtensor(
    lod, base_shape, place, low=0, high=word_dict_len - 1)
pred = fluid.create_random_int_lodtensor(
    lod, base_shape, place, low=0, high=pred_dict_len - 1)
ctx_n2 = fluid.create_random_int_lodtensor(
    lod, base_shape, place, low=0, high=word_dict_len - 1)
ctx_n1 = fluid.create_random_int_lodtensor(
    lod, base_shape, place, low=0, high=word_dict_len - 1)
ctx_0 = fluid.create_random_int_lodtensor(
    lod, base_shape, place, low=0, high=word_dict_len - 1)
ctx_p1 = fluid.create_random_int_lodtensor(
    lod, base_shape, place, low=0, high=word_dict_len - 1)
ctx_p2 = fluid.create_random_int_lodtensor(
    lod, base_shape, place, low=0, high=word_dict_len - 1)
mark = fluid.create_random_int_lodtensor(
    lod, base_shape, place, low=0, high=mark_dict_len - 1)
```

使用 fluid.io.load_inference_model 加载 inference_program,feed_target_names 是模型的输入变量的名称,fetch_targets 是预测对象。

```python
[inference_program, feed_target_names,
 fetch_targets] = fluid.io.load_inference_model(save_dirname, exe)
```

构造 feed 字典 {feed_target_name: feed_target_data},results 是由预测目标构成的列表。

```python
assert feed_target_names[0] == 'word_data'
assert feed_target_names[1] == 'verb_data'
assert feed_target_names[2] == 'ctx_n2_data'
assert feed_target_names[3] == 'ctx_n1_data'
assert feed_target_names[4] == 'ctx_0_data'
assert feed_target_names[5] == 'ctx_p1_data'
assert feed_target_names[6] == 'ctx_p2_data'
assert feed_target_names[7] == 'mark_data'
```

进行预测。

```python
results = exe.run(inference_program,
                  feed={
                      feed_target_names[0]: word,
                      feed_target_names[1]: pred,
                      feed_target_names[2]: ctx_n2,
                      feed_target_names[3]: ctx_n1,
                      feed_target_names[4]: ctx_0,
                      feed_target_names[5]: ctx_p1,
                      feed_target_names[6]: ctx_p2,
                      feed_target_names[7]: mark
                  },
                  fetch_list=fetch_targets,
                  return_numpy=False)
```

输出结果如下。

```
print(results[0].lod())
np_data = np.array(results[0])
print("Inference Shape: ", np_data.shape)
```

11.4 小结

语义角色标注是许多自然语言理解任务的重要中间步骤。本章以语义角色标注任务为例，介绍如何利用 PaddlePaddle 进行序列标注。由于 CoNLL-2005 SRL 任务的训练数据目前并非完全开放，实验中只使用测试数据作为示例。在这个过程中，我们希望减少对其他自然语言处理工具的依赖，利用神经网络数据驱动、端到端学习的能力，得到一个和传统方法可比（甚至更好）的模型。

第 12 章

NLP 技术的应用——机器翻译

12.1 引言

机器翻译（Machine Translation, MT）是用计算机来实现不同语言之间翻译的技术。被翻译的语言通常称为源语言（source language），翻译成的结果语言称为目标语言（target language）。机器翻译即实现从源语言到目标语言转换的过程，是自然语言处理的重要研究领域之一。

早期机器翻译系统多为基于规则的翻译系统，需要由语言学家编写两种语言之间的转换规则，再将这些规则录入计算机。该方法对语言学家的要求非常高，而且我们几乎无法总结一门语言会用到的所有规则，更何况两种甚至更多的语言。因此，传统机器翻译方法面临的主要挑战是无法得到一个完备的规则集合。

为解决以上问题，统计机器翻译（Statistical Machine Translation, SMT）技术应运而生。在统计机器翻译技术中，转换规则是由机器自动从大规模的语料中学习得到的，而非我们人主动提供规则。因此，它克服了基于规则的翻译系统所面临的知识获取瓶颈的问题，但仍然存在许多挑战。

（1）人为设计许多特征（feature），但永远无法覆盖所有的语言现象。

（2）难以利用全局的特征。

（3）依赖于许多预处理环节，如词语对齐、分词或符号化（tokenization）、规则抽取、句法分析等，而每个环节的错误会逐步累积，对翻译的影响也越来越大。

近年来，深度学习技术的发展为解决上述问题提供了新的思路。基于神经网络的机器翻译系统如图 12-1 所示。

深度学习中应用于机器翻译任务的方法大致分为两类。

（1）仍以统计机器翻译系统为框架，只利用神经网络来改进其中的关键模块，如语言模型、调序模型等，如图 12-1（a）所示。

（2）不再以统计机器翻译系统为框架，而直接用神经网络将源语言映射到目标语言，即端到端的神经网络机器翻译（Neural Machine Translation, NMT），如图 12-1（b）所示。

本章主要介绍 NMT 模型，以及如何用 PaddlePaddle 来训练一个 NMT 模型。

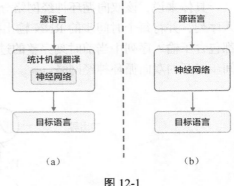

图 12-1

12.2 效果展示

以中英翻译（中文翻译到英文）的模型为例，当模型训练完毕时，输入如下所示的已分词中文句子：

这些是希望的曙光和解脱的迹象。

如果设定显示翻译结果的条数（即柱搜索算法的宽度）为 3，生成的英语句子如下。

```
0 -5.36816   These are signs of hope and relief . <e>
1 -6.23177   These are the light of hope and relief . <e>
2 -7.7914    These are the light of hope and the relief of hope . <e>
```

左起第一列是生成句子的序号；左起第二列是该条句子的得分（从大到小），分值越高越好；左起第三列是生成的英语句子。

另外有两个特殊标志。<e> 表示句子的结尾，<unk> 表示未登录词（unknown word），即未在训练字典中出现的词。

12.3 模型概览

本节将依次介绍机器翻译技术所使用的双向循环神经网络（Bidirectional Recurrent Neural Network），NMT 模型中典型的编码器-解码器（Encoder-Decoder）框架以及柱搜索（beam search）算法。

12.3.1 时间步展开的双向循环神经网络

第 11 章介绍了一种双向循环神经网络，这里介绍 Bengio 团队提出的另一种双向循环神经网络结构。该结构的目的是输入一个序列，得到其在每个时刻的特征表示，即输出的每个时刻都用定长向量表示到该时刻的上下文语义信息。

具体来说，该双向循环神经网络分别在时间维度上顺序（前向）和逆序（后向）处理输入序列，并将每个时间步的 RNN 输出拼接成最终的输出层。这样每个时间步的输出节点，都包含了输入序列中当前时刻完整的过去和未来的上下文信息。图 12-2 展示的是一个按时间步展开的双向循环神经网络。

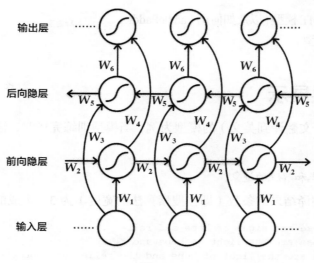

图 12-2

图 12-2 中的网络包含一个前向和一个后向 RNN，其中有 6 个权重矩阵，分别是输入到前向隐层和后向隐层的权重矩阵（W_1 和 W_3），隐层到隐层自己的权重矩阵（W_2 和 W_5），前向隐层和后向隐层到输出层的权重矩阵（W_4 和 W_6）。注意，该网络的前向隐层和后向隐层之间没有连接。

12.3.2 编码器-解码器框架

编码器-解码器（Encoder-Decoder）框架用于解决由一个任意长度的源序列到另一个任意长度的目标序列的变换问题。编码阶段将整个源序列编码成一个向量，解码阶段通过最大化方式预测序列概率，从中解码出整个目标序列。编码和解码的过程通常都使用 RNN 实现。编码器-解码器框架如图 12-3 所示。

1．编码器

编码阶段分为 3 步。

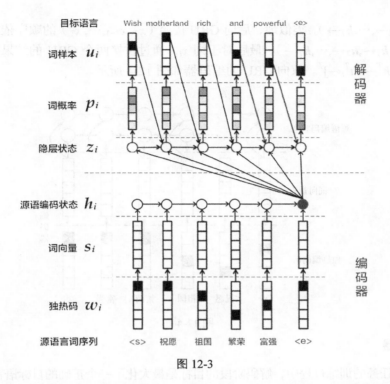

图 12-3

（1）独热码向量表示：将源语言句子 $x=\{x_1,x_2,\cdots,x_T\}$ 的每个词 x_i 表示成一个列向量 $w_i \in \{0,1\}^{|V|}, i=1,2,\cdots,T$，这个向量 w_i 的维度与词汇表大小 $|V|$ 相同，并且只有一个维度上有值 1（该位置对应该词在词汇表中的位置），其余全是 0。

（2）映射到低维语义空间的词向量：独热码向量表示存在两个问题。

① 生成的向量维度往往很大，容易造成维数灾难。

② 难以刻画词与词之间的关系（如语义相似性，也就是无法很好地表达语义）。

因此，要将独热码向量映射到低维的语义空间，由一个固定维度的稠密向量（称为词向量）表示。记映射矩阵为 $C \in R^{K \times |V|}$，用 $s_i = Cw_i$ 表示第 i 个词的词向量，K 为向量维度。

（3）用 RNN 编码源语言词序列：这一过程的计算公式为 $h_i = \Phi_\theta(h_{i-1}, s_i)$，其中 h_0 是一个全零的向量，θ 是一个非线性激活函数，最后得到的 $h=\{h_1,\cdots,h_T\}$ 就是 RNN 依次读入源语言 T 个词的状态编码序列。整句话的向量表示可以采用 h 在最后一个时间步 T 的状态编码，或使用时间维上的池化（pooling）结果。

第（3）步也可以使用双向循环神经网络实现更复杂的句编码表示，具体可以用双向 GRU 实现。前向 GRU 按照词序列（$x_1,x_2,\cdots,x_T$）的顺序依次编码源语言端词，并得到一系列隐层状态($h_1\rightarrow, h_2\rightarrow, \cdots, h_T\rightarrow$)。类似地,后向 GRU 按照($x_T, x_{T-1}, \cdots, x_1$)的顺序依次编码源语言端词,得到($h_1\leftarrow, h_2\leftarrow, \cdots, h_T\leftarrow$)。最后对于词 x_i,通过拼接两个 GRU 的结果得到它的隐层状态,即 $h_i=[h_i^T\rightarrow, h_i^T\leftarrow]^T$。双向 GRU 的编码器如图 12-4 所示。

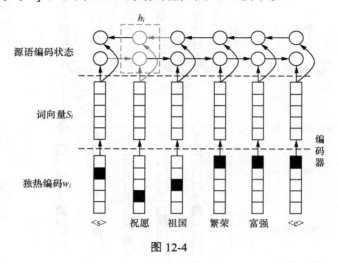

图 12-4

2. 解码器

机器翻译任务的训练过程中,解码阶段的目标是最大化下一个正确的目标语言词的概率。

解码器处理目标语言序列的步骤如下。

(1)每一个时刻,根据源语言句子的编码信息(又叫上下文向量)c、真实目标语言序列的第 i 个词 u_i 和 i 时刻 RNN 的隐层状态 z_i,计算出下一个隐层状态 z_{i+1}。计算公式如下:

$$z_{i+1}=\Phi_{\theta}'(c, u_i, z_i)$$

其中,Φ_{θ}'是一个非线性激活函数;c 是源语言句子的上下文向量,在不使用注意力机制时,如果编码器的输出是源语言句子编码后的最后一个元素,则可以定义 $c=h_T$;u_i 是目标语言序列的第 i 个单词,u_0 是目标语言序列的开始标记<s>,表示解码开始;z_i 是 i 时刻解码 RNN 的隐层状态,z_0 是一个全零的向量。

(2)将 z_{i+1} 通过 Softmax 归一化,得到目标语言序列的第 $i+1$ 个单词的概率分布 p_{i+1}。概率分布公式如下:

$$p(u_{i+1}|u<i+1, x)=\text{Softmax}(W_s z_{i+1}+b_z)$$

其中,$W_s z_{i+1}+b_z$ 是对每个可能的输出单词进行打分,再用 Softmax 归一化就可以得到第 $i+1$ 个词的概率 p_{i+1}。

(3)根据 p_{i+1} 和 u_{i+1} 计算代价。

（4）重复步骤（1）、（2），直到目标语言序列中的所有词处理完毕。

机器翻译任务的生成过程，通俗来讲就是根据预先训练的模型来翻译源语言句子。生成过程中的解码阶段和上述训练过程的有所差异，具体介绍请见下面的柱搜索算法。

12.3.3 柱搜索算法

柱搜索（beam search）算法是一种启发式图搜索算法，用于在图或树中搜索有限集合中的最优扩展节点，通常用在解空间非常大的系统（如机器翻译、语音识别）中，原因是内存无法装下图或树中所有展开的解。如在机器翻译任务中希望翻译"<s>你好<e>"，即使目标语言字典中只有3个词(<s>, <e>, hello)，也可能生成无限句话(hello循环出现的次数不定)。为了找到其中较好的翻译结果，我们可采用柱搜索算法。

柱搜索算法使用广度优先策略建立搜索树，在树的每一层，按照启发代价（heuristic cost）（本章中，为生成词的对数概率之和）对节点进行排序，然后仅留下预先确定的个数（文献中通常称为柱宽度）的节点。只有这些节点会在下一层继续扩展，其他节点都被剪掉了。也就是说，保留了质量较高的节点，剪掉了质量较差的节点。因此，搜索所占用的空间和时间大幅减少，但缺点是无法保证一定可以获得最优解。

使用柱搜索算法的解码阶段，最大化生成序列的概率。具体思路如下。

（1）每一个时刻，根据源语言句子的编码信息 cc、生成的第 i 个目标语言序列单词 u_i 和 i 时刻 RNN 的隐层状态 z_i，计算出下一个隐层状态 z_{i+1}。

（2）将 z_{i+1} 通过 Softmax 归一化，得到目标语言序列的第 $i+1$ 个单词的概率分布 p_{i+1}。

（3）根据 p_{i+1} 采样出单词 u_{i+1}。

（4）重复步骤（1）～（3），直到获得句子结束标记<e>或超过句子的最大生成长度为止。

注意，z_{i+1} 和 p_{i+1} 的计算公式与解码器中的一样。另外，由于生成时的每一步都是通过贪心法实现的，因此并不能保证得到全局最优解。

12.4 机器翻译实战

本实验使用 WMT-14 数据集中的 bitexts 作为训练集，dev+test data 作为测试集和生成集。

12.4.1 数据预处理

预处理流程包括 3 步。

（1）将每个源语言到目标语言的平行语料库文件合并为一个文件。合并每个 XXX.src 和 XXX.trg 文件为 XXX。

（2）XXX 中的第 i 行内容为 XXX.src 中第 i 行和 XXX.trg 中第 i 行的连接结果（用't'分隔）。

（3）创建训练数据的"源字典"和"目标字典"。每个字典都有 **DICTSIZE** 个单词，包括语料库中词频最高的（DICTSIZE-3）个单词，以及 3 个特殊符号<s>（序列的开始）、<e>（序列的结束）和<unk>（未登录词）。

因为完整的数据集数据量较大，所以为了验证训练流程，PaddlePaddle 接口 paddle.dataset.wmt14 中默认提供了一个经过预处理的较小规模的数据集。

该数据集有 193319 条训练数据，6003 条测试数据，词典长度为 30000。因为数据规模限制，使用该数据集训练出来的模型效果无法保证。

12.4.2 模型配置

下面我们开始根据输入数据的形式配置模型。首先，导入所需的库函数并定义全局变量。

```python
from __future__ import print_function
import contextlib

import numpy as np
import paddle
import paddle.fluid as fluid
import paddle.fluid.framework as framework
import paddle.fluid.layers as pd
from paddle.fluid.executor import Executor
from functools import partial
import os
try:
    from paddle.fluid.contrib.trainer import *
    from paddle.fluid.contrib.inferencer import *
    except ImportError:
    print(
        "In the fluid 1.0, the trainer and inferencer are moving to paddle.fluid."
            contrib",
        file=sys.stderr)
    from paddle.fluid.trainer import *
    from paddle.fluid.inferencer import *

dict_size = 30000 #字典维度
source_dict_dim = target_dict_dim = dict_size #源/目标语言字典维度
hidden_dim = 32 #编码器中的隐层大小
word_dim = 16 #词向量维度
batch_size = 2 #每批中的样本数
```

```
max_length = 8 #生成句子的最大长度
beam_size = 2 #柱宽度

decoder_size = hidden_dim #解码器中的隐层大小
```

然后，实现编码器框架。

```
def encoder(is_sparse):
    #定义源语言 id 序列的输入数据
    src_word_id = pd.data(
        name="src_word_id", shape=[1], dtype='int64', lod_level=1)
    #将上述编码映射到低维语言空间的词向量
    src_embedding = pd.embedding(
        input=src_word_id,
        size=[dict_size, word_dim],
        dtype='float32',
        is_sparse=is_sparse,
        param_attr=fluid.ParamAttr(name='vemb'))
    #LSTM 层
    fc1 = pd.fc(input=src_embedding, size=hidden_dim * 4, act='tanh')
    lstm_hidden0, lstm_0 = pd.dynamic_lstm(input=fc1, size=hidden_dim * 4)
    #取源语言序列编码后的最后一个状态
    encoder_out = pd.sequence_last_step(input=lstm_hidden0)
    return encoder_out
```

再实现训练模式下的解码器。

```
def train_decoder(context, is_sparse):
    #定义目标语言 id 序列的输入数据，并映射到低维语言空间的词向量
    trg_language_word = pd.data(
        name="target_language_word", shape=[1], dtype='int64', lod_level=1)
    trg_embedding = pd.embedding(
        input=trg_language_word,
        size=[dict_size, word_dim],
        dtype='float32',
        is_sparse=is_sparse,
        param_attr=fluid.ParamAttr(name='vemb'))

    rnn = pd.DynamicRNN()
    with rnn.block(): #使用 DynamicRNN 定义每一步的计算
        #获取当前步目标语言输入的词向量
        current_word = rnn.step_input(trg_embedding)
        #获取隐层状态
        pre_state = rnn.memory(init=context)
        #解码器计算单元——单层前馈网络
        current_state = pd.fc(input=[current_word, pre_state],
                              size=decoder_size,
                              act='tanh')
        #计算归一化的单词预测概率
        current_score = pd.fc(input=current_state,
```

```
                                size=target_dict_dim,
                                act='softmax')
        #更新 RNN 的隐层状态
        rnn.update_memory(pre_state, current_state)
        #输出预测概率
        rnn.output(current_score)

    return rnn()
```

接下来,实现推测模式下的解码器。

```
def decode(context, is_sparse):
    init_state = context
    #定义解码过程循环计数变量
    array_len = pd.fill_constant(shape=[1], dtype='int64', value=max_length)
    counter = pd.zeros(shape=[1], dtype='int64', force_cpu=True)

    #定义张量数组以保存各个时间步的内容,并写入初始 id、score 和 state 中
    state_array = pd.create_array('float32')
    pd.array_write(init_state, array=state_array, i=counter)

    ids_array = pd.create_array('int64')
    scores_array = pd.create_array('float32')

    init_ids = pd.data(name="init_ids", shape=[1], dtype="int64", lod_level=2)
    init_scores = pd.data(
        name="init_scores", shape=[1], dtype="float32", lod_level=2)

    pd.array_write(init_ids, array=ids_array, i=counter)
    pd.array_write(init_scores, array=scores_array, i=counter)

    #定义循环终止条件
    cond = pd.less_than(x=counter, y=array_len)
    #定义 while_op
    while_op = pd.While(cond=cond)
    with while_op.block():  #定义每一步的计算
        #获取解码器在当前步的输入,包括上一步选择的 id、对应的 score 和上一步的 state
        pre_ids = pd.array_read(array=ids_array, i=counter)
        pre_state = pd.array_read(array=state_array, i=counter)
        pre_score = pd.array_read(array=scores_array, i=counter)

        #更新输入的 state 为上一步选择 id 对应的 state
        pre_state_expanded = pd.sequence_expand(pre_state, pre_score)
        #同训练模式下解码器中的计算逻辑,包括获取输入向量、解码器计算单元计算和
        #归一化单词预测概率的计算
        pre_ids_emb = pd.embedding(
            input=pre_ids,
            size=[dict_size, word_dim],
            dtype='float32',
            is_sparse=is_sparse)
```

```python
        current_state = pd.fc(input=[pre_state_expanded, pre_ids_emb],
                              size=decoder_size,
                              act='tanh')
        current_state_with_lod = pd.lod_reset(x=current_state, y=pre_score)
        current_score = pd.fc(input=current_state_with_lod,
                              size=target_dict_dim,
                              act='softmax')
        topk_scores, topk_indices = pd.topk(current_score, k=beam_size)

        #计算累计得分，进行柱搜索
        accu_scores = pd.elementwise_add(
            x=pd.log(topk_scores), y=pd.reshape(pre_score, shape=[-1]), axis=0)
        selected_ids, selected_scores = pd.beam_search(
            pre_ids,
            pre_score,
            topk_indices,
            accu_scores,
            beam_size,
            end_id=10,
            level=0)

        pd.increment(x=counter, value=1, in_place=True)
        #将搜索结果和对应的隐层状态写入张量数组中
        pd.array_write(current_state, array=state_array, i=counter)
        pd.array_write(selected_ids, array=ids_array, i=counter)
        pd.array_write(selected_scores, array=scores_array, i=counter)

        #更新循环终止条件
        length_cond = pd.less_than(x=counter, y=array_len)
        finish_cond = pd.logical_not(pd.is_empty(x=selected_ids))
        pd.logical_and(x=length_cond, y=finish_cond, out=cond)

    translation_ids, translation_scores = pd.beam_search_decode(
        ids=ids_array, scores=scores_array, beam_size=beam_size, end_id=10)

    return translation_ids, translation_scores
```

进而，我们定义一个 train_program 来使用 inference_program 计算出的结果，在标记数据的帮助下来计算误差。我们还定义了一个 optimizer_func 来定义优化器。

```python
def train_program(is_sparse):
    context = encoder(is_sparse)
    rnn_out = train_decoder(context, is_sparse)
    label = pd.data(
        name="target_language_next_word", shape=[1], dtype='int64', lod_level=1)
    cost = pd.cross_entropy(input=rnn_out, label=label)
    avg_cost = pd.mean(cost)
    return avg_cost
```

```python
def optimizer_func():
    return fluid.optimizer.Adagrad(
        learning_rate=1e-4,
        regularization=fluid.regularizer.L2DecayRegularizer(
            regularization_coeff=0.1))
```

12.4.3 训练模型

1．定义训练环境

定义训练环境，可以指定训练是发生在 CPU 还是 GPU 上。

```
use_cuda = False
place = fluid.CUDAPlace(0) if use_cuda else fluid.CPUPlace()
```

2．定义数据提供器

下一步是为训练和测试定义数据提供器。提供器读入一个大小为 BATCH_SIZE 的数据。paddle.dataset.wmt.train 每次会在乱序化后提供一个大小为 BATCH_SIZE 的数据，乱序化的大小为 buf_size。

```
train_reader = paddle.batch(
    paddle.reader.shuffle(
        paddle.dataset.wmt14.train(dict_size), buf_size=1000),
    batch_size=batch_size)
```

3．构造训练器

训练器（trainer）需要一个训练程序和一个训练优化函数。

```
is_sparse = False
trainer = Trainer(
    train_func=partial(train_program, is_sparse),
    place=place,
    optimizer_func=optimizer_func)
```

4．提供数据

feed_order 用来定义每条产生的数据和 paddle.layer.data 之间的映射关系。比如，wmt14.train 产生的第一列的数据对应的是 src_word_id 这个特征。

```
feed_order = [
    'src_word_id', 'target_language_word', 'target_language_next_word'
]
```

5．事件处理程序

event_handler 在一个之前定义好的事件发生后调用。例如，可以在每步的训练结束后查看误差。

```python
def event_handler(event):
    if isinstance(event, EndStepEvent):
        if event.step % 10 == 0:
            print('pass_id=' + str(event.epoch) + ' batch=' + str(event.step))

        if event.step == 20:
            trainer.stop()
```

6. 开始训练

最后，传入训练次数（num_epoch）和一些别的参数，调用 trainer.train 来开始训练。

```python
EPOCH_NUM = 1

trainer.train(
    reader=train_reader,
    num_epochs=EPOCH_NUM,
    event_handler=event_handler,
    feed_order=feed_order)
```

12.4.4 应用模型

1. 定义解码部分

使用上面定义的 encoder 与 decoder 函数来推测翻译后的对应 id 和分数。

```python
context = encoder(is_sparse)
translation_ids, translation_scores = decode(context, is_sparse)
```

2. 定义数据

我们先初始化 id 和分数来生成张量并作为输入数据。在这个预测例子中，我们用 wmt14.test 数据中的第一个记录来做推测，用 "源字典" 和 "目标字典" 来输出对应的句子。

```python
init_ids_data = np.array([1 for _ in range(batch_size)], dtype='int64')
init_scores_data = np.array(
    [1. for _ in range(batch_size)], dtype='float32')
init_ids_data = init_ids_data.reshape((batch_size, 1))
init_scores_data = init_scores_data.reshape((batch_size, 1))
init_lod = [1] * batch_size
init_lod = [init_lod, init_lod]
init_ids = fluid.create_lod_tensor(init_ids_data, init_lod, place)
init_scores = fluid.create_lod_tensor(init_scores_data, init_lod, place)

test_data = paddle.batch(
    paddle.reader.shuffle(
        paddle.dataset.wmt14.test(dict_size), buf_size=1000),
```

```
        batch_size=batch_size)

feed_order = ['src_word_id']
feed_list = [
    framework.default_main_program().global_block().var(var_name)
    for var_name in feed_order
]
feeder = fluid.DataFeeder(feed_list, place)

src_dict, trg_dict = paddle.dataset.wmt14.get_dict(dict_size)
```

3. 测试

现在我们可以进行预测了。我们要用 feed_order 提供对应参数,在框架执行器上运行以取得 id 和分数。

```
exe = Executor(place)
exe.run(framework.default_startup_program())

for data in test_data():
    feed_data = map(lambda x: [x[0]], data)
    feed_dict = feeder.feed(feed_data)
    feed_dict['init_ids'] = init_ids
    feed_dict['init_scores'] = init_scores

    results = exe.run(
        framework.default_main_program(),
        feed=feed_dict,
        fetch_list=[translation_ids, translation_scores],
        return_numpy=False)

    result_ids = np.array(results[0])
    result_ids_lod = results[0].lod()
    result_scores = np.array(results[1])

    print("Original sentence:")
    print(" ".join([src_dict[w] for w in feed_data[0][0][1:-1]]))
    print("Translated score and sentence:")
    for i in xrange(beam_size):
        start_pos = result_ids_lod[1][i] + 1
        end_pos = result_ids_lod[1][i+1]
        print("%d\t%.4f\t%s\n" % (i+1, result_scores[end_pos-1],
            " ".join([trg_dict[w] for w in result_ids[start_pos:end_pos]])))

    break
```

第 13 章

PaddlePaddle 移动端及嵌入式框架——Paddle-Mobile

13.1 Paddle-Mobile 简介

Paddle-Mobile 是一个嵌入式平台的深度学习框架。它为百度深度学习平台 PaddlePaddle 组织下的项目,致力于嵌入式平台的深度学习预测,破除深度学习在嵌入式平台和移动端落地时的障碍,使开发人员在项目开发成功后,将模型的训练任务交给 PaddlePaddle 并在服务器端进行。Paddle-Mobile 专注于移动端预测。

Paddle-Mobile 的设计思想和 PaddlePaddle 的最新版 Fluid 高度一致,能够直接运行 PaddlePaddle 新版训练的模型。同时针对嵌入式平台做了大量优化,嵌入式平台的计算资源有限,更加要求实时,所以必须针对各种嵌入式平台挖掘极限性能。

Paddle-Mobile 目前支持 Linux-ARM、iOS、Android、DuerOS 平台的编译和部署,其最上层提供一套非常简洁的预测 API,服务于百度众多 APP。Paddle-Mobile 移动端 AI 整体架构如图 13-1 所示。

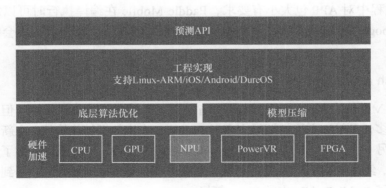

图 13-1

通过 Paddle-Mobile 的整体架构可以看出，底层针对各种硬件平台进行了优化，包括 CPU（主要是移动端的 ARM CPU）、GPU（包括 ARM 的 Mali、高通的 Andreno 以及苹果自研的 GPU），另外还有 NPU（华为研制）、powerVR、FPGA 等平台。NPU 目前仍在合作中，未来会直接支持。在这一层，会针对各种平台实现优化后的算子，也称为 kernel，它们负责最底层的运算。

Paddle-Mobile 是对 Mobile-Deep-Learning 重新编写和设计后的成果，所以一些优势非常明显。例如代码和编译后的产物都考虑到了内存大小的影响，最终得到的工程代码和二进程文件都占用极少的内存空间，精而简的库文件非常适合移动端部署。

13.2 Paddle-Mobile 优化与适配

13.2.1 包压缩

Paddle-Mobile 从设计之初就深入考虑到移动端的包大小问题，CPU 实现中没有外部依赖。

在编译过程中，该网络不需要的算子是完全不会引入的。同时编译选项优化也为程序大小压缩提供了帮助。Protobuf 是主流框架使用的格式协议，如果放弃支持 Protobuf，将给开发者带来大量模型转换工作量，于是 Paddle-Mobile 团队将 Protobuf 生成的文件重新精简，逐行重写，得到了一个只有几万字节的 Protobuf，为开发者提供了一键运行的功能。

除二进制文件大小之外，为了避免代码过大，整个仓库的代码也非常少。

在前面搭建 APP 工程时，曾编译过 Paddle-Mobile 的 CPU 版深度学习库。考虑到一些工程师开发过程中对 APP 包大小有要求，Paddle-Mobile 在编译执行时可以加入固定的网络参数，如 googlenet 选项就只引入和 googlenet 相关的算子，其他代码不会编译，从而减小了包。

sh build.sh android googlenet

在 Paddle-Mobile 开发过程中，为了节省空间，去掉了 Protobuf 依赖。但后来发现这一收益丧失了很多便利性，主流的框架大多以 Protobuf 作为数据转换协议。在新的框架开发过程中，采取了另一个两全之法，保留对 Protobuf 格式的支持，同时手动重构了原来由框架生成的代码文件，经过重构精简的代码包大幅度减小，整个 Protobuf 的大小不到 100KB。为了精简，也去掉了 PaddlePaddle 中的 Place 等概念。

13.2.2 工程结构编码前重新设计

在归纳了旧有框架的优劣后，在新的深度学习框架开发过程中就可以集前后设计于一体。升级后的结构在加载模型过程中考虑到了算子融合和图优化等操作，进一步提升深度学习库的代码简洁性和性能。图 13-2 是 Paddle-Mobile 在项目早期设计的基本结构。

从图 13-2 中能看到，各功能点组合起来后的结构非常简单。所以项目初期的代码量并不大，适合移动端。关于这些内容，如果要更深入、更细致地了解深度学习框架代码，可以从以下几个概念入手。

1．图优化部分

在读取模型后加入图优化部分，将细粒度算子融合成粗粒度算子，这过程也常称为算子的融合。经过图优化后，将数据转换为 PaddlePaddle Fluid 的模型表现形式。

2．内存优化

在图优化过程中分析内存共享，在可加入内存共享的部分加入内存共享。对内存排列等操作也一并优化。调整后的内存分配释放策略对性能提升有很大帮助。

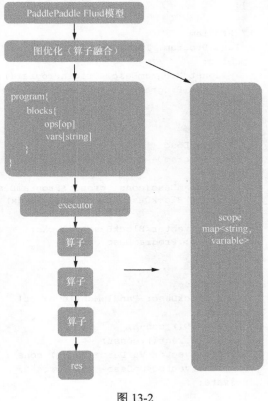

图 13-2

上文提及的图优化也正在 load 模块中进行，且包含转换操作。

3．Tensor

Tensor 用于配合图优化和内存共享。

接下来以更细化的接口视角介绍移动端深度学习框架，针对接口层的设计力求简单是这一过程的目标。

Paddle-Mobile 运行的模型为 ProgramDesc 结构，所以 Paddle-Mobile 保留了 PaddlePaddle Fluid 的一部分设计结构和概念，又对各个模块进行了重写，使代码更轻量，更适合在移动端运行。重写过程去掉了一些在移动端不需要的概念，以方便针对速度和体积进行优化。下面的代码是图 13-2 中几个概念的实现。

```cpp
//Loader
class Loader: PaddleMobileObject{
public:
    const framework::Program Load(const std::string &dirname);
};

//Program
class Program: PaddleMobileObject{
public:
    const ProgramDesc &OriginProgram();
    const ProgramDesc &OptimizeProgram();
private:
};

//ProgramDesc
class ProgramDesc: PaddleMobileObject{
public:
    ProgramDesc(const proto::ProgramDesc &desc);
    const BlockDesc &Block(size_t idx) const;
private:
    std::vector<BlockDesc> blocks;
    proto::ProgramDesc desc_;
};

//BlockDesc
class BlockDesc: PaddleMobileObject{
public:
    int ID() const;
    int Parent() const;
    std::vector<VarDesc> Vars() const;
    std::vector<OpDesc> Ops() const;
private:
};

//OpDesc
class OpDesc: PaddleMobileObject{
    const std::vector<std::string> &Input(const std::string &name) const;
    const std::vector<std::string> &Output(const std::string &name) const;
    Attribute GetAttr(const std::string &name) const;
    const std::unordered_map<std::string, Attribute> &GetAttrMap() const;
private:
};
```

算法优化包括降低算法本身的复杂度，比如某些条件下的卷积操作，可以使用复杂度更低的 Winograd 算法，以及后面会讲到的 kernel 融合等思想。

为了带来更高的计算性能和吞吐率，移动端芯片通常会提供低位宽的定点计算能力。测试结果表明 8 位模型定点运算效率比浮点运算会带来 20%~50% 的性能提升。除 CPU 优化之外，多硬件平台覆盖也是一个更重要的实现方向，目前 Paddle-Mobile 支持的设备如下。

1. ARM CPU

ARM CPU 是移动端深度学习任务中最常用的设备之一，使用也较广泛。但是因为 CPU 计算能力相对偏弱，还要承担主线程的 UI 绘制工作，在 APP 中深度学习任务对于 CPU 的计算压力较大，所以针对 ARM CPU 做了大量优化工作，但是随着硬件不断发展，未来专有 AI 芯片和 GPU 将更加适合完成这项任务。

2. iOS GPU

iOS GPU 由 Paddle-Mobile 团队使用 metal 接口直接编写，支持的系统范围向下兼容到了 iOS 9。这比 coreml 支持的范围大。目前该代码在 GitHub 上也已全面开放。

3. Mali GPU

Mali GPU 在华为等主流机型中广泛存在，Paddle-Mobile 团队使用了 OpenCL 为 Mali GPU 提供了 Paddle 模型支持。在较高端的 Mali GPU 上已经可以得到非常高的性能。Mali GPU 的结构如图 13-3 所示。

4. Andreno GPU

Andreno GPU 是高通设计的端侧 GPU，同样基于 OpenCL 对其进行了优化实现。其高性能、低功耗的优势在 Paddle-Mobile 框架运行时得到了验证。

5. FPGA ZU 系列

FPGA ZU 系列的代码已经可以运行，对 ZU9 和 ZU5 等开发板完全支持。FPGA 的计算能力较强，如果对 FAGA 感兴趣，也可以到 GitHub 上了解细节设计和代码。

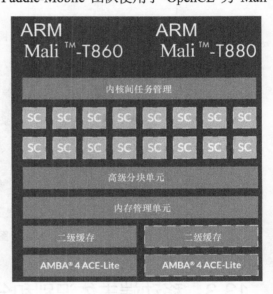

图 13-3

6. HTML 5 网页版深度学习支持

Paddle-Mobile 正在实现底层基于 WebGL 的网页版深度学习框架，使用了 ES6。后续会使用 WebAssembly 和 WebGL 并行融合的设计，在性能上进一步提高，Web 版深度学习库的设计如图 13-4 所示。

7. 树莓派、RK3399 等开发板

树莓派、RK3399 系列等硬件在开发者中被大量使用，Paddle-Mobile 同样支持它们，并解决了很多问题。目前在其平台上 CPU 版本一键编译即可运行，图 13-5 为树莓派 3。

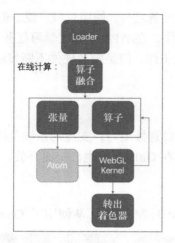
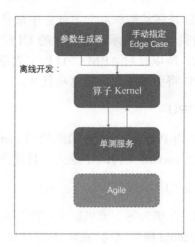

图 13-4

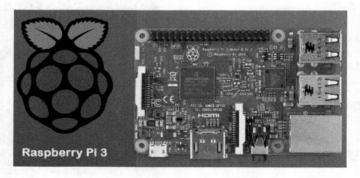

图 13-5

13.3 移动端主体识别和分类

在移动端应用神经网络技术能做哪些事呢？前述的示例展示了在移动端场景进行深度学习的简单效果。以上两个示例主要用来解决以下两类问题，这两类问题也是在移动端最常见的。下面对两类问题分别做解释。

- 物体在哪里？有多大？

如果要识别一个物体，物体的位置、大小其实可以用 4 个或者 3 个数值表示。首先必须要有一个基础点的坐标，这个坐标可以在左上角或者其他顶点上。如果展示的区域是正方形，为了描述位置和大小，需要两个坐标和两个长度数值，即，共需要 4 个数值。

而如果展示的区域是圆形，就可以选择物体的中心坐标的两个数值和半径这 3 个数值表达。

确定物体大小及位置的过程，在深度学习领域中称为主体识别（Object Detection）。目前来看，如果得到足够描述主体区域的数值，就可以在图片或者视频中找到物体并标出外框，也就是完成了主体识别。这个基本认识很重要，后面章节会重点分析如何得到需要的坐标数值和范围数值。

至此，已经明确了物体在哪里、有多大如何定义，这一类问题属于主体识别范畴。

- 物体是什么？

识别物体和主体识别的过程与在神经网络运算前面的过程中的处理方式完全一样。差别在于最终输出数值的不同。主体识别输出的是物体位置及尺寸信息；识别物体是什么的过程输出的信息是，所能识别的所有物体的种类和每个种类的可能性（概率）。如表 13-1 所列，神经网络在识别物体的过程中产生的输出就是可能的种类和可能性（概率）。

表 13-1　　　　　　　　　　　　　　物体的种类和概率

猜测物体种类	属于这个物体分类的可能性（概率）
桌	0.5
椅	0.1
凳	0.02
计算机	0.2
水杯	0.1
棋盘	0.01
……	……

由表 13-1 可以看出，物体识别过程就是一个分类过程。也正因为如此，在深度学习中，将这个过程称为分类。

上面介绍了神经网络最基本的应用场景——检测和分类。目前常见的神经网络多数还部署在云端服务器上，通过网络请求来完成交互。纯云端计算的方式简单可靠，但是对于用户体验提升有诸多障碍，比如，网络请求的速度限制等方面的影响。接下来就看一下在实际应用中，纯云端计算和云+移动端两种方式的应用场景。13.3.3 节还会介绍完全在客户端计算的解决方案。

13.3.1 完全在云端的神经网络技术应用

图 13-6 展示了百度 APP 的首页，在搜索框右侧可以通过点击"相机"按钮进入图像搜索。箭头所指位置就是图像搜索的入口。

图 13-6

进入拍照场景后，可以对着物体、人脸、文本等生活中的一切进行拍照并发起搜索，如图 13-7 所示。

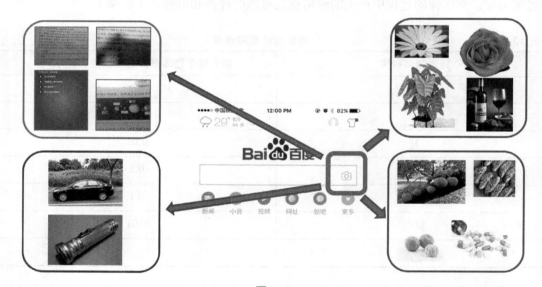

图 13-7

图 13-8 是客户端自动识别物体区域 UI 的效果。图片中的框体应用的就是典型的主体识别技术。白色的光点不需要关注，它不属于神经网络算法范畴，它应用了计算机视觉技术。

另一类 APP 也会用到深度学习功能，比如帮助用户对照片进行分类，如图 13-9 所示，将图片进行了多种分类。这类 APP 要处理大量图片的分类，如果使用服务器端远程处理，再返回客户端，性能和体验都会非常差，在运算中也会占用大量的服务器，企业成本也会骤增。拾相也使用深度学习技术对图片在本地进行快速分类，这样不但可以提升用户体验，同时还不需要大量服务器端 GPU 来维持 APP 分类的稳定。

图 13-8

图 13-9

13.3.2 移动端业界案例

刚刚说到的流派主要有两种。

其一是在神经网络运算过程依赖互联网，客户端只负责 UI 展示。在客户端应用神经网络技术之前，绝大部分 APP 都使用这种运算在服务端、展示在客户端的方式。这种方式的优点是实现相对容易，开发成本低。

其二是完全在客户端运行。这种方式的优点显而易见，那就是体验较好。在移动端高效运行神经网络的情况下，可以给用户无任何加载的体验，非常流畅。使用完全脱离互联网在移动端运算神经网络的 APP 已经举例，如前述拾相和手机百度中的图像搜索。另外还有一些比较好的应用，典型的例子如"识花"等。

为了更好理解客户端运行神经网络的方法，下面展示两个例子。一个是识别植物花卉，另一个是风格化效果。这两款 APP 使用了 1.2 节讲述的典型分类方法。图 13-10 是一张莲花图片，这张图片使用识花 APP 能得出较好的分类结果。

1．植物花卉识别

微软"识花"是微软亚洲研究院推出的一款用于识别花卉的 APP，用户可以在拍摄后选择花卉，APP 会给出该类花卉的相关信息。精准的花卉分类是其对外宣传的一大亮点。图 13-11 是识花 APP 的识别效果。

图 13-10　　　　　　　　　　　图 13-11

2．奇妙的风格化效果

在计算机视觉技术广泛应用于 APP 的时候，能体验到很多种类的美颜相机，可以在图片上增加基于计算机视觉技术的滤镜效果。使用深度学习技术实现的风格化滤镜效果，可以做出非常魔幻的视觉效果。这款"Philm" APP 就有非常出色的体验，同样使用了深度学习技术，有不少风格化效果。图 13-12 是风格化滤镜之前的原图，图 13-13 是使用 Philm 之后的效果。

除此之外，还有许多公司也尝试了在移动端支持视频、图片的风格化。如 Prisma 和 Artisto 等 APP 也都有风格化的应用。

图 13-12　　　　　　　　　　　　　　　　　图 13-13

3. 人脸识别在 APP 端的应用

随着 AI 场景在手机端的开拓，人脸识别技术 APP 端的应用也在加速。目前的主流手机使用人脸识别进行身份认证已经非常普及。人脸识别软件主要根据人脸部的特征来判别，整套流程中如识别和监测这样的操作包含大量的神经网络计算。另外，人脸识别也在 APP 视频体验中得以应用，它通过实时识别视频中的图像并标注出演员脸部区域，再通过该区域进行图像搜索，最后可以得到与演员相关的图片和信息。

这样一个功能的意义是什么？

如果将人脸功能扩展到视频 APP 中，可以动态地为视频添加演员注解。应用的想象空间是非常大的。有没有在视频中进一步商业化的空间呢？比如，某个女士看到视频中出现了她喜欢的包，但是不知道在哪里能够买得到。如果仅仅抽象地描述看到的包，别人会很难明白这个包的样子。如果用户设置后，在视频中就会自动提示包的产地、品牌等信息，甚至可以直接购买。这样的过程就可以扩展出非常多的移动 AI 应用场景。

13.3.3　在移动端应用深度学习技术的难点

在移动端应用深度学习技术的难点较多。面对各种机型和硬件、APP 的指标要求，如何能使神经网络技术在移动端稳定高效运转是最大的考验。拆解问题就是移动端团队面对的首要问题。简单总结后发现把移动端与服务器端进行对比更容易呈现问题和难点。服务器端和客户端深度学习技术应用过程中的对比如表 13-2 所示。

表 13-2　应用深度学习技术过程中客户端与服务器的对比

难点	客户端与服务器端的对比
内存	服务端弱限制；移动端的内存有限
耗电量	服务端不限制；移动端严格限制
依赖库大小	服务端不限制；移动端强限制
模型大小	服务端常规模型大小不低于 200MB；移动端不宜超过 10MB
性能	服务器端有强大的 GPU 集群；移动端有 CPU 和 GPU

在开发过程中，需要逐步克服以上困难，才能在移动端应用相关技术。在移动端和嵌入式设备中使用 AI 技术可以让 APP 给用户带来的体验得到巨大提升，但并不意味着只搞定深度学习技术一切问题都解决了，往往其中还要结合与视觉相关的技术才能彻底解决问题。而彻底解决问题往往更加考验工程师的工程与算法结合能力。实际应用 AI 这类技术时多数情况下没有资料可以查阅和参考，需要开发人员活学活用，因地制宜。接下来用实例来看一下如何使用诸多办法来搞定 AR 实时翻译和实时视频流式搜索两个重量级 APP 体验。

13.3.4　AR 实时翻译问题的解决方案

AR 实时翻译是以所见即所得的方式来呈现翻译结果的。从图 13-14 中可以看到，计算机屏幕中的"实时翻译" 4 个字，百度 APP 图像搜索实时翻译入口中变成了 "Real-time translation"。从图 13-14 的效果可以看到，相机中的文字与计算机屏幕上的文字有着同样的背景色和字体颜色。

AR 实时翻译功能最早在 Google 翻译软件中应用，Google 使用了离线翻译和离线的光学字符识别（Optical Character Recognition，OCR）模型。离线翻译和 OCR 的好处就是不用网络用户也能使用实时翻译，且每帧图像在及时处理后将图层进行合并。这样合并图层就无须追踪并贴着图像。

但是全离线的方式也有弊端，OCR 和翻译模型较大且需要用户下载到手机中才可以使用。另外，离线 OCR 和离线翻译模型压缩后会导致准确率降低，用户体验变差。如 Google 翻译 APP 中的词组翻译效果较好，在翻译整句和整段时表现就不够理想。

图 13-14

2017 年下半年，Paddle-Mobile 参与并主导了百度 APP 中实时翻译工作的落地。在开始前首先要面对的问题就是：翻译计算过程使用服务器端返回的结果还是使用客户端本地的计算结果。如果使用客户端本地的结果，就只需要对 OCR 和翻译的计算过程在客户端做性能上的调优即可，从而保证每一帧图像都可以稳定地合并图层。这一过程其实是 Paddle-Mobile 更擅长的。但是这样就会重蹈前人覆辙，长文本可能出现难以理解的翻译效果。经过分析和讨论，回到问题的本质：AR 实时翻译是要给用户更好的翻译效果，还是最佳的贴图体验和更少的用户流量。

最后得出了结论，选择使用服务器端的返回结果作为翻译结果。因为 AR 实时翻译本身要解决翻译过程中的问题，如果仅仅是交互效果炫酷，却不能给用户更好的翻译结果，这是不行的。图 13-15 就是实时翻译效果，左边是原文，右边是融合了翻译结果和背景色的状态。

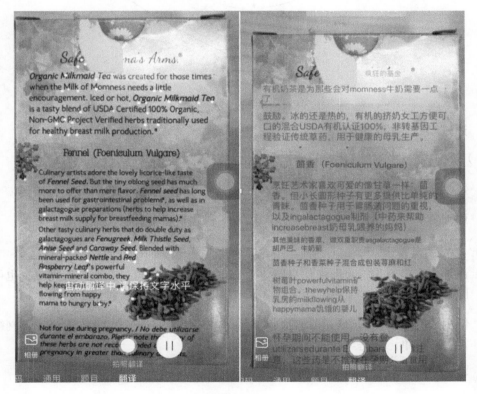

图 13-15

看看图 13-15 的效果，如果从头做这件事应该如何拆解问题？

实时翻译的流程如图 13-16 所示。将文本提取和翻译分成两部分。因为翻译结果在服务器端，所以要使用网络请求来获取信息。

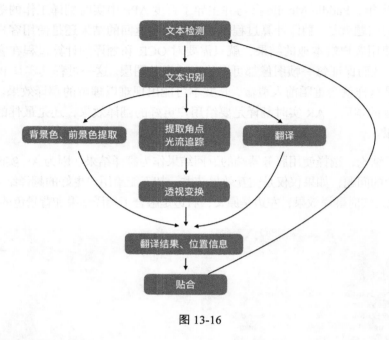

图 13-16

1．通过 OCR 提取文本

（1）要把相机中单帧图片内的文本区域检测出来。

- 检测文本区域使用的是深度学习技术，用检测模型处理。
- 识别文本区域也决定着贴图和背景色的准确性。

（2）识别文本内容。

- 识别文本内容是指将图像信息转化为文本。这一过程可以在客户端完成，也可以在服务器端完成。其原理是使用深度学习分类能力，将图片划分为字符。
- 使用的网络结构 GRU 是 LSTM 网络的一种效果很好的变体，它较 LSTM 网络的结构更加简单，也是当前非常流行的一种网络。

2．翻译获取

（1）如果是在客户端处理文本提取，在得到文本结果以后，就要将文本作为请求源数据发送到服务器端，服务端返回数据后就可以得到这一帧的最终翻译结果了。

（2）每一次翻译图像都要请求网络。

（3）翻译结果得到之后，即使"时过境迁"，也要找回曾经的位置。

有一个棘手的问题——刻舟求剑。客户端发送结果的过程中，如果用户移动手机摄像头的位置，服务端返回后的结果就会和原背景脱离关系，这种"物是文非"的问题就要使用跟踪技术解决。具体的解决方法如下。

（1）对空间描述得到完整的3维世界，就是一个坐标系。只有通过这个完整的空间描述才能知道手机现在和过去所处的位置。

（2）有了坐标系以后，还需要倒推回原来文本所在位置，相对于现在的位置求出偏移量。这样就可以像影碟机快退操作一样，查看到过去以及现在的位置。

（3）在跟踪的同时，还要提取文字的背景颜色，以得出最真实的"假象"。提取文字和背景的颜色后，在客户端通过学习得到一张和真实环境差不多的背景图片，再将服务端返回的结果贴合在背景图片上。

（4）贴合，大功告成。

13.4 编译与开发 Paddle-Mobile 平台库

接下来尝试使用移动端深度学习库 Paddle-Mobile 为自己打造一个简单的图像分类 APP 或者其他具备 AI 能力的 APP。这一实现过程可能在实际操作中会遇到一些问题并需要逐一解决，如从头编译和开发等。

尝试在 OSX 或 Linux 平台上编译一个 Paddle-Mobile 的 so 库。编译好这个 so 库以后，再搭建和开发 Android 应用程序。步骤如下。

（1）从 GitHub 复制 Paddle-Mobile 源码到本地。

```
git clone https://github.com/PaddlePaddle/paddle-mobile.git
```

在 Linux 或 OSX 系统中交叉编译 Paddle-Mobile 库的 CPU 版本 so 库。

（2）下载并解压 NDK 到本地目录（以 OSX 为例）。

```
wget https://dl.google.com/android/repository/android-ndk-r18b-darwin-x86_64.zip
```

（3）设置环境变量以确保能找到编译工具链，以下示例中，临时加入环境变量，建议直接加入到系统环境变量中。

```
unzip android-ndk-r18b-darwin-x86_64.zip
export NDK_ROOT="/usr/local/android-ndk-r18b"
```

（4）环境变量设置完成以后，可以使用下面的命令检查是否生效。

```
echo $NDK_ROOT
```

（5）安装 cmake，需要安装较高的版本，这里使用的是 OSX，cmake 版本号是 3.13.4。

```
brew install cmake
```

（6）在 Linux 平台中下载 cmake，配置环境变量，并安装 bootstrap。

```
wget https://cmake.org/files/v3.13/cmake-3.13.4.tar.gz

tar -zxvf cmake-3.13.4.tar.gz

cd cmake-3.13.4

./bootstrap

make

make install
```

（7）cmake 安装完成以后，可以使用 cmake --version 命令检查是否安装成功。

有了可用的 cmake 和 NDK 之后，就可以进入 Paddle-Mobile 的 tools 目录，执行编译脚本操作。下面是编译 Android 版本的 so 库的命令。

```
cd paddle-mobile/tools/

sh build.sh android
```

这里还有一个可选项要提及。在程序开发早期，Paddle-Mobile 团队讨论了如何减小包，提出并采取了很多措施，其中一项就是编译选项可以根据网络结构进行选择。如果开发者使用的是常见的网络结构，也想得到一个更小的 so 库，可以添加神经网络结构选项。

```
sh build.sh android googlenet
```

这样程序就会忽略与 googlenet 不相关的算子，从而使 so 库变得更小。可在 paddle-mobile/build/release/arm-v7a/build 目录下找到 Paddle-Mobile 库。

```
libpaddle-mobile.so
```

至此就顺利完成了一次编译。如果想修改和优化 Paddle-Mobile 中的 C++、汇编或其他代码，对程序修改后自行编译即可。

13.5 开发一个基于移动端深度学习框架的 Android APP

在开始创建 Android APP 之前，需要下载安装 Android Studio 3 以上的版本。因为新版本的 Android Studio 已经自动安装 Android SDK，所以整个安装过程比较顺利（如果涉及 Google

的访问，就需要配置代理）。

安装 Android Studio 以后，创建一个新项目，名称自拟即可。Kotlin 语言简洁明了，这里选择的是 Kotlin。无论用 Java 还是 Kotlin 开发，都不影响工程的创建，只要选择你认为最容易实现的语言就可以。Paddle-Mobile Android 平台的工程配置如图 13-17 所示。

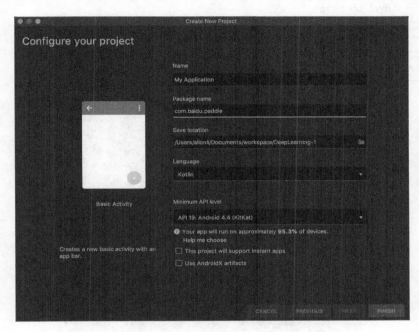

图 13-17

虽然提供的源码可以直接运行，但是仍然建议读者参照源码从零搭建框架，这样可以深入理解一个简单的视觉神经网络程序在客户端实现的步骤。

（1）在 Paddle-Mobile Github 主页上可以找到一些测试模型下载地址。

把模型包下载到本地后，再解压就能得到一系列测试模型。在本例中使用的模型是 MobileNet，从模型文件中可以看到这个模型的基本构成、卷积的大小和步长等。

（2）将准备使用的模型目录复制到工程中。如图 13-18 所示，将 mobilenet 目录的内容放到 assets/pml_demo 下。

```
src
└── main
    ├── AndroidManifest.xml
    ├── assets
    │   └── pml_demo
    │       ├── apple.jpg
```

```
|       ├── banana.jpeg
|       ├── hand.jpg
|       ├── hand2.jpg
|       └── mobilenet
|       ├── model
|       ├── conv1_biases
|       ├── conv1_bn_mean
|       ├── conv1_bn_offset
|       ├── conv1_bn_scale
|       ├── conv1_bn_variance
|       ├── conv1_weights
|       ├── conv2_1_dw_biases
```

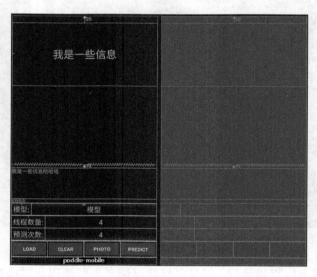

图 13-18

将模型复制到目地位置后，就要开始开发 APP 的相关功能了。图 13-18 是 Paddle-Mobile Demo UI 结构工程的布局示例。

APP 启动后的第一件事就是从磁盘中将模型文件加载进内存。这个过程被封装在 ModelLoader 中。在 MainActivity 中实现了 init 初始化方法，在初始化过程中加载模型。

MainActivity 类的代码也从侧面反映了一个视觉深度学习 APP 需要处理的一些问题，比如，与图像相关的权限，图像输入尺寸等问题。从下面的代码中能看到 MainActivity 类中 init 方法的实现，init 方法逻辑包含了 loader 的初始处理和一些基本事件的监听。由于深度学习技术对运算能力要求较高，因此往往会利用多线程处理技术来提升性能，init 方法也调用了多线程，多线程调用底层代码实现 openmp 功能，该逻辑作为入口参数传入。

```
private fun init() {
    updateCurrentModel()
```

```kotlin
mModelLoader.setThreadCount(mThreadCounts)
thread_counts.text = "$mThreadCounts"
clearInfos()
mCurrentPath = banana.absolutePath
predict_banada.setOnClickListener {
    scaleImageAndPredictImage(mCurrentPath, mPredictCounts)
}
btn_takephoto.setOnClickListener {
    if (!isHasSdCard) {
        Toast.makeText(this@MainActivity, R.string.sdcard_not_available,
            Toast.LENGTH_LONG).show()
        return@setOnClickListener
    }
    takePicFromCamera()

}
bt_load.setOnClickListener {
    isloaded = true
    mModelLoader.load()
}

bt_clear.setOnClickListener {
    isloaded = false
    mModelLoader.clear()
    clearInfos()
}
ll_model.setOnClickListener {
    MaterialDialog.Builder(this)
            .title("选择模型")
            .items(modelList)
            .itemsCallbackSingleChoice(modelList.indexOf(mCurrentType))
            { _, _, which, text ->
                info { "which=$which" }
                info { "text=$text" }
                mCurrentType = modelList[which]
                updateCurrentModel()
                reloadModel()
                clearInfos()
                true
            }
            .positiveText("确定")
            .show()
}

ll_threadcount.setOnClickListener {
    MaterialDialog.Builder(this)
            .title("设置线程数量")
            .items(threadCountList)
            .itemsCallbackSingleChoice(threadCountList.indexOf(mThreadCounts))
            { _, _, which, _ ->
                mThreadCounts = threadCountList[which]
```

```
                    info { "mThreadCounts=$mThreadCounts" }
                    mModelLoader.setThreadCount(mThreadCounts)
                    reloadModel()
                    thread_counts.text = "$mThreadCounts"
                    clearInfos()
                    true
                }
                .positiveText("确定")
                .show()
        }

        runcount_counts.text = "$mPredictCounts"

        ll_runcount.setOnClickListener {
            MaterialDialog.Builder(this)
                    .inputType(InputType.TYPE_CLASS_NUMBER)
                    .input("设置预测次数", "10") { _, input ->
                        mPredictCounts = input.toString().toLong()
                        info { "mRunCount=$mPredictCounts" }
                        mModelLoader.mTimes = mPredictCounts
                        reloadModel()
                        runcount_counts.text = "$mPredictCounts"
                    }.inputRange(1, 3)
                    .show()
        }
    }
```

作为界面和入口角色的 MainActivity，除进行 init 初始化外，还负责调用逻辑——调用预处理和深度学习预测过程的代码。

```
    /**
     * 缩放，并预测这张图片
     */
    private fun scaleImageAndPredictImage(path: String?, times: Long) {
        if (path == null) {
            Toast.makeText(this, "图片 lost", Toast.LENGTH_SHORT).show()
            return
        }
        if (mModelLoader.isbusy) {
            Toast.makeText(this, "处于前一次操作中", Toast.LENGTH_SHORT).show()
            return
        }
        mModelLoader.clearTimeList()
        tv_infos.text = "预处理数据,执行运算..."
        mModelLoader.predictTimes(times)
        Observable
                .just(path)
                .map {
                    if (!isloaded) {
                        isloaded = true
                        mModelLoader.setThreadCount(mThreadCounts)
```

```kotlin
            mModelLoader.load()
        }
        mModelLoader.getScaleBitmap(
                this@MainActivity,
                path
        )
    }
            .subscribeOn(Schedulers.io())
            .observeOn(AndroidSchedulers.mainThread())
            .doOnNext { bitmap -> show_image.setImageBitmap(bitmap) }
            .map { bitmap ->
                var floatsTen: FloatArray? = null
                for (i in 0..(times - 1)) {
                    val floats = mModelLoader.predictImage(bitmap)
                    val predictImageTime = mModelLoader.predictImageTime
                    mModelLoader.timeList.add(predictImageTime)
                    if (i == times / 2) {
                        floatsTen = floats
                    }
                }
                Pair(floatsTen!!, bitmap)
            }
            .observeOn(AndroidSchedulers.mainThread())
            .map { floatArrayBitmapPair ->
                mModelLoader.mixResult(show_image, floatArrayBitmapPair)
                floatArrayBitmapPair.second
                floatArrayBitmapPair.first
            }
            .observeOn(Schedulers.io())
            .map(mModelLoader::processInfo)
            .observeOn(AndroidSchedulers.mainThread())
            .subscribe(object : Observer<String?> {
                override fun onSubscribe(d: Disposable) {
                    mModelLoader.isbusy = true
                }

                override fun onNext(resultInfo: String) {
                    tv_infomain.text = mModelLoader.getMainMsg()
                    tv_preinfos.text =
                            mModelLoader.getDebugInfo() + "\n" +
                                    mModelLoader.timeInfo + "\n" +
                                    "点击查看结果"

                    tv_preinfos.setOnClickListener {
                        MaterialDialog.Builder(this@MainActivity)
                                .title("结果:")
                                .content(resultInfo)
                                .show()
                    }
                }

                override fun onComplete() {
```

```
                            mModelLoader.isbusy = false
                            tv_infos.text = ""
                        }

                        override fun onError(e: Throwable) {
                            mModelLoader.isbusy = false
                        }
                    })
                }
```

多数情况下深度学习程序要有预处理过程，目的是将输入尺寸和格式规则化，视觉深度学习的处理过程也不例外。对于不是可变输入的网络结构，一张输入图片在进入神经网络计算之前要经历一些"预处理"，这样就可以让输入尺寸符合预期。下面看一下包含了主要计算逻辑的 Loader，它包含预处理、预测等逻辑的直接实现。

图像本身数据是一个矩阵，因而预处理逻辑往往也以矩阵的方式来处理。另外，从代码中也能看到这个预处理过程结束后得到的是一幅 BGR（蓝、绿、红）格式的数组。这部分代码在 MobileNetModelLoaderImpl 类中可以找到。

```kotlin
override fun getScaledMatrix(bitmap: Bitmap, desWidth: Int, desHeight: Int):
FloatArray {
    val rsGsBs = getRsGsBs(bitmap, desWidth, desHeight)

    val rs = rsGsBs.first
    val gs = rsGsBs.second
    val bs = rsGsBs.third

    val dataBuf = FloatArray(3 * desWidth * desHeight)

    if (rs.size + gs.size + bs.size != dataBuf.size) {
        throw IllegalArgumentException("rs.size + gs.size + bs.size !=
         dataBuf.size should equal")
    }

    for (i in dataBuf.indices) {
        dataBuf[i] = when {
            i < bs.size -> (bs[i] - means[0]) * scale
            i < bs.size + gs.size -> (gs[i - bs.size] - means[1]) * scale
            else -> (rs[i - bs.size - gs.size] - means[2]) * scale
        }
    }

    return dataBuf
}
```

前面编译了 Paddle-Mobile 的 so 库，它是使用 C++ 编写的。下面在 Android APP 中要使用 so 库中的功能，这要通过 Java 原生接口（Java Native Interface，JNI）实现。从如下代码能看出，如果基于 Paddle-Mobile 编写深度学习 APP，实现思路并不复杂，MobileNetModelLoaderImpl 类中核心的代码非常少。

下面就是通过 JNI 调用 Paddle-Mobile 库函数的代码。从 Kotlin 层将数据传入 JNI 得到预测结构。

```kotlin
override fun predictImage(inputBuf: FloatArray): FloatArray? {
    var predictImage: FloatArray? = null
    try {
        val start = System.currentTimeMillis()
        predictImage = PML.predictImage(inputBuf, ddims)
        val end = System.currentTimeMillis()
        predictImageTime = end - start
    } catch (e: Exception) {
    }
    return predictImage
}

override fun predictImage(bitmap: Bitmap): FloatArray? {
    return predictImage(getScaledMatrix(bitmap, getInputSize(), getInputSize()))
}
```

上述代码省略了文件复制和一些其他预处理过程，只展示了核心处理过程。从实现代码中可以看到使用已有的深度学习库，集成并开发深度学习功能还是比较简单的。使用 Android Stuido 直接运行程序就能看到图 13-19 所示的效果。

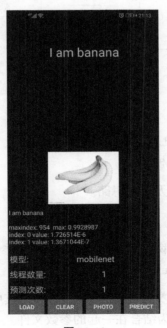

图 13-19

对图像进行分类后，APP 正确地分类了对应的香蕉图片，并输出相应文本。

13.6　Paddle-Mobile 设计思想

Paddle-Mobile 代码的执行流程如图 13-20 所示。

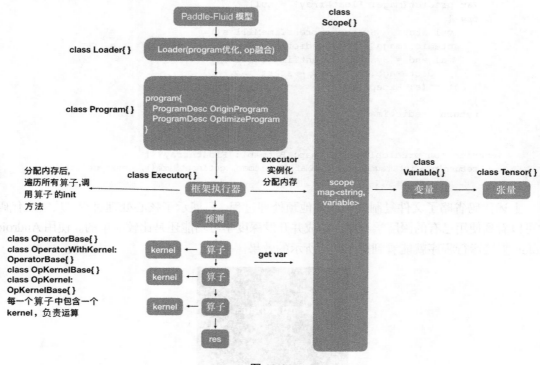

图 13-20

Paddle-Mobile 设计主要分为 Loader 模块、Program 模块、Executor 模块、算子模块、kernel 模块和 Scope、Variable、Tensor 模块。

下面讨论各个模块的作用以及设计思路。

1．Loader 模块

先来看一下模型，模型分为两种结构。一种为散开的参数文件，如图 13-21 所示。其中框住的部分为模型结构的 Protobuf 文件，其余为参数文件。

另一种为结合在一起的参数文件，如图 13-22 所示，其中框住的部分为模型结构描述的 Protobuf 文件。下面的一个文件为结合在一起的参数文件。

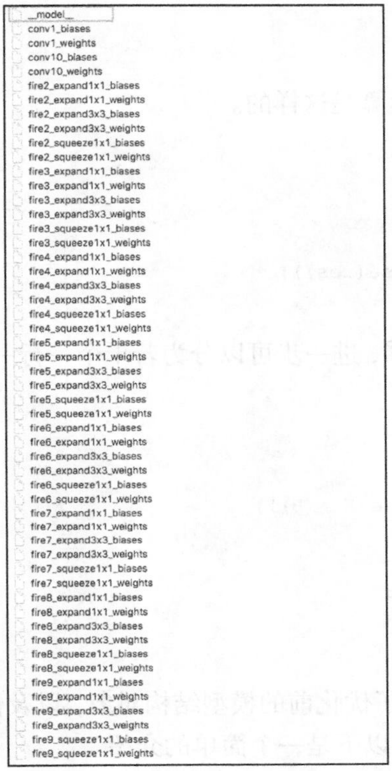

图 13-21 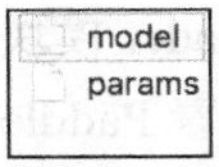　　　　　　　　　　　　　　　　　　图 13-22

Loader 模块的作用是将模型结构信息载入内存，将框内的 Protobuf 文件载入内存，并对模型结构进行优化（如将几个细粒度的算子融合成粗粒度的算子，如将 conv、add、batchnorm、relu 融合为 conv_add_batchnorm_relu），方便进行算法优化。

那么为什么融合在一起才能够优化算法呢？

未融合的 conv_add_batchnorm_relu 运算是这样的。

```
[n]
[conv_res] = conv([n])

for &res in conv_res {
        res = add_biase(res)
}

for &res in conv_res {
        res = batchnorm(res)
}

for &res in conv_res {
```

```
        res = relu(res)
}
```

融合后的 conv_add_batchnorm_relu 运算是这样的。

```
[n]
[conv_res] = conv([n])

for &res in conv_res {
        res = relu(batchnorm(add_biase(res)))
}
```

由于 conv 可以转换为两个大矩阵相乘,进一步可以分为若干个一行一列的小矩阵相乘,因此最终的运算是这样的。

```
[n]
for &res in [res] {
        res = relu(batchnorm(add_biase(A * B)))
}
```

其中,A 和 B 分别为 $1 \times k$ 与 $k \times 1$ 矩阵。

2. Program 模块

Program 为 Loader 模块的结果,包含了优化前的模型结构对象,以及优化后的模型结构对象。此模块对应着 Paddle 模型的结构。以下是一个简单的介绍。

- programDesc 中包含着若干个(googlenet mobilenet yolo squeezenet resnet 常见的模型只有一个)可以嵌套的块,其中第一个块中的某个算子可能会执行后边块中的一系列运算(只有多个块才会有此概念)。
- 块包含 ops 和 vars。
- ops 为一系列算子的描述,描述每个算子的类型、输入/输出、所需参数。
- vars 里包含的为所有算子参与运算所需的参数描述。

3. Executor 模块

Executor 主要用于算子运算的上层调度操作,主要有两个操作,分别是 Executor 实例化和暴露给上层的 predict 方法。

Executor 在实例化过程中,主要进行了以下操作。

(1)根据 Loader 产出的 Program 初始化算子对象。

(2)分配所有需要用到的内存,包括每个算子的输入/输出、权重参数。目前模型的权重参数文件的格式为 NCHW,算子的输入/输出中间矩阵参数也是 NCHW 格式。

（3）调用每个算子的 init 方法，init 方法是每个算子实现者进行参数预处理的地方，有助于减少预测的耗时。

（4）预测主要用于得到外部的输入，顺序调用算子的 run 方法进行运算，并返回最终的结果。

4. 算子模块

算子模块主要包含一个 kernel（用于运算）、一个 param（用于存储属性）。算子主要涉及 3 个操作——Init、RunImp、InferShape。

- Init 函数主要用于参数预处理，要对 batchNorm 参数进行预处理，可以将 batchNorm 运算转化为 $ax+b$ 形式的运算。这个函数也会调用 kernel 的 Init 函数对 kernel 进行初始化。
- RunImp 函数会调用自己的 kernel 的 compute 方法进行运算。
- InferShape 函数会根据输入和参数得出输出的形状，这个函数会在 Executor 实例化时、内存初始化前调用。

每个算子都需要进行注册才可以使用。以 conv 为例，需要在 conv_op.cpp 底部这样写。

```
// 3个平台都注册了 conv 算子
namespace ops = paddle_mobile::operators;
#ifdef PADDLE_MOBILE_CPU
USE_OP_CPU(conv2d);
REGISTER_OPERATOR_CPU(conv2d, ops::ConvOp);
#endif

#ifdef PADDLE_MOBILE_FPGA
USE_OP_FPGA(conv2d);
REGISTER_OPERATOR_FPGA(conv2d, ops::ConvOp);
#endif
```

每个算子都由一个宏控制编译，如 conv_op.h（除 conv_op.h、conv_op.cpp、conv_kernle.h、conv_kernle.cpp 之外，都需要加此宏控制）。

```
#ifdef CONV_OP      //这个宏控制 conv_op 是否被编译，除 conv_op.h、conv_op.cpp、
                    //conv_kernle.h、conv_kernle.cpp之外，都需要加此宏控制

#pragma once

#include <string>
#include "framework/operator.h"
#include "operators/kernel/conv_kernel.h"

namespace paddle_mobile {
```

```
namespace operators {
using std::string;
template <typename DeviceType, typename T>
class ConvOp
        //impl
};

}
}

#endif
```

这样做的目的是根据不同类型的网络编译特定的算子，在 cmake 中已经配置好不同网络编译的宏。如果你要编译支持 yolo 的模型，仅需要执行：

```
cd toools
sh build.sh android yolo
```

这样只会编译 yolo 所包含的 4 种算子，减小包并缩短编译时间。

5．kernel 模块

kernel 为算子的底层运算实现，主要有两个函数——Init 和 Compute，它们分别用来初始化和完成运算操作。要提出的是，kernel 会根据泛型特化到不同的平台，如图 13-23 所示。

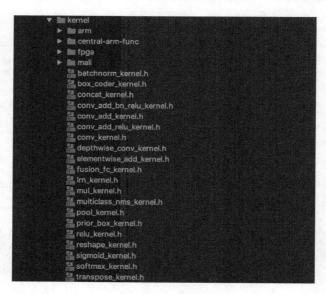

图 13-23

不同平台的 kernel 实现，为同一个 kernel 类不同泛型的特化实现。目前有 3 个平台——ARM、Mali、FPGA。图 13-23 中的 central-arm-func 目录为算子 kernel 的 arm 实现，它承担了 arm 目录下 kernel 的底层实现，同时 arm 处理器作为中央处理器。central-arm-func 也可以作为其他协处理器的底层实现，如果 fpga 的某一个算子 kernel 还没有 fpga 协处理器的实现，就可以直接使用这里的 arm 实现。

如果你有兴趣新增一个协处理器实现，就可以在此添加一个 kernel 目录，提供协处理器实现。如果某个 kernel 没有实现，也可以直接使用 arm 实现。

6. Scope 模块

Scope 模块用来存储管理要用到的所有变量（用来存储不同类型的对象，主要是矩阵 Tensor，也就是说，scope 管理算子运算过程中的所有参数矩阵、输入/输出矩阵）。可以将 scope 理解为一个 map，这里在 map 上封装了一层 scope，目的是方便内存管理。

7. Variable 模块

Variable 模块可以用来存储不同类型的对象，在 Paddle-Mobile 里主要用它来存储矩阵 Tensor。

8. Tensor 模块

Tensor 模块代表着矩阵，通过泛型可以用来存储不同类型的矩阵，但需要注意的是，存入和取出时的类型必须保持一致。如果类型不一致，使用 inline const T *data() const 获取指针会不能通过类型检查，通过 inline T *mutable_data() 获取指针会重新分配内存。

Paddle-Mobile 作为国内全面支持各大平台的移动端深度学习框架，从移动端的特点出发，针对性做了大量的优化、平台覆盖工作，并且保持了高性能、体积小等优点。Paddle-Mobile 对中国开发者更友好，中文文档被重点维护，任何问题都可以发布到 GitHub 上。该社区不仅提供深度学习框架，而且也欢迎爱好者加入开发社区，为移动端深度学习的发展贡献力量。

第 14 章

百度开源高速推理引擎——Anakin

深度学习在生活中的应用越来越广泛,从智能手机的人脸解锁,到智能家居的语音交互,再到大型安保系统的身份验证,都离不开底层深度学习技术的支持。而深度学习的应用趋势也愈来愈平民化、生活化。这种趋势造成了技术层面的两端分化,训练端越来越向集群服务器靠拢,而推理端则已经融入网络的边缘,形成了边缘计算的概念。推理和训练是深度学习依赖的两大支柱,推理阶段的性能好坏既关系到用户体验,又关系到企业服务成本,甚至在一些极端应用(比如无人驾驶)上直接影响个人生命财产安全。目前 AI 落地面临的挑战主要来自于两方面:一方面,日新月异的 AI 算法陡增了计算量,从 AlexNet 到 AlphaGo,5 年多的时间里,计算量增加了 30 万倍;另一方面,底层硬件异构化趋势愈发明显,为了解决 AI 计算力问题,近年来涌现出了非常多优秀的架构。

图 14-1 简要展现了近年来 AI 推理引擎的发展趋势和现状,我们从中可以看出当前 AI 推理引擎的首要挑战——将性能优异且计算量庞大的深度学习框架快速部署到不同的硬件架构之上。然而,纵观开源社区和闭源解决方案,没有任何一款推理引擎可以同时满足开源、跨平台、高性能这 3 个要求。因此,我们结合实际业务需求,在百度优秀的工程师以及行业合作伙伴的大力支持下,共同完成了推理引擎 Anakin。目前,Anakin 已支持 NVIDIA-GPU、AMD-GPU、Intel CPU、ARM、寒武纪和比特大陆等平台。

Anakin 是一套深度学习前向推理加速框架。它兼容主流的深度学习框架,可以进行灵活的配置。它具备核心优化 GPU 平台的层计算能力,同时提供高性能的移动端和其他异构平台的算法优化。

Anakin 旨在为业务线深度学习模型提供高性能的前向计算能力。现如今公司内部采用的深度学习训练框架非常繁多,日常业务上线的模型计算效率不高,而且参差不齐,计算效率完全依靠一些开源软件(如飞桨 PaddlePaddle、Caffe、TensorFlow、Lego、MXNet 等)的前向优化程度。Anakin 着眼于 HPC 在异构计算上面的技术积累和经验,提供一套深度优化的深度学习前向计算框架,以优化 GPU 平台的深度学习计算能力为核心,同时提供高性能的移动端和其他异构平台的算法优化。这个框架兼容主流的深度学习框架，可以进行灵活的配置，使得公司业务线不需要考虑更专业的算法底层优化技巧就能获取极高的计算性能。

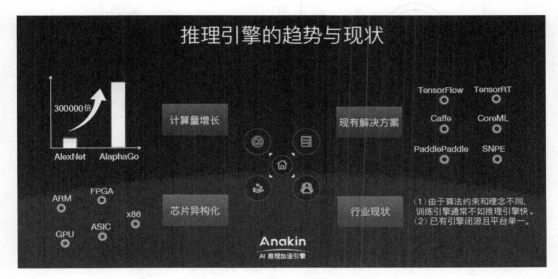

图 14-1

14.1 Anakin 架构与性能

　　Anakin 框架的核心逻辑如图 14-2 所示，主要由解析器、Framework 和 Saber 三大主体组成。解析器是独立解析器，功能是将不同训练框架生成的模型统一转化为 Anakin 图来进行描述。Framework 是框架主体，它使用 C++实现，用于完成与硬件无关的所有操作，如网络构建、图融合、资源复用、计算调度等控制任务。Saber 是一个高效的跨平台计算库，包含大量汇编级优化代码，并支持众多业内产品。

　　解析器可以使不同训练框架生成的模型均能在 Anakin 框架上进行快速的预测计算。同时，解析得到的 Anakin 图还可以利用 Anakin 框架提供的 DashBoard 小工具，将该 Anakin 图的网络结构和每个层参数友好地显示出来，非常有利于用户观看网络结构。

　　解析器的逻辑设计如图 14-3 所示。由图 14-3 可知，解析器负责解析第三方深度学习框架生成的模型，将解析后的数据填充到虚拟结构图中，同时还可以将序列化、优化后的计算图填充到新的二进制文件中。

第 14 章 百度开源高速推理引擎——Anakin

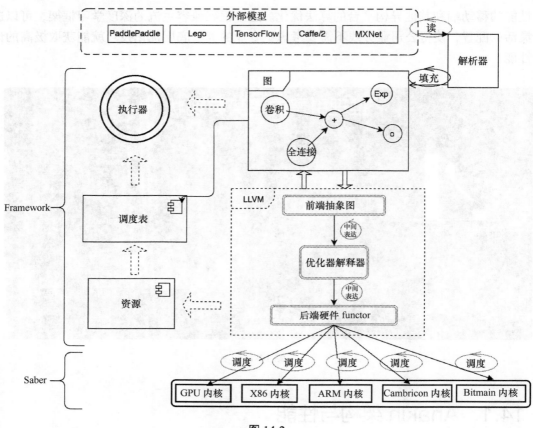

图 14-2

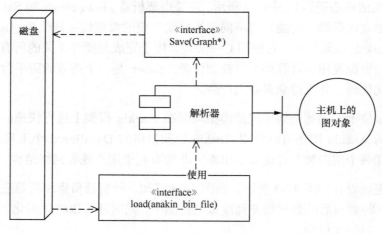

图 14-3

Framework 根据获得的 Anakin 图进行网络结构优化操作，如网络层融合、资源复用等，并为优化后的 Anakin 图安排合理的调度顺序以进行计算处理。例如，根据优化后的 Anakin 图对它的计算安排合理的调度顺序，在图 14-2 中，根据 Graph 结构和 Resource 大小安排高效的调度操作，并将它封装到 Executer 结构中。Framework 通过两层图结构完成深度模型的图分析。第一层图结构是实际的图结构，包含真正的网络参数、实际的存储空间、计算子信息等。第二层图结构是在第一层基础上生成的虚拟图，只包含分析调度必要的信息，调度器会根据内部设计和一些约定方式对虚拟图进行优化分析。Framework 根据解析器解析得到的模型自动构建计算图，并在此基础上生成便于内部分析的虚拟图（精简图模式），内部调度引擎根据模型特征自动优化该虚拟图。优化内容主要包括不同算子的计算融合、内存的复用、各计算操作的并行粒度设计等。这些优化进行完以后，Framework 将重新构建优化后的计算图。最后，根据获得的计算图，调度器会根据内部设计与一些约定方式对计算图进行合理的计算调度和资源优化。

计算图的逻辑设计如图 14-4 所示。计算图主要用来解析模型的网络结构，即将复杂的网络结构转换为有向图以进行运算处理。计算图中的每个节点（Node）代表模型的每层，有向边（Arc）代表模型中各层之间的依赖关系。在图 14-4 中，GraphBase 是抽象的基础类，包含图的所有信息和完整功能；Graph 是 GraphBase 的派生子类，是有向图，包含了实例化的 Node 信息、Arc 信息，以及适用于 Graph 的算法类 Algorithm；Algorithm 类用来实现不同计算操作。用户可以通过 Functor 接口实现自定义的运算操作，具有良好的扩展性。

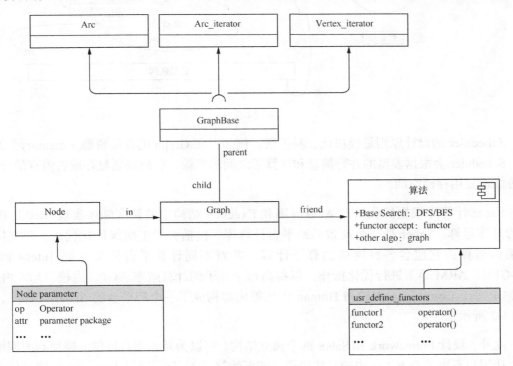

图 14-4

Scheduler 是一个依赖分析引擎，它可以自动根据计算图分析操作（即 Graph 的节点 Node 信息）之间的依赖关系，并完成完整的调度。具体逻辑设计如图 14-5 所示。

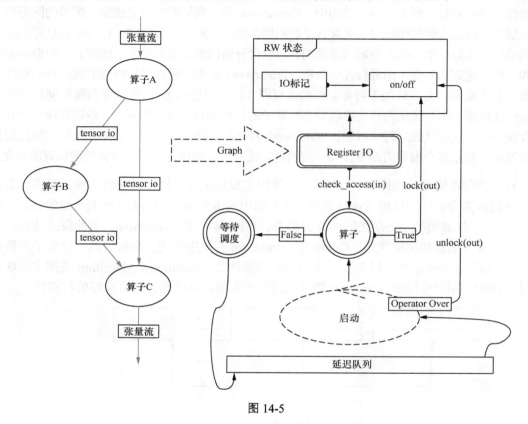

图 14-5

Scheduler 的设计原则是模块化、易扩展。例如，在 Graph 的存储资源（memory）调度中，Scheduler 会根据模型的并行信息和计算子之间的依赖，合理规划显存或者内存的分配，尽可能地复用存储空间。

Saber 计算库根据优化后的 Anakin 图和 Executer 结构中的调度顺序实现 Anakin 图每层的具体运算。Saber 是一个高效的跨平台计算库，包括大量汇编级优化代码，并支持不同架构运算。它包含各种网络的算子计算，并对不同计算平台框架（如 Intel-CPU、NV-GPU、ARM 等）进行优化操作，以提高每个算子的计算效率。GPU 内核、X86 内核、ARM 内核、Combricon 内核和 Bitman 内核等内容构成了一个跨平台的 Saber 计算库，如图 14-2 所示。

此外，设计 Framework 和 Saber 两个独立结构，可以为外界用户提供一层便利的调用接口，让用户不再关心 Saber 中的具体操作（如汇编算法），只需通过 Framework 接口传递相应参数，即可实现高速预测计算。

14.2　Anakin 的特性

Anakin 具有开源、跨平台、高性能三个特性，它可以在不同硬件平台上实现深度学习的高速推理功能。Anakin 在 NVIDIA-GPU、AMD-GPU、Intel CPU、ARM、寒武纪和比特大陆等架构上，具有低功耗、高速预测的特点。

14.2.1　支持众多异构平台

Anakin 广泛地和各个硬件厂商合作，采用联合开发或者部分计算底层自行设计和开发的方式，打造了不同硬件平台的计算引擎。目前 Anakin 已经支持了多种硬件架构，如 NVIDIA-GPU、AMD-GPU、Intel CPU、ARM、寒武纪和比特大陆等。我们希望 Anakin 可以为用户提供更灵活的底层选择和更方便简单的部署方式，并在不同底层硬件上达到最优性能。

14.2.2　高性能

Anakin 在众多硬件平台都有很好的性能表现。本节以推理延时为指标列举主流环境下的不同测试数据。

1．GPU 环境下的性能评测

在 NVIDIA 架构上，选择公认效果尚佳的 NVIDIA TensorRT 5 与 Anakin 进行对比。延时计算方式为对 1 000 次计算结果取平均值。具体的对比结果如图 14-6 所示。

测试平台 Nvidia-P4 的信息如下。

- CPU：Intel(R) Xeon(R) CPU 5117 @ 2.0GHz。
- GPU：Tesla P4。
- CUDA：CUDA8。
- cuDNN：v7。

由图 14-6 可知，在同一测试平台环境下，对目前公开的 3 个图像分类模型分别进行 Batch_Size=4、8 的推理测试，Anakin 的推理延时比 NVIDIA TensorRT 5 要短，推理速度较快。在图 14-6 中，FP32 表示在 32 位浮点精度下运行。

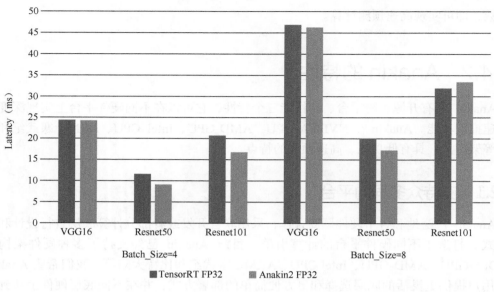

图 14-6

2．CPU 环境下的性能评测

在 Intel X86 架构上，我们选取擅长图像处理的 Intel Caffe（1.1.6）框架进行对比。测试采取 8 线程模式，延时计算方式为对 200 次计算结果取平均值。具体的对比结果如图 14-7 所示。

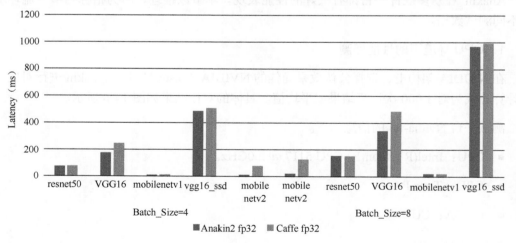

图 14-7

测试平台的信息如下。

- CPU：Intel Xeon CPU E5-2650，主频是 2.20GHz，具备超线程处理能力和 32 位浮点处理能力。

- System：使用 GCC 4.8.2 编译的 CentOS 6.3。
- Caffe：支持 mklml 库的 Intel Caffe(1.1.6)。

由图 14-7 可知，在相同的测试平台环境下，均对常见的 CNN 模型进行 8 线程的推理测试。在多线程和多模型的测试对比下，Anakin 的推理延时比 Caffe 要短，推理速度较快。

3．ARM v8 移动端性能评测

在移动端 ARM v8 上，我们选取最近流行的 NCNN（20190320 版本）进行对比。测试中选取了两款主流的 ARM 平台，分别为华为海思 Kirin 980、高通骁龙 Snapdragon 855。延时计算方式为对 10 次计算结果取平均值，具体的对比结果如图 14-8、图 14-9 所示。

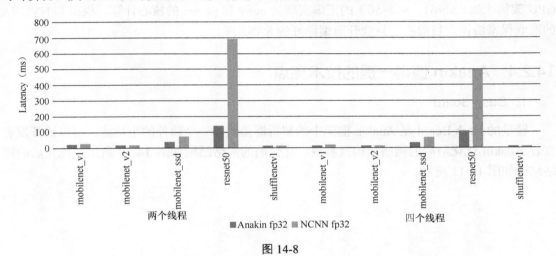

图 14-8

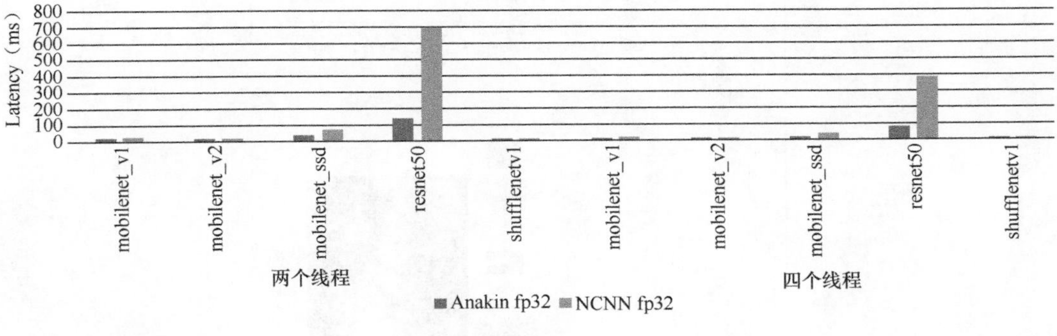

图 14-9

测试平台的信息如下。

- CPU: Kirin 980。

- CPU：Snapdragon 855。
- 编译环境：通过 GCC 4.9 编译的 Android ndk。

由图 14-8 和图 14-9 可知，在不同的测试平台环境下，均对常见的移动端模型进行多线程的推理测试。在多线程、多平台和多模型的测试对比下，Anakin 的推理延时比 NCNN 要短，推理速度较快。线程数越多，推理延时越短。

14.2.3 汇编级的 kernel 优化

Anakin 提供了一套基于 NVIDIA GPU SASS 汇编级优化的库。SASS 库支持多种 NVIDIA GPU 架构（如 SM=61，SM=50）的汇编实现的 conv 和 gemm 的核心计算。根据和 NVIDIA 的商业保密协议，目前我们只能开源编译好的 SASS 库。

14.2.4 Anakin 值得一提的技术亮点

1. Dash Board

轻量的 Dash Board 是 Anakin 框架中的解析器提供的一个额外的小功能，可以让开发者查看 Anakin 优化前后的网络结构及参数。优化前的网络结构如图 14-10 所示，优化后的网络结构如图 14-11 所示。

图 14-10

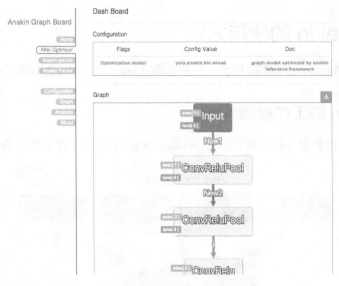

图 14-11

这样有助于开发者分析模型。同时，在优化后的 Anakin 执行图中会添加相应的优化标记，主要包括内存复用、算子融合、并行度分析、执行顺序分析、存储器使用以及同步标记等。例如，在图 14-11 中，对于标记了 New 标签的地方，在代码运行过程中，将只会对这些内容分配内存。这种处理方式将使得 Anakin 运行时所需的内存更少。

2．移动端的轻量版本 Anakin-lite

Anakin 还提供了在移动端运行的轻量版本 Anakin-lite，我们借助上层的图优化机制，自动生成深度学习模型的代码，针对具体模型自动生成可执行文件，并且结合针对 ARM 专门设计的一套轻量接口，合并编译、生成模型的 lite 版本。

Anakin-lite 保持精简化，全部底层库大小经过剪裁只有 150KB 左右，加上自动生成的深度学习模型模块，总大小约为 200KB。模型参数不再采用 Protobuf 而是精简的权重堆叠的方式，尽可能减小模型尺寸。同时，Anakin-lite 依然保存了上层 Anakin 框架的优化分析信息（比如存储复用等），最终可以做到内存消耗相对较小，模型尺寸相对精简。

3．Anakin 多层次的应用

第一个层次，Anakin 可以是一个计算库。

第二个层次，Anakin 可以是一个独立的推理引擎。

第三个层次，Anakin 可以通过 Anakin-rpc 构建一个完整的推理服务。

14.3 Anakin 的使用方法

本节将会介绍 Anakin 的工作原理和一些基本的 Anakin API，以及如何调用这些 API。

14.3.1 Anakin 的工作原理

Anakin 工作逻辑如图 14-12 所示。用 Anakin 来进行前向计算主要分为 3 个步骤。

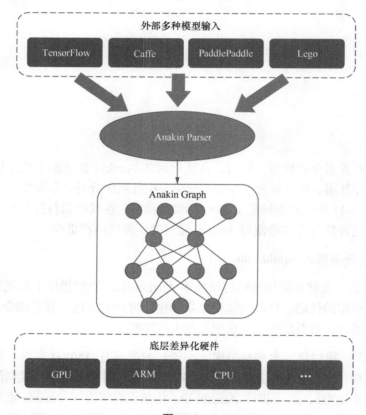

图 14-12

（1）将外部模型通过 Anakin Parser 解析为 Anakin 模型：在使用 Anakin 之前，用户必须将所有其他模型转换成 Anakin 模型。我们提供了转换脚本，用户可通过 Anakin Parser 进行模型转换。

（2）生成 Anakin 计算图：加载 Anakin 模型生成原始计算图，然后对原始计算图进行优化。只需要调用相应的 API 优化即可。

（3）执行计算图：Anakin 会选择不同硬件平台执行计算图。

14.3.2　Anakin v2.0 API

Tensor 提供基础的数据操作和管理，为多种算子提供统一的数据接口。Tensor 包含以下几个属性。

- Buffer：数据存储区。
- Shape：数据的维度信息。
- Event：用于异步计算的同步。

Tensor 类包含 3 个 Shape 对象，分别是_shape、_valid_shape 和 _offset。_shape 为张量真正的空间信息，_valid_shape 表示当前张量使用的空间信息，_offset 表示当前张量数据指针相对于真正数据空间的信息。张量的维度分别与数学中的向量、矩阵等相对应，如表 14-1 所示。

表 14-1　　　　　　　　　　张量的维度与数学概念的对应关系

维度	数学实体
1	向量
2	矩阵
3	3 维张量
n	n 维张量

1．声明张量对象

张量接受 3 个模板参数。

```
template<typename TargetType, DataType datatype, typename LayOutType = NCHW>
class Tensor .../* Inherit other class */{
 //some implements
 ...
};
```

TargetType 是平台类型，如 X86、GPU 等，在 Anakin 内部有相应的标识与之对应；datatype 是普通的数据类型，在 Anakin 内部也有相应的标志与之对应；LayOutType 是数据分布类型，如 batch×channel×height×width [$N×C×H×W$]，在 Anakin 内部用一个 struct 来标识。下面介绍 Anakin 中数据类型与基本数据类型的对应关系。

TargetType 与平台的对应关系如表 14-2 所示。

表 14-2　　　　　　　　　　　TargetType 与平台的对应关系

Anakin TargetType	平台
NV	NVIDIA GPU
ARM	ARM
AMD	AMD GPU
X86	X86
NVHX86	NVIDIA GPU with Pinned Memory

DataType 与 C# 中数据类型的对应关系如表 14-3 所示。

表 14-3　　　　　　　　　　DataType 与 C# 中数据类型的对应关系

Anakin DataType	C++	说明
AK_HALF	short	fp16
AK_FLOAT	float	fp32
AK_DOUBLE	double	fp64
AK_INT8	char	int8
AK_INT16	short	int16
AK_INT32	int	int32
AK_INT64	long	int64
AK_UINT8	unsigned char	uint8
AK_UINT16	unsigned short	uint8
AK_UINT32	unsigned int	uint32
AK_STRING	std::string	/
AK_BOOL	bool	/
AK_SHAPE	/	Anakin Shape
AK_TENSOR	/	Anakin Tensor

LayOutType 的相关信息如表 14-4 所示。

表 14-4　　　　　　　　　　　LayOutType 的相关信息

Anakin LayOutType (Tensor LayOut)	张量维度	是否支持张量	是否支持算子
W	1D	是	否
HW	2D	是	否
WH	2D	是	否
NW	2D	是	是
NHW	3D	是	是

Anakin LayOutType (Tensor LayOut)	张量维度	是否支持张量	是否支持算子
NCHW（默认情况下）	4D	是	是
NHWC	4D	是	否
NCHW_C4	5D	是	是

理论上，Anakin 支持声明 1 维以上的张量，但是对于 Anakin 中的算子来说，只支持 NW、NHW、NCHW、NCHW_C4 这 4 种 LayOut，其中 NCHW 是默认的 LayOutType，NCHW_C4 是专门针对 int8 这种数据类型的。

2．Tensor 使用示例

下面的代码将展示如何使用张量。建议先看看这些示例。

方法 1：使用 shape 对象初始化张量。

```
Tensor<X86, AK_FLOAT> mytensor;

Shape shape1(NUM);
Tensor<X86, AK_FLOAT, W> mytensor1(shape1); //1-D tensor.

Shape shape2(N, C, H, W);
```

注意，shape 的维度必须和张量的 LayoutType 相同。对于 shape(N,C,H,W)，张量的 LayoutType 必须是 NCHW，否则会出错。代码如下所示。

```
Tensor<X86, AK_FLOAT> mytensor2(shape2);

Tensor<NV, AK_INT8> mytensor3(shape2);

Tensor<X86, AK_FLOAT, NHW> mytensor4(shape2);
Tensor<NV, AK_FLOAT, NCHW_C4> mytensor5(shape2); //wrong!!!!
```

方法 2：使用现有的数据和 shape 初始化张量。

```
/**
 * A construtor of Tensor.
 * data_ptr is a pointer to any data type of data
 * TargetType is type of a platform [Anakin TargetType]
 * id : device id
 * shape: a Anakin shape
 */
Tensor(Dtype* data_ptr, TargetType_t target, int id, Shape shape);

Tensor<X86, AK_FLOAT> mytensor(data_ptr, TargetType, device_id, shape);
```

方法 3：使用张量初始化张量。

```
Tensor<NV, AK_FLOAT> tensor(exist_tensor);
```

提示：可以用 typedef Tensor<X86, AK_FLOAT> Tensor4d_X86 方便地定义张量。

填充 Tensor 数据区要看声明张量的方式。下面展示了如何填充张量的数据区。

首先来看看张量的 4 种声明方式。

第 1 种方式是 Tensor<X86, AK_FLOAT> mytensor。

第 2 种方式是 Tensor<X86, AK_FLOAT, W> mytensor1(shape1)。

第 3 种方式是 Tensor<X86, AK_FLOAT> mytensor(data_ptr, TargetType, device_id, shape)。

第 4 种方式是 Tensor<NV, AK_FLOAT> tensor(exist_tensor)。

声明方式对应的数据填充方法如下。

第 1 种方式声明一个空的张量，因为此时没有为其分配内存，所以需要手动为其分配内存。

```
mytensor.re_alloc(Shape shape);

Dtype *p = mytensor.mutable_data(index/*=0*/);
for(int i = 0; i < mytensor.size(); i++){
  p[i] = 1.0f;
}
```

对于第 2 种声明方式，会自动分配内存。

```
Dtype *p = mytensor1.mutable_data(index/*=0*/);
for(int i = 0; i < mytensor.size(); i++){
  p[i] = 1.0f;
}
```

在第 3 种声明方式中，我们仍不需要手动为其分配内存。但在构造函数内部是否为其分配内存，应视情况而定。如果 data_ptr 和声明的张量都在都一个目标平台上，那么该张量就会与 data_ptr 共享内存空间；如果它们不在同一个平台上（如 data_ptr 在 X86 上，而张量在 GPU 上），那么此时张量就会开辟一个新的内存空间，并将 data_ptr 所指向的数据复制到张量的缓冲区中。

```
Dtype *p = mytensor.mutable_data(index/*=0*/);
for(int i = 0; i < mytensor.size(); i++){
  p[i] = 1.0f;
}
```

对于第 4 种方式，仍不需要手动分配内存。

```
Dtype *p = mytensor.mutable_data(index/*=0*/);
for(int i = 0; i < mytensor.size(); i++){
  p[i] = 1.0f;
}
```

另外，还可以获取一个张量的可读指针，示例如下。

```
Dtype *p = mytensor.data(index/*=0*/);
```

获取张量的 shape。

```
Shape shape = mytensor.shape();

int d1 = shape[0];

int d2 = shape[1];

...

int dn = shape[n-1];

int dims = mytensor.dims();

int size = mytensor.size();

int size = mytensor.count(start, end);
```

可以用张量的成员函数 set_shape 来设置张量的 shape。下面是 set_shape 的定义。

```
/**
 * \brief set a tensor's shape
 * \param valid_shape [a Shape object]
 * \param shape [a Shape object]
 * \param offset [a Shape object]
 * \return the status of this operation, that means whether it success * or not.
 */
SaberStatus set_shape(Shape valid_shape, Shape shape = Shape::zero(TensorAPI::
layout_dims::value), Shape offset = Shape::minusone(TensorAPI::layout_dims::value));
```

这个成员函数只设置张量的 shape。这些 shape 对象（valid_shape、shape、offset）的 LayOutType 必须和当前张量的 3 个 shape 对象的 LayOutType 相同。如果不同，就会出错，返回 SaberInvalidValue；如果相同，那么将成功设置张量的 shape。

```
mytensor.set_shape(valid_shape, shape, offset);
```

重置张量的 shape。

```
Shape shape, valid_shape, offset;

...
mytensor.reshape(valid_shape, shape, offset);
```

注意，reshape 操作仍然需要 shape 的 LayOutType 与张量的相同。

3. Graph

Graph 类负责加载 Anakin 模型生成计算图、对图进行优化、存储模型等操作。

图的声明与张量一样，graph 也接受 3 个模板参数。

```
template<typename TargetType, DataType Dtype, Precision Ptype>
class Graph ... /* inherit other class*/{
  ...
};
```

前面已经介绍过，TargetType 和 DataType 是 Anakin 内部自定义数据类型。TargetType 表示平台类型（如 NV、X86），DataType 是 Anakin 基本数据类型与 C++/C 中的基本数据类型相对应。Precision 为算子所支持的精度类型，稍后再介绍它。

```
Graph graph = Graph<NV, AK_FLOAT, Precision::FP32> tmp();

Graph *graph = new Graph<NV, AK_FLOAT, Precision::FP32>();

auto graph = new Graph<NV, AK_FLOAT, Precision::FP32>();
```

加载 Anakin 模型。

```
...
auto graph = new Graph<NV, AK_FLOAT, Precision::FP32>();
std::string model_path = "the/path/to/where/your/models/are";
const char *model_path1 = "the/path/to/where/your/models/are";

auto status = graph->load(model_path);

auto status = graph->load(model_path1);
if(!status){
  std::cout << "error" << endl;
}
```

优化计算图。

```
...
...
graph->Optimize();
```

注意，第一次加载原始图时，必须要优化。

可以在任何时候保存模型，特别是可以保存一个优化的模型，这样，下次再加载模型时，就不必进行优化操作。

```
...
...
```

```
auto status = graph->save(save_model_path);

if(!status){
  cout << "error" << endl;
}
```

重置计算图里张量的 shape。

```
...
...
vector<int> shape{10, 256, 256, 10};
graph->Reshape(input_name, shape);
```

Graph 支持重置 batch_size 的大小。

```
...
...
int new_batch_size = 4;
graph->ResetBatchSize(input_name, new_batch_size);
```

4. Net

Net 是计算图的执行器。可以通过 Net 对象获得输入和输出。

```
Creating a graph executor
```

Net 接受 4 个模板参数。

```
template<typename TargetType, DataType Dtype, Precision PType OpRunType RunType =
    OpRunType::ASYNC>
class Net{
  ...

};
```

由于有些算子可能支持多种精度,因此可以通过 Precision 来指定精度。OpRunType 表示同步或异步类型,异步是默认类型。OpRunType::SYNC 表示同步,在 GPU 上只有单个流;OpRunType::ASYNC 表示异步,在 GPU 上有多个流并以异步方式执行。实际上,Precision 和 OpRunType 都是 enum class。不同精度下对算子的支持情况见表 14-5。

表 14-5　　　　　　　　　　不同精度下对算子的支持情况

精度	是否支持算子
Precision::INT4	否
Precision::INT8	否
Precision::FP16	否
Precision::FP32	是
Precision::FP64	否

例如，用 graph 对象创建一个执行器。

```
...
auto graph = new Graph<NV, AK_FLOAT, Precision::FP32>();
//do something...
...
Net<NV, AK_FLOAT, Precision::FP32> executor(*graph);
```

获取输入/输出张量，并填充输入张量的缓冲区。如果想要获取输入和输出张量，那么必须指定输入的名字，如 "input_0" "input_1" "input_2" 等。才能够获得输入张量。请看如下示例代码。

```
...
Net<NV, AK_FLOAT, Precision::FP32> executor(*graph);

Tensor<NV, AK_FLOAT>* tensor_in0 = executor.get_in("input_0");

Tensor<NV, AK_FLOAT>* tensor_in1 = executor.get_in("input_1");
...
auto tensor_inn = executor.get_in("input_n");
```

当得到输入张量之后，就可以填充它的数据区了。

```
auto tensor_d_in = executor.get_in("input_0");

Tensor4d<X86, AK_FLOAT> tensor_h_in; //host tensor;

tensor_h_in.re_alloc(tensor_d_in->valid_shape());
float *h_data = tensor_h_in.mutable_data();

/** example
for(int i = 0; i < tensor_h_in.size(); i++){
  h_data[i] = 1.0f;
}
*/
tensor_d_in->copy_from(tensor_h_in);
```

类似地，可以利用成员函数 get_out 来获得输出张量。但与获得输入张量不同的是，需要指定输入张量节点的名字。假如有个输出节点叫 pred_out，那么可以通过如下代码获得相应的输出张量。

```
Tensor<NV, AK_FLOAT>* tensor_out_d = executor.get_out("pred_out");
Executing graph
```

当一切准备就绪后，就可以执行真正的计算了。

```
executor.prediction();
```

14.4 示例程序

下面的例子展示了如何调用 Anakin。

在这之前，请确保你已经有了 Anakin 模型。如果还没有，请使用 Anakin Parser 转换你的模型。

```cpp
std::string model_path = "your_Anakin_models/xxxxx.anakin.bin";
auto graph = new Graph<NV, AK_FLOAT, Precision::FP32>();
auto status = graph->load(model_path);
if(!status ) {
    LOG(FATAL) << " [ERROR] " << status.info();
}
graph->Reshape("input_0", {10, 384, 960, 10});
graph->Optimize();
Net<NV, AK_FLOAT, Precision::FP32> net_executer(*graph);

auto d_tensor_in_p = net_executer.get_in("input_0");
Tensor4d<X86, AK_FLOAT> h_tensor_in;
auto valid_shape_in = d_tensor_in_p->valid_shape();
for (int i=0; i<valid_shape_in.size(); i++) {
    LOG(INFO) << "detect input dims[" << i << "]" << valid_shape_in[i]; //see tensor's dimentions
}
h_tensor_in.re_alloc(valid_shape_in);
float* h_data = h_tensor_in.mutable_data();
for (int i=0; i<h_tensor_in.size(); i++) {
    h_data[i] = 1.0f;
}
d_tensor_in_p->copy_from(h_tensor_in);

net_executer.prediction();


auto d_tensor_out_0_p = net_executer.get_out("obj_pred_out"); //get_out returns a pointer to output tensor.
auto d_tensor_out_1_p = net_executer.get_out("lc_pred_out"); //get_out returns a pointer to output tensor.
std::string save_model_path = model_path + std::string(".saved");
auto status = graph->save(save_model_path);
if (!status ) {
    LOG(FATAL) << " [ERROR] " << status.info();
}
```

附录 A

TensorFlow 与 PaddlePaddle Fluid 接口中常用层对照表

本附录基于 TensorFlow 1.14 梳理了常用接口中的层与 PaddlePaddle Fluid 接口中层的对应关系和差异（见表 A-1）。有 TensorFlow 使用经验的用户，可根据对应关系，快速熟悉 PaddlePaddle 接口中层的使用方法。

表 A-1　　TensorFlow 接口与 PaddlePaddle Fluid 接口中层的对照关系

序号	TensorFlow 接口中的层	PaddlePaddle Fluid 接口中的层	备注
1	tf.abs	abs	功能一致
2	tf.add	elementwise_add	功能一致
3	tf.argmax	argmax	功能一致
4	tf.argmin	argmin	功能一致
5	tf.assign	assign	功能一致
6	tf.assign_add	increment	功能一致
7	tf.case	Switch	具有差异
8	tf.cast	cast	功能一致
9	tf.clip_by_global_norm	GradientClipByGlobalNorm	具有差异
10	tf.clip_by_norm	clip_by_norm	具有差异
11	tf.clip_by_value	clip	功能一致
12	tf.concat	concat	功能一致
13	tf.cond	IfElse	功能一致
14	tf.constant	fill_constant	功能一致

续表

序号	TensorFlow 接口中的层	PaddlePaddle Fluid 接口中的层	备注
15	tf.contrib.layers.batch_norm	batch_norm	功能一致
16	tf.contrib.layers.flatten	flatten	具有差异
17	tf.contrib.layers.fully_connected	fc	功能一致
18	tf.contrib.layers.one_hot_encoding	one_hot	功能一致
19	tf.contrib.layers.softmax	softmax	功能一致
20	tf.contrib.layers.xavier_initializer	Xavier	功能一致
21	tf.contrib.rnn.GRUCell	gru_unit	具有差异
22	tf.contrib.rnn.MultiRNNCell	无相应接口	可用其他方式实现
23	tf.contrib.rnn.static_rnn	DynamicRNN	功能一致
24	tf.convert_to_tensor	assign	功能一致
25	tf.cos	cos	功能一致
26	tf.div	elementwise_div	功能一致
27	tf.divide	elementwise_div	功能一致
28	tf.dropout	dropout	具有差异
29	tf.equal	运算符==	功能一致
30	tf.exp	exp	功能一致
31	tf.expand_dims	unsqueeze	具有差异
32	tf.fill	fill_constant	功能一致
33	tf.floor	floor	功能一致
34	tf.gather	gather	功能一致
35	tf.greater	运算符>	功能一致
36	tf.greater_equal	运算符>=	功能一致
37	tf.image.non_max_suppression	multiclass_nms	具有差异
38	tf.image.resize_bilinear	resize_bilinear	功能一致
39	tf.image.resize_images	image_resize	具有差异
40	tf.image.resize_nearest_neighbor	resize_nearest	功能一致

续表

序号	TensorFlow 接口中的层	PaddlePaddle Fluid 接口中的层	备注
41	tf.is_finite	isfinite	具有差异
42	tf.layers.batch_normalization	batch_norm	功能一致
43	tf.layers.conv2d	conv2d	具有差异
44	tf.layers.dense	fc	具有差异
45	tf.layers.dropout	dropout	功能一致
46	tf.layers.Dropout	dropout	功能一致
47	tf.layers.flatten	flatten	功能一致
48	tf.less	运算符<	功能一致
49	tf.less_equal	运算符<=	功能一致
50	tf.log	log	功能一致
51	tf.logical_and	logical_and	功能一致
52	tf.logical_not	logical_not	功能一致
53	tf.logical_or	logical_or	功能一致
54	tf.losses.mean_squared_error	square_error_cost	具有差异
55	tf.losses.sigmoid_cross_entropy	sigmoid_cross_entropy_with_logits	具有差异
56	tf.losses.softmax_cross_entropy	softmax_with_cross_entropy	功能一致
57	tf.matmul	matmul	具有差异
58	tf.maximum	elementwise_max	功能一致
59	tf.metrics.accuracy	accuracy	功能一致
60	tf.metrics.mean	mean	功能一致
61	tf.minimum	elementwise_min	功能一致
62	tf.multiply	elementwise_mul	功能一致
63	tf.nn.avg_pool	pool2d	具有差异
64	tf.nn.batch_normalization	batch_norm	功能一致

续表

序号	TensorFlow 接口中的层	PaddlePaddle Fluid 接口中的层	备注
65	tf.nn.bidirectional_dynamic_rnn	无相应接口	可用其他方式实现
66	tf.nn.conv2d	conv2d	具有差异
67	tf.nn.conv2d_transpose	conv2d_transpose	具有差异
68	tf.nn.conv3d_transpose	conv3d_transpose	具有差异
69	tf.nn.depthwise_conv2d	conv2d	具有差异
70	tf.nn.dynamic_rnn	DynamicRNN	具有差异
71	tf.nn.l2_normalize	l2_normalize	具有差异
72	tf.nn.leaky_relu	leaky_relu	功能一致
73	tf.nn.lrn	lrn	具有差异
74	tf.nn.max_pool	pool2d	具有差异
75	tf.nn.relu	relu	功能一致
76	tf.nn.relu6	relu6	功能一致
77	tf.nn.rnn_cell.LSTMCell	lstm_unit	具有差异
78	tf.nn.separable_conv2d	无相应接口	可用其他方式实现
79	tf.nn.sigmoid	sigmoid	功能一致
80	tf.nn.sigmoid_cross_entropy_with_logits	sigmoid_cross_entropy_with_logits	功能一致
81	tf.nn.softmax	softmax	功能一致
82	tf.nn.softmax_cross_entropy_with_logits	softmax_with_cross_entropy	具有差异
83	tf.nn.softplus	softplus	功能一致
84	tf.nn.softsign	softsign	功能一致
85	tf.nn.tanh	tanh	功能一致
86	tf.one_hot	one_hot	具有差异
87	tf.ones	ones	功能一致
88	tf.ones_initializer	Constant	功能一致

附录 A TensorFlow 与 PaddlePaddle Fluid 接口中常用层对照表

续表

序号	TensorFlow 接口中的层	PaddlePaddle Fluid 接口中的层	备注
89	tf.pad	pad	具有差异
90	tf.placeholder	data	具有差异
91	tf.pow	pow	具有差异
92	tf.print	Print	具有差异
93	tf.py_func	py_func	功能一致
94	tf.random_normal	gaussian_random	功能一致
95	tf.random_normal_initializer	Normal	功能一致
96	tf.random_uniform	uniform_random	功能一致
97	tf.random_uniform_initializer	UniformInitializer	功能一致
98	tf.reduce_logsumexp	无相应接口	可用其他方式实现
99	tf.reduce_max	reduce_max	功能一致
100	tf.reduce_mean	reduce_mean	功能一致
101	tf.reduce_min	reduce_min	功能一致
102	tf.reduce_sum	reduce_sum	功能一致
103	tf.reshape	reshape	具有差异
104	tf.reverse	reverse	功能一致
105	tf.reverse_sequence	sequence_reverse	具有差异
106	tf.reverse_v2	reverse	功能一致
107	tf.round	round	功能一致
108	tf.rsqrt	无相应接口	可用其他方式实现
109	tf.scalar_mul	scale	功能一致
110	tf.scatter_update	scatter	具有差异
111	tf.sequence_mask	sequence_mask	功能一致
112	tf.shape	shape	功能一致

续表

序号	TensorFlow 接口中的层	PaddlePaddle Fluid 接口中的层	备注
113	tf.sigmoid	sigmoid	功能一致
114	tf.sin	sin	功能一致
115	tf.slice	slice	具有差异
116	tf.split	split	具有差异
117	tf.sqrt	sqrt	功能一致
118	tf.square	square	功能一致
119	tf.squared_difference	无相应接口	可用其他方式实现
120	tf.squeeze	squeeze	功能一致
121	tf.stack	stack	功能一致
122	tf.stop_gradient	无相应接口	可用其他方式实现
123	tf.subtract	elementwise_sub	功能一致
124	tf.tanh	tanh	功能一致
125	tf.tile	expand	功能一致
126	tf.top_k	topk	具有差异
127	tf.train.AdagradOptimizer	AdagradOptimizer	功能一致
128	tf.train.AdamOptimizer	Adam	功能一致
129	tf.train.exponential_decay	exponential_decay	功能一致
130	tf.train.GradientDescentOptimizer	SGDOptimizer	功能一致
131	tf.train.MomentumOptimizer	MomentumOptimizer	功能一致
132	tf.train.polynomial_decay	polynomial_decay	功能一致
133	tf.train.RMSPropOptimizer	RMSPropOptimizer	功能一致
134	tf.transpose	transpose	功能一致
135	tf.truediv	elementwise_div	功能一致
136	tf.truncated_normal	TruncatedNormal	功能一致

续表

序号	TensorFlow 接口中的层	PaddlePaddle Fluid 接口中的层	备注
137	tf.truncated_normal_initializer	TruncatedNormal	功能一致
138	tf.unstack	unstack	功能一致
139	tf.Variable	create_parameter	功能一致
140	tf.while_loop	While	具有差异
141	tf.zeros	zeros	功能一致
142	tf.zeros_initializer	Constant	功能一致

附录 B

Caffe 与 PaddlePaddle Fluid 接口中常用层对照表

本附录给出了 Caffe 接口中的层与 PaddlePaddle Fluid 接口中层的对应关系和差异分析（见表 B-1）。有 Caffe 使用经验的用户，可根据对应关系，快速熟悉 PaddlePaddle Fluid 接口中层的使用方法。

表 B-1　　　　Caffe 接口与 PaddlePaddle Fluid 接口中层的对照关系

序号	Caffe 接口中的层	PaddlePaddle Fluid 接口中的层	备注
1	AbsVal	abs	功能一致
2	Accuracy	accuracy	具有差异
3	ArgMax	argmax	具有差异
4	BatchNorm	batch_norm	具有差异
5	BNLL	softplus	功能一致
6	Concat	concat	功能一致
7	Convolution	conv2d	具有差异
8	Crop	crop	具有差异
9	Deconvolution	conv2d_transpose	具有差异
10	Dropout	dropout	具有差异
11	Eltwise	无相应接口	可用其他方式实现
12	ELU	elu	功能一致
13	EuclideanLoss	square_error_cost	具有差异

续表

序号	Caffe 接口中的层	PaddlePaddle Fluid 接口中的层	备注
14	Exp	exp	具有差异
15	Flatten	reshape	具有差异
16	InnerProduct	fc	具有差异
17	Input	data	具有差异
18	Log	log	具有差异
19	LRN	lrn	具有差异
20	Pooling	pool2d	具有差异
21	Power	pow	具有差异
22	PReLU	prelu	功能一致
23	Reduction	无相应接口	可用其他方式实现
24	ReLU	leaky_relu	功能一致
25	Reshape	reshape	具有差异
26	SigmoidCrossEntropyLoss	sigmoid_cross_entropy_with_logits	具有差异
27	Sigmoid	sigmoid	功能一致
28	Slice	slice	具有差异
29	SoftmaxWithLoss	softmax_with_cross_entropy	具有差异
30	Softmax	softmax	具有差异
31	TanH	tanh	功能一致
32	Tile	expand	具有差异